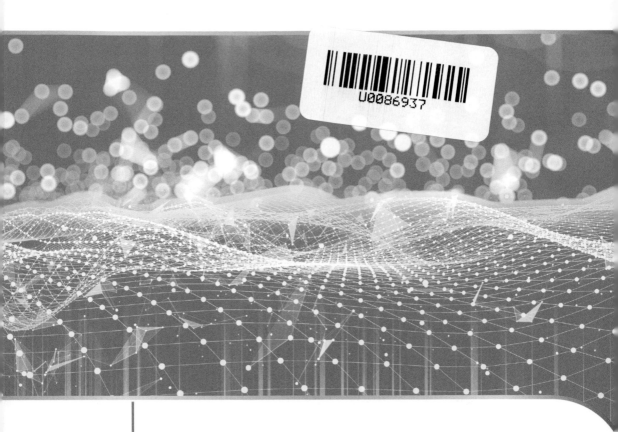

JASP
統計分析與實作
數據研究必備指引

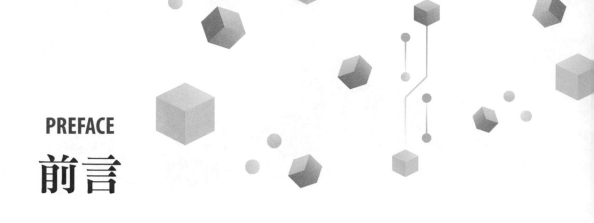

PREFACE
前言

　　統計學一直以來都被視為一門高深的學科，也可說統計學被認為是一種揭示數據背後故事的強大工具，故使得許多人望而卻步。然而，透過 JASP 統計軟體，我們將帶您走進統計分析與應用的奇妙世界。您將會發現自己並非踏上一個艱深難懂的領域，而是一場啟發思考之旅，因為 JASP 不僅能引領您輕鬆理解數據背後的規律，還能帶您探索數據中的趨勢，進而做出有力的決策。

　　JASP 以其開放原始碼、免費使用、友善且靈活的特點，贏得了眾多統計愛好者的青睞，其簡單、直觀的作介面，以及完整的分析功能，把學習統計分析變容易了！本書將透過豐富的實例，手把手地教您運用 JASP 完成各種統計技巧，讓您能夠信心滿滿地應對各種數據分析挑戰。

　　無論您是統計初學者還是專業人士，本書都能給你滿滿收穫。現在就翻開本書，開啟統計之門，搖身一變成為數據的掌握者，一同探索數據的奧祕，並享受這段迷人的 JASP 精彩旅程吧！

CONTENTS

目錄

第 2 篇　描述統計

3 用於簡要摘要和理解數據集的基本特徵，快速掌握數據分佈和趨勢。
描述統計（Descriptives）

第 3 篇　次數分析

4 檢驗二元結果是否偏離預期比例，判斷是否有統計上的顯著差異。
二項式檢定（Binomial Test）

5 多項式檢定（Multinomial Test）

檢驗多個類別的結果是否符合預期比例，判斷是否有統計上的顯著差異。

6 列聯表（Contingency Table Analysis）

比較兩個變數之間的關係，分析類別資料，檢測是否有統計上的交互作用。

7 對數線性迴歸（Logistic Regression）

處理數值變數間非線性關係，轉換成對數尺度，使模型更適合迴歸分析。

第 4 篇　T 檢定

8 比較兩組獨立樣本間的平均數是否有顯著差異，檢驗變數是否影響結果。

獨立樣本 T 檢定

9 比較同一組樣本在兩個不同時間點或條件下的平均數是否有顯著差異，適用於相關的配對資料。

成對樣本 T 檢定

10 單一樣本 T 檢定

檢驗單一樣本的平均數是否與特定值不同，判斷樣本是否代表整體母體。

第 5 篇　變異數分析

11 單因子變異數分析

比較三個或更多組獨立樣本間的平均數是否存在差異，判斷不同條件下的群體效應。

12 重複測量變異數分析

比較同一組受測者在不同時間點或條件下的平均數是否存在差異，探討時間或處理的影響。

13 共變數分析

比較不同組間的平均數，同時考慮影響變項，控制變項的影響，以增加結果的準確性和可信度。

第 6 篇　多變量變異數分析

14

比較多個組間的多個變量，檢查組間是否有統計顯著差異，有助於瞭解變數間的聯繫和影響。

多變量變異數分析（MANOVA）

第 7 篇 因素分析

15 降低變數數量、發現變數間的模式、提取主要訊息,縮減複雜度並輔助資料探索和分析。

主成分分析

16 研究變數間的結構,尋找潛在因素,發現變數間的模式和關聯,解釋資料背後的結構和變異性。

探索性因素分析

17 驗證性因素分析

驗證、檢驗理論或研究假設，確認潛在因素是否符合預期結構，檢測模型與資料是否配適，提供統計支持。

第 8 篇　信度分析

18 單一信度

評估測量工具的信度，確保測量結果的穩定性和一致性。

19 組內信度分析

評估內部一致性，檢驗測量工具內部各項目之間的相關性及信度。

第 9 篇　迴歸分析

20 相關迴歸

評估兩個或多個變數之間的相互關係，了解它們之間的關聯程度和影響力。

21 線性迴歸

探索變數之間的線性關係,並預測依變數的值基於響應變數的變化,用於建立預測模型和解釋變數影響。

22 邏輯斯迴歸

預測二元或多元類別變數,探索變數之間的非線性關係,並解釋依變數對應的機率,適用於分類問題。

23 廣義線性模型

可處理不符合常態分配的數據，包括二元、計數、多項、偏差及連續等，適用於多樣的資料類型。

第 10 篇　結構方程模型

24 結構方程模型（SEM）

可檢測複雜關係，探索變數間的直接與間接效應，適用於研究複雜的因果關係。

第 11 篇　中介與調節檢定

25 中介檢定

可了解變數間的中介效應，揭示關係機制，確定是否有中介效應發生。

26 調節效果

可以了解是否存在影響因子對變數間關係的調節效應，揭示交互作用，確定是否存在調節效應。

27 調節式中介

可以了解調節因子對中介變數和結果變數之間的關係是否存在影響,進一步探索更深層的影響機制。

28 中介式調節

可以同時了解中介變數是否在調節因子和結果變數之間起作用,以及調節因子是否影響中介效果。

附錄 名詞解釋

線上下載

本書範例檔請至以下碁峰網站下載

http://books.gotop.com.tw/download/AEM002800,其內容僅供合法持有本書的讀者使用,未經授權不得抄襲、轉載或任意散佈。

1

JASP 簡介與基本操作

1.1 認識 JASP 與下載安裝

JASP（Just Another Statistics Program）是由荷蘭阿姆斯特丹大學 Eric-Jan Wagenmakers 教授領導的團隊於 2015 年啟動開發專案，其軟體核心為 R 套件。同時也是一款開源的統計分析軟體，旨在提供使用者一個功能豐富且易於使用的統計工具。JASP 支援各種統計方法，包括傳統的頻率論方法和現代的貝葉斯統計方法，並且提供了多種數據視覺化工具，讓使用者能夠更好地理解和解釋數據。其主要特色如下：

1. **開源軟體**：JASP 是一個開源的軟體，代表著使用者可以免費使用和自由修改它的原始碼。藉此 JASP 軟體具有更高的可靠性和透明性，也便於研究人員進行定製和擴展。

2. **眾多參考範例**：JASP 根據各種統計方法而提供數種過往學者的研究資料作為範例，每個範例中都會提供原始數據、分析結果以及範例說明等內容，便於進行學習。

3. **統計方法豐富**：JASP 支援傳統的統計方法，包括描述性統計、假設檢驗、變異數分析、迴歸分析等。同時，JASP 也支援現代的貝葉斯統計方法，如貝葉斯假設檢驗、貝葉斯迴歸、貝葉斯變異數分析等，讓使用者可以根據研究的需求選擇合適的統計方法。

4. **數據視覺化**：JASP 提供了多種數據視覺化工具，使用者可以透過直觀的表和圖形來展示和解釋數據，且均以 APA 格式呈現，讓使用者可直接複製或下載儲存使用，對於數據探索和研究結果的傳遞非常有幫助。

5. **易於學習和使用**：JASP 的使用介面非常直觀且易於操作，即使是統計學習的初學者也可以輕鬆上手。使用者可以通過拖放方式來增加數據、選擇統計方法和進行分析即可。

6. **跨平台運行**：JASP 支援跨平台運行，在 Windows、macOS 和 Linux 等操作系統上均可使用，讓使用者可在不同的設備上進行統計分析。

7. **持續更新**：JASP 一直不斷持續改進和更新，以提供更好的使用者體驗和更多的分析方法與功能。

綜合上述，JASP 是一個功能豐富且易於學習與使用的開源統計軟體，它不僅可協助從事學術研究領域的學者、研究生與學生等輕鬆進行數據分析與撰寫研究報告；在職場上也可幫助經理人、數據分析師、企劃等人輕易進行相關分析與報告撰寫。

1.1.1 下載

STEP **1**　　前往 JASP 網站 https://jasp-stats.org/。

STEP**2**　點擊「Download」按鈕使進入到該頁面。

STEP**3**　請依您電腦的作業系統版本選擇對應的連結進行下載。（在此筆者以 Windows 64bit 為例。）

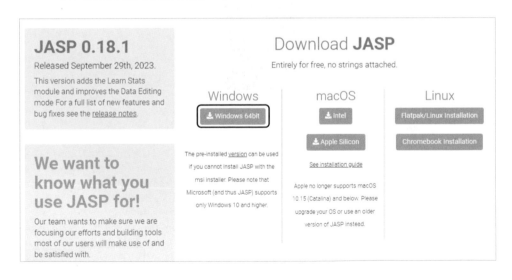

STEP **4**　點擊上述步驟後，網頁會自行切換到感謝下載頁面，並於五秒內自動下載，若未自動下載時可點擊「hear」連結進行下載。

1.1.2 安裝

STEP **1**　執行下載後的 JASP 執行檔來進行安裝。

STEP **2**　點擊「執行」。

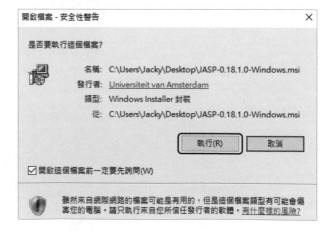

STEP**3**　「勾選」I accept the terms in the License Agreement（我接受許可協議中的條款）後並點擊「Install」以進行安裝。

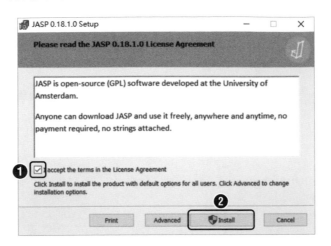

STEP**4**　安裝過程。

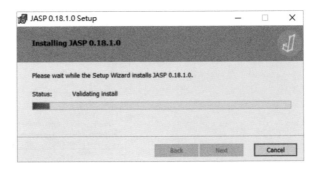

STEP**5**　點擊「Finish」完成安裝。

1.2 設為繁體中文介面

　　JASP 軟體提供多國語言版本使其推廣與應用更為便利，除了自身 JASP 團隊的努力外，也讓一般使用者可共同參與協助翻譯，讓此軟體的語系越來多元與完整。

　　本書內容將以繁體中文的語系進行編寫，使各位讀者更能快速了解與學習，語系設定步驟如下：

STEP **1**　　點擊「menu（主選單）」。

STEP **2**　　點擊「Preferences（偏好設定）」。

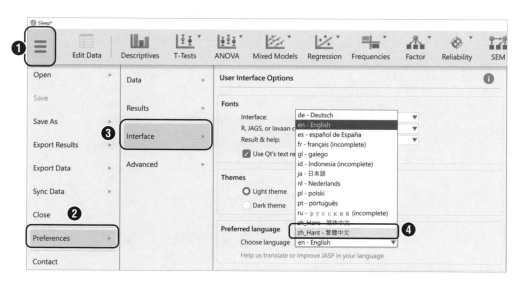

STEP **3**　　點擊「Interface（介面設定）」。

STEP **4**　　從 Choose language（選擇語系）中點選「zh_Hant – 繁體中文（incomplete）」選項。選擇後其軟體介面會自動切換成繁體中文版本。

　　雖然 JASP 已提供繁體中文的語系，但目前本書所使用的版本中仍有部分尚未完全翻譯成繁體中文，例如在預設範例中的範例說明、統計方法名稱以及可設定的分析方法等仍有部分為英文。因此，本書雖以繁體中文進行撰寫，故若遇到尚未翻譯之詞彙則會以中文的方式加以註解。

1.3 軟體介面說明

　　JASP 軟體的介面組成分為上、下兩排，上排區域有（A）主選單、（B）編輯數據、（C）常用分析模組列表、（D）顯示模組選單；下排區域則為分析方法的（E）數據視窗、（F）分析視窗、（G）報表視窗，各區說明如下：

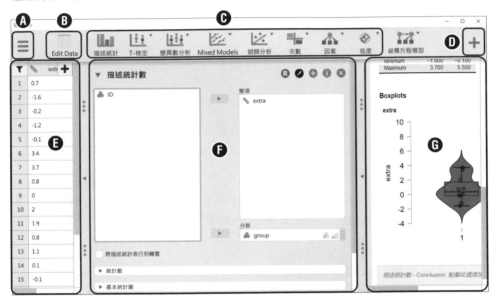

A. **主選單**：主要作為開啟、匯入、匯出、儲存以及設定等用途。

B. **編輯數據**：進入數據的編輯模式，可對既有數據進行修正，以及插入或刪除欄位等動作。

C. **常用分析模組列表**：顯示常使用的分析方法，當載入數據資料後可從此區域選擇要分析的方法。某些分析方法會同時提供古典與貝氏兩種（本書以古典的方法為主）。

D. **顯示模組選單**：可自行新增更多分析模組於常用分析模組列表中。

E. **數據視窗**：顯示所要分析的數據資料。

F. **分析視窗**：依據不同的分析方法而提供各種設定選項。

G. **報表視窗**：待分析視窗中進行條件設定後會將其結果顯示於此區，且會依據分析視窗中的設定變更而即時更新顯示結果。

下排的視窗的由左至右依序為數據視窗、分析視窗與報表視窗。在每個視窗中可透過點擊並拖曳 ⋮ 圖示來調整該視窗尺寸，也可點擊 ▶ 或 ◀ 兩按鈕來開啟與收合視窗。

1.4 功能選單介紹與設定

開啟 JASP 軟體後，於左上角處點擊 ☰ 按鈕後以開啟主選單，此選單的說明如下：

- **開啟**：JASP 除了自身的.jasp 檔案格式外，還可開啟的檔案格式有 .csv、.txt、.tsv、.sav、.ods、.dta、.por 等。

- **儲存與另存新檔**：可將編輯的文件進行儲存，文件中的數據檔案、任何注釋和分析的結果都會以 .jasp 格式儲存。

- **匯出結果文件檔**：可將目前結果匯出為 HTML 文件或 PDF 檔案。

- **匯出資料**：可將目前專案的數據資料匯出為 .csv、.tsv 或 .txt 文件。

- **同步資料**：用於與當前數據資料中的任何更新同步（ Ctrl + Y ）。

- **關閉**：關閉當前編輯的文件，但不關閉 JASP 軟體。

- **設定偏好**：使用者可以透過四個部分來調整 JASP 以滿足文件的需要，說明如下：

  (1) 資料

　　■ 自動同步存檔資料（預設為勾選）。

　　■ 使用電腦本身預設的試算表編輯器（如 Excel）或自行修改開啟數據資料的軟體。

　　■ 更改閾值，使 JASP 更容易區分類別或連續性的數據資料。

　　■ 可自行增加遺漏值清單，如果數據中未填答欄位均以指定的內容代替。

  (2) 結果報表設定

　　■ 設置 JASP 以返回精確的 p 值，若勾選時則報表中的 p 值會以 8.50×10^{-9} 此類型態顯示，若取消勾選後則會以 < .001 此型態顯示（在此須取消勾選）。

　　■ 是否使用指數符號來顯示。

　　■ 修復表格中數據的小數位數，使表格更易於閱讀或發布。

　　■ 更改圖片的像素解析度。

　　■ 在複製圖片時，其背景是白色還是透明。

  (3) 介面設定：使用者可設定顯示的字型，淺色主題（預設）或深色佈景主題的切換以及軟體的顯示語系，目前支援的語系有英語、西班牙語、德語、荷蘭語、法語、印度尼西亞語、日語、葡萄牙語、中文和加利西亞語等 10 種。除此之外，還可以修正系統大小（縮放）與滾動瀏覽速度。

  (4) 進階設定：多數可不必更改任何預設設置。

- **關於**：可查看目前 JASP 的版本號、版本建立時間、原始碼等資訊。

1.5 分析模組列表

　　在 JASP 軟體的上排部分會列出常用的分析模組列表，當載入數據資料後可從中選擇所要的分析方法，並在進一步於下排的視窗中進行編輯，以產生所要的分析結果。也可依據自身的使用習慣從顯示模組清單中重新勾選分析方法，而建立屬於自己的常用分析列表，此區域說明如下：

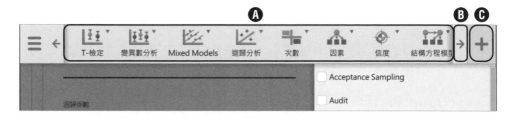

A. 常用分析模組列表。

B. 當分析模組較多且無法在一列中完整顯示時，可點擊 → 來瀏覽後面的分析模組。

C. 顯示 JASP 所提供的所有分析模組。透過「勾選」的方式使將分析模組顯示於列表中。

　　在分析模組列表中，JASP 軟體本身已預設了描述性統計（Descriptive stats）、T-檢定（T-Tests）、變異數分析（ANOVA）、混合模型（Mixed Models）、迴歸分析（Regression）、次數（Frequencies）以及因素（Factor）等幾種方法，這些方法是無法從分析模組列表中透過勾選而進行不顯示的。

　　也可透過點擊右上角的 ＋ 按鈕，從分析模組選單中勾選其他分析方法，勾選後的方法會被增加到常用分析模組列表中，此模組選單包括：Acceptance Sampling、Audit、BAIN、BSTS、Circular Statistics、Cochrane Meta-Analyses、Distributions、Equivalence T-tests、JAGS、Learning Bayes、機器學習、後設分析、Network、Quality Control、Prophet、信度、結構方程模型（SEM）、Summary Statistics、Visual Modelling、R console。

1.6 數據視窗介紹

　　此視窗用於顯示所載入的數據資料，第一行為載入資料的標題，第二行之後為數據內容。此視窗無法直接對載入的數據做任何編輯動作，若要編輯數據時可將滑鼠游標該視窗中，待變為 🖐 圖示時快速點擊滑鼠左鍵兩下，即會進入到數據的編輯模式。當重新修正數據標題或內容後，在 JASP 數據視窗中的數據也會一併同時更新。此視窗說明如下：

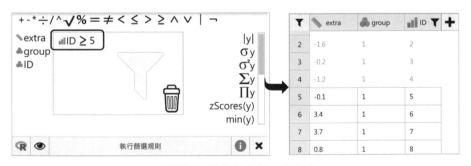

A. **顯示篩選條件**：點擊 ▼ 圖示後可開啟一組更全面的數據過濾介面。並根據研究的需求來設定篩選條件並且執行，此時數據視窗的數據若滿足篩選條件時則文字顏色會顯示黑色，反之為淺灰色。最終，若該資料有套用篩選條件時則表頭旁會有 ▼ 圖示。

▲顯示 ID 的數值大於 5 的內容

B. **篩選規則**：當表頭的資料類型為次序或名義時，點擊表頭後會開出篩
選規則視窗，此時可依據研究目的來調整排序或是指定某些標籤不加
入篩選項目中。

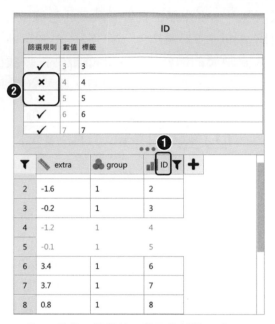

▲將 ID 的第 4 筆與第 5 筆兩資料變更爲不顯示

C. **表頭與資料類型**：當匯入文件後，JASP 會自動判讀每一欄位的資料尺
度。若判別錯誤時可點選表頭旁的小圖示來進行變更，可設定的尺度
類型如下：

❖ 連續變項（Scale）。JASP 將等距（Interval）和等比（Ratio）變
項統一歸類為連續尺度

❖ 次序尺度（Ordinal）。

❖ 名義尺度（Nominal）。

D. **建立自訂計算變項**：當點擊 ✚ 按鈕後，即出現建立自訂計算變項的視窗，可依照研究的需求建立變數名稱、以即選擇是要利用 R 語言或拖曳方式來定義新變數，接續選擇所要建立的資料尺度。待按下建立變數按鈕後，JASP 會開啟計算列的視窗，此時可透過計算列對變項間進行各式計算。

由於 JASP 本身只允許進行資料分析，無法直接在視窗中輸入資料，因此僅可對計有的變項進行加、減、乘、除等統計運算而得出新的數據，操作步驟如圖所示。

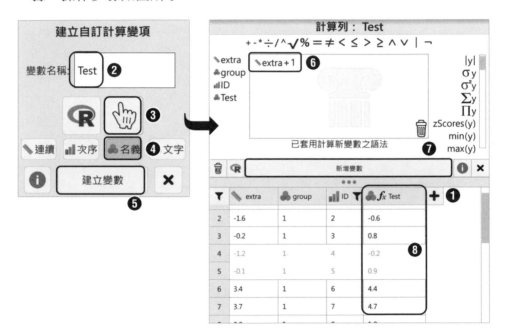

1.7 分析視窗介紹

當從分析模組列表中選擇一種統計分析方法後即會以模組的方式出現在分析視窗中，此視窗主要目的為透過所採用的統計方法，依據研究目的進行相關設定或調整，以完成研究之目的。

　　JASP 允許一份數據中同時使用一種以上的分析方法，例如同時使用 T-檢定與變異數分析兩種。此時在分析視窗中的模組會以「堆疊」的方式呈現，透過展開該分析方法的模組以對各種統計設定項目進行勾選，進而獲得分析結果。與此同時，也可利用「拖曳」的方式來移動分析模組的上下順序，其順序也是報表視窗中的結果排序。

▲分析視窗中擁有兩個分析方法模組

　　每個分析模組都有五個功能可對其進行調整，說明如下：

A. Show R syntax：顯示 R 語言的語法，在按一次則可隱藏。

B. 編輯分析模組標題。

C. 複製分析模組。

D. 顯示分析模組資訊：提供有關所使用的每個統計內容的詳細信息，以及一個搜尋選項。

E. 刪除分析模組。

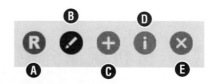

1.8 報表視窗介紹

　　此視窗所出現的內容是依據分析視窗中所設定的結果而定。當分析視窗中的分析模組順序或各項設定內容有所變更時，此視窗中的內容也會即時更新，但更新速度取決於使用者的電腦硬體以及所設定的選項。

　　在報表視窗中，當滑鼠移至最上方分析方法的名稱時，其名稱的右側會顯示 ▼ 按鈕，點擊後會列出一組清單，該清單內容說明如下：

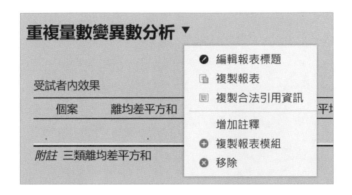

- 編輯報表標題：標題與分析視窗中的分析模組名稱是相對應，故任何一處修改時另一邊也會同時進行變更。

- 複製報表：可將其統計結果進行複製，並能於 Word 中進行貼上。

- 複製合法引用資訊。

- 增加註釋：允許對結果輸出進行註釋，然後通過轉到「文件 > 匯出資料」將其導出為 HTML 或 PDF 文件。在編輯部份，JASP 提供了許多選項，如可變更字體、顏色與大小等。也可使用 `Ctrl` +（增大） `Ctrl` -（減小） `Ctrl` =（返回預設大小）更改所有表格和圖形的大小。也可以透過拖動圖表右下角的 ⁄⁄ 符號來調整尺寸，JASP 中所有圖片、表格和數字都符合 APA 標準，可以複製到其他文件中。

- 複製報表模組：對模組進行複製並新增，且在名稱前面會多上 Copy of 的文字，同時在分析視窗中也會多了複製出的分析模組。

- 移除。

　　在報表視窗中，無論是在標題、內容以及圖表等部份都會依其性質而提供適當的編輯功能，使產生出的資訊結果可輕鬆透過複製與貼上的方式套用在 word 中，這些資訊格式也符合 APA 格式，也可下載分析結果的圖片來黏貼於報告中。此便利性有利於在學術領域、寫作或職場的各項報告中使用。與此同時，也可透過註釋的功能來提升學生、學術研究者、合作者與同事間進行重複檢查和分析的方便性。

2 統計學的基本觀念與名詞解釋

2.1 統計的意義

在當今資訊爆炸的時代，數據扮演著至關重要的角色，生活中無時無刻都被大量的數據所包圍，這些數據源源不斷地被收集、生成、分析和共享。因此，如何掌握數據和分析數據的技能在現今社會變得尤為關鍵。

統計學不單僅是一門理論學科，它還涉及到數據的收集、整理和分析的實踐，因此它提供了相關的技術和方法，使研究者能夠深入研究各個領域的問題。從個人生活到商業策略、政策制定和科學研究等，統計學都能發揮重要作用。透過統計學，可從數據中提取有意義的訊息，揭示數據背後的模式和趨勢，以為研究者做出明智的決策與提供支持，在各領域的應用列舉如下：

- **商業領域**：可以幫助企業了解市場趨勢、預測需求、評估產品效能，從而制定有效的商業策略。

- **政策制定**：可以幫助政府機構分析社會問題、評估政策效果，以制定更好的公共政策。

- **科學研究**：用於確定實驗結果的可靠性、評估假說的有效性，並推導出科學理論。

　　統計軟體可協助研究者處理大量的數據，並應用各種統計方法和模型進行推斷和預測。除此之外，統計學還關注如何解釋和解讀結果，以確保研究者對數據的理解是準確和有意義的。有鑑於此，無論是個人還是組織，待掌握統計學技巧後，都能夠使其更具有競爭力並能做出明智的選擇，因此統計學可說是現代社會必修的科目之一。

2.2 統計學分類

　　統計學可根據不同的標準進行研究分類，這些分類方式可幫助研究者理解統計學在不同情境下的應用和技巧，進而選擇合適的方法來進行統計分析。以下是統計學常見的幾種分類方式：

1. **描述統計學（Descriptive Statistics）和推論統計學（Inferential Statistics）**

    ❖ 描述統計學：指對收集到的數據進行整理、總結和呈現的過程。它透過使用統計量（例如平均值、標準差、中位數、百分位數）和圖表（例如直方圖、散佈圖、圓餅圖）等形式，對數據的特徵和分佈進行描述，以便更好地理解和呈現數據。

    ❖ 推論統計學：指基於樣本數據，透過對樣本的統計分析而對整個母體的特徵進行推斷和推論。它包括參數估計和假設檢驗，（1）參數估計是透過樣本統計量（例如樣本均值、樣本標準差）來估計母體參數（例如母體均值、母體標準差）的值；（2）假設檢驗則是用於評估對母體參數假設的可信程度。

2. **樣本統計學（Sample Statistics）和母體統計學（Population Statistics）**

    ❖ 樣本統計學：指所關注的是從給定樣本中，去計算和推斷統計量的方法和技巧。它是統計學的一個分支，主要透過對樣本數據進行統計分析，從而推斷和描述樣本的特徵和分佈。

    ❖ 母體統計學：指關注整個母體的特徵和分佈，即包括所有個體或觀測值的集合。由於無法對整個母體進行完全觀察，因此研究者通常透過樣本統計量對母體參數進行推斷。

3. **參數統計學（Parametric Statistics）和非參數統計學（Non-parametric Statistics）**

　❖　參數統計學：指假設數據來自特定的機率分佈，並通過對樣本數據進行統計分析，以對樣本和母體的特徵進行推斷。常見的參數統計方法包括 T 檢驗、變異數分析、迴歸分析等。

　❖　非參數統計學：指不對數據的機率分佈進行特定的假設，或者僅對少數分佈進行假設。它透過使用基於排名和排序的方法（例如順序統計量、符號檢驗、卡方檢定）進行統計分析，而獲得對樣本和母體特徵的推斷。

2.3 母體與樣本

　　統計學中的母體（Population）和樣本（Sample）是兩個關鍵概念，用於描述研究對象和收集數據的方式。「母體」指的是研究者感興趣的整個群體，它包含了所有研究者希望了解的個體或單位。例如，研究者想研究全國大學生的平均身高，那麼全國大學生就是母體。然而，由於往往不可能對整個母體進行數據收集和分析，故通常會使用樣本來代表母體。因此，「樣本」指的是從母體中所選取的一部分，並且希望透過對樣本的研究和分析，推斷出關於母體的特性和性質。

　　在樣本中有幾個重要的觀念需要理解，說明如下：

1. **隨機樣本（Random Sample）**：指從母體中以隨機方式選取的樣本。表示每個母體成員都有相等的機會被選入樣本，且樣本的選擇不受研究者的主觀偏見影響。隨機樣本有助於確保樣本對母體的代表性，使研究者能夠合理地進行推斷。

2. **非隨機樣本（Non-Random Sample）**：指以非隨機方式選取的樣本。此選取方法可能基於方便性、特定規則或目的，同時也可能存在選擇偏差。因此非隨機樣本可能無法充分代表母體，故在推斷時需要謹慎處理。

3. **獨立樣本（Independent Sample）**：指樣本中的個體或觀測彼此之間獨立且沒有相互影響。表示樣本中的每個觀測結果獨立於其他觀測，因此獨立樣本常用於比較不同群體之間的差異。

4. **非獨立樣本（Dependent Sample）**：指樣本中的個體或觀測彼此之間相互獨立或相互影響。代表樣本中的每個觀測結果與其他觀測皆有關聯，因此非獨立樣本常見於成對或配對設計。

2.4 統計變數說明

在一個研究架構中，必須要了解變數在不同位置時所代表的含意，唯有了解才能明白所要研究就的題目才能進行相關分析動作，故各統計變數說明如下：

● **響應變數（Independent Variable，IV）**：又稱獨立變數、解釋變數等。指在研究中被獨立操縱或控制的變量，它是影響依變數的因素或原因。響應變數通常被研究者視為可以自由選擇或操縱的變量，因此響應變數可以是具體的數值、特定的條件、屬性、行為或任何可能影響研究結果的變量。

舉例來說，假設有一個研究是探討睡眠對學習成績的影響，其中響應變數是每晚睡眠時間的長短。此時，研究者可以設計實驗或觀察研究，控制或操縱每個參與者的睡眠時間，然後測量其學習成績作為依變數。在此情況下，響應變數（睡眠時間）是研究者可以操縱的因素，並且它被認為可能對結果（學習成績）產生影響。

● **依變數（Dependent Variable，DV）**：又稱因變數、應變數、反應變數、結果變量或目標變量等。指在研究中被觀察、測量或評估的變量，它是研究的結果或感興趣的預測目標。依變數通常是根據響應變數的變化而變化的變量，因此它是經由響應變數所影響或預測的結果，因此依變數可以是具體的數值、特定的行為、屬性、觀察結果或任何需要被測量或評估的變量。

舉例來說，假設有一個研究是探討睡眠時間（響應變數）對學習成績（依變數）的影響。該研究者可測量參與者的睡眠時間並將其作為響應變數，然後測量參與者的學習成績並將其作為依變數。研究者的目標是了解睡眠時間對學習成績的影響程度，即依變數（學習成績）如何隨著響應變數（睡眠時間）的變化而變化。

- **中介變數（Mediator Variable，Me）**：是介於響應變數和依變數之間的一個中間變量，它在響應變數對依變數之間的關係中起到解釋或傳遞影響的作用。簡單來說，中介變數解釋了為什麼或響應變數如何影響依變數。它可以幫助研究者理解響應變數對依變數的影響機制，揭示出背後的關聯性和作用路徑。中介變數可以是觀察到的變量，也可以是潛在的或未觀察到的變量。

　　舉例來說，假設有一個研究調查了壓力對健康的影響，研究者發現壓力（響應變數）與身體健康（依變數）之間存在負相關，即壓力增加時健康狀況就會下降。然而，進一步的分析發現，壓力還會對睡眠品質（中介變數）產生負面影響，而睡眠品質則與身體健康存在正相關。在此研究中，睡眠品質就是一個中介變數，它解釋了壓力對身體健康的影響機制，壓力影響睡眠品質，進而對身體健康產生影響。

　　因此，中介變數的概念對於瞭解因果關係和研究中的複雜關聯性至關重要。它提供了對研究現象的更深入理解，有助於解釋為什麼響應變數與依變數之間存在關係以及這種關係是如何運作的。

- **干擾變數（Moderating Variables，Mo）**：又稱調節變數。它可能干擾響應變數對依變數的影響，或者改變響應變數和依變數之間的關係。干擾變數可以是觀察到的變量，也可以是潛在的或未觀察到的變量，它在研究中是需要被控制或考慮到。

　　舉例來說，假設有一個研究調查了藥物對疾病治療效果的影響，研究者發現藥物劑量（響應變數）與治療效果（依變數）之間存在正相關，當劑量增加時，治療效果提高。然而，進一步的分析發現，患者的年齡（干擾變數）也對治療效果產生影響。具體而言，年輕患者在高劑量下表現出較好的治療效果，而年老患者則不受劑量的影響。此

時年齡就是一個干擾變數，它干擾了藥物劑量對治療效果的關係，並改變了這種關係的方式。

因此，干擾變數的存在對於瞭解響應變數和依變數之間的關係至關重要。它指出在分析和解釋結果時需要考慮其他變數的影響，以避免對響應變數和依變數之間關係的誤解。在研究設計和分析中。

- 控制變數（Controlled Variable，CV）：又稱額外變數、無關變數。指為了控制或排除其他變量對響應變數和依變數之間關係的影響，而將其保持恆定或持續控制的變量。控制變數的作用是確保在研究中專注於響應變數和依變數之間的關係，同時排除其他可能對這種關係產生影響的因素，以便更準確地瞭解和評估響應變數對依變數的影響。

舉例來說，假設有一個研究探討運動對心血管健康的影響，響應變數是運動時間，依變數是心血管健康指標（例如血壓）。然而，研究者意識到年齡可能會對這個關係產生影響，因為年齡與心血管健康有關。為了控制年齡對響應變數和依變數關係的干擾，研究者可以將年齡作為控制變數，在分析中保持其恆定，以便更準確地評估運動時間對心血管健康的影響。

因此，透過控制變數，研究者能夠避免混淆因素對研究結果的影響，並確保所觀察到的響應變數和依變數之間的關係是直接的。在設計實驗、進行觀察研究或進行統計分析時，選擇和控制適當的控制變數是確保研究結果的有效性和可靠性的重要一環。

2.5 衡量尺度說明

在統計資料中常會透過各式的衡量尺度來反映數據的性質和測量層次，以提供不同程度的訊息。因此在統計學中變數分為兩類，為類別變數（Categorical Variables）和連續變數（Continuous Variables），說明如下：

1. **類別變數**（categorical variable）：又稱質性變數或名目變數。是一種描述性變數，主要用於表示事物的類別或分類。它通常以文字形式表示，故無法進行數值計算，藉此類別變數可進一步分為「名目尺度」和「順序尺度」，兩者說明如下：

   (1) **名目尺度**（Nominal Scale）：用於將數據分類或分組。在名目尺度中，數據僅表示不同的類別或類型，沒有順序或大小的含義，故只能比較兩個類別是否相同或不同。常見的例子包括性別（男、女）、國籍（美國、中國、日本等）或婚姻狀態（已婚、未婚、離婚等）。

   (2) **順序尺度**（Ordinal Scale）：指在分類的基礎上能夠表示項目之間的相對順序，但不能確定項目之間的間隔大小。意味著可以將數據依照順序排列，但無法確定不同類別之間的具體差異或間隔。常見的例子包括評分等級（例如五星評級中的 1 星至 5 星）、教育程度（高中畢業、大學畢業、碩士等）或疼痛程度（輕度、中度、重度等）。

2. **連續變數**（continuous variable）：指可以取任何數值的變數並以數值形式表示，且在其可能值之間存在無窮多個可能的數值。連續變數可以進行數值計算和比較，例如，身高、體重、年齡、金錢等都是連續變數，同時這些變數可以在一個範圍內取任意數值進行數學運算。在連續變數中的測量尺度有區間尺度（Interval Scale）與比例尺度（Ratio Scale）兩種，但在 JASP 軟體中，已將區間尺度和比例尺度兩者統一歸類為連續型變數。

　　統計學中的類別變數和連續變數在數據分析中有著不同的處理方式。對於類別變數通常使用次數分佈、百分比和交叉表等方法進行描述和分析；對於連續變數，則可以計算其平均值、標準差、範圍和相關係數等統計量來描述和分析數據。因此，理解類別變數和連續變數的特性對於選擇適當的統計方法和進行正確的數據分析非常重要。

2.6 該選用哪種分析方法

　　在統計學中，選擇合適的統計方法取決於響應變數和依變數之間的連續性。下列將根據響應變數和依變數的連續性提供一些常見的統計方法，說明如下：

1. **連續響應變數與連續依變數**

　(1) 相關分析：用於評估兩個連續變數之間的相關性程度。常見的相關係數有皮爾森相關係數和斯皮爾曼相關係數。皮爾森相關係數適用於連續變數之間呈線性關係的情況，而斯皮爾曼相關係數則適用於非線性關係的連續變數。

　(2) 線性迴歸分析：用於評估一個或多個連續響應變數對連續依變數的影響。此方法會建立一個線性方程式，其中響應變數的係數表示其對依變數的影響。線性迴歸分析也能提供預測模型，用於預測依變數的值。

　(3) 多元迴歸分析：是線性迴歸的擴展版本，用於評估多個連續響應變數對連續依變數的聯合影響。此方法可以控制其他響應變數的影響，以更準確地評估各個響應變數對依變數的影響。

　(4) 時間序列分析：專門用於處理時間相關的連續變數資料，並通常用於預測未來數值。此方法能夠檢測數據中的趨勢、季節性和其他時間相關的模式。

　(5) 非線性迴歸分析：當連續響應變數與連續依變數之間的關係不是線性的時候，可以使用非線性迴歸分析。此方法允許配適不同形式的非線性函數來描述變數之間的關係。

2. **連續響應變數與類別依變數**

　(1) 獨立樣本 T 檢定：用於比較兩個群體（依變數分類為兩個類別）在一個連續響應變數上的平均差異是否具有統計學上的意義。

　(2) 成對樣本 T 檢定：用於比較同一群體在兩個不連續時間點上的連續響應變數的平均差異是否具有統計學上的意義。

(3) 變異數分析（ANOVA）：用於比較兩個或多個群體（依變數分類為多個類別）在一個連續響應變數上的平均值是否有統計學上的差異。若有多個響應變數，則稱為多變量變異數分析（MANOVA）。

(4) 卡方檢定：用於比較兩個或多個群體在兩個不連續響應變數上的分佈是否有統計學上的差異，適用於列聯表資料。

(5) 二元羅吉斯迴歸（Binary Logistic Regression）：用於探討一個或多個連續響應變數對於二元不連續依變數（兩個類別）的影響和預測。

(6) 多元羅吉斯迴歸（Multinomial Logistic Regression）：用於探討一個或多個連續響應變數對於多元不連續依變數（多個類別）的影響和預測。

3. **類別響應變數與連續依變數**

(1) 獨立樣本 T 檢定：用於比較兩個不連續響應變數的群體在一個連續依變數上的平均差異是否具有統計學上的意義。

(2) 變異數分析（ANOVA）：用於比較多個不連續響應變數的群體在一個連續依變數上的平均差異是否有統計學上的差異。若有多個響應變數，則稱為多變量變異數分析（MANOVA）。

(3) 卡方檢定：用於比較兩個或多個不連續響應變數的群體在一個二元依變數（兩個類別）上的分佈是否有統計學上的差異，適用於列聯表資料。

(4) 二元羅吉斯迴歸（Binary Logistic Regression）：用於探討一個或多個不連續響應變數對於二元連續依變數的影響和預測。

(5) 多元羅吉斯迴歸（Multinomial Logistic Regression）：用於探討一個或多個不連續響應變數對於多元連續依變數的影響和預測。

4. **類別響應變數與類別依變數**

(1) 卡方檢定：用於比較兩個或多個不連續響應變數的群體在一個不連續依變數（類別變數）上的分佈是否有統計學上的差異，適用於列聯表資料，通常用於分析類別的資料。

(2) 獨立樣本 T 檢定：用於比較兩個不連續響應變數的群體在一個連續依變數上的平均差異是否具有統計學上的意義。如果不連續依變數只有兩個類別，且資料呈現常態分配，也可以使用獨立樣本 T 檢定來進行比較。

(3) 變異數分析（ANOVA）：用於比較多個不連續響應變數的群體在一個連續依變數上的平均差異是否有統計學上的差異。對於有多個類別的不連續依變數，可以使用單因子變異數分析進行比較。

(4) 描述統計：用於對數據進行總結和描述。它包括計算中心趨勢（如平均值、中位數和眾數）和變異性（如標準差及變異數範圍），以及繪製圖表（如直方圖和長條圖）來呈現數據的分佈。描述統計可以提供對響應變數和依變數的基本統計特徵的了解，幫助解釋數據的特點和模式。

2.7 統計的限制

統計學是一個重要的學科和分析工具，雖然可以在各個領域中廣泛應用，但是也有一些限制和局限性，研究者需要意識到這些限制並在使用統計方法和結果時加以考慮，且需要謹慎使用並與該領域知識和專業判斷相結合，以獲得最佳的分析和解釋結果。下列為統計學的一些主要限制：

1. **樣本限制**：統計學是基於樣本數據進行推斷和推論的，非直接觀察整個母體。表示統計結果的準確性和推廣性受到樣本選擇和大小的影響。如果樣本不具有代表性或者樣本大小太小，結果可能無法準確地反映整個母體的特徵和變異性。

2. **假設和簡化**：統計分析常涉及假設和簡化，以利進行分析。然而，這些假設和簡化可能與現實情況存在差異，影響結果的準確性和解釋能力。

3. **資料品質**：統計結果的可靠性和準確性取決於資料的品質。如果資料存在錯誤、遺漏或不完整，將影響結果的準確性和解釋能力。因此，在進行統計分析之前，必須對資料進行清理和驗證，以確保其品質。

4. **相關性與因果關係**：統計學可以分析變量之間的相關性，但不能確定其中的因果關係。即使存在強烈的相關性，也不能以此推斷變量之間的因果關係。因果關係需要進一步的研究和探索，並應與領域知識相結合。

5. **簡化問題**：統計分析有時會過度簡化問題，忽略一些複雜性和多變性。這可能導致結果的失真或偏差，無法完全反映真實情況。在進行統計分析時，需要仔細考慮問題的複雜性和多變性，並適當地選擇分析方法。

6. **主觀判斷**：分析者的主觀意識和偏見可能影響結果的偏差或不準確性。在統計分析中，必須保持客觀並避免主觀偏見的影響。這可以通過使用標準化的方法和標準程序、盲測和獨立審閱等方法來實現。

7. **時效性**：統計結果基於過去的數據和情境，而現實世界經常發生變化，過去的統計結果可能不再適用。因此，統計分析的結果應該與當前的情境和數據相結合，以確保其有效性和可靠性。

3

描述統計
（Descriptives）

3.1 統計方法簡介

當研究者獲得一組原始數據時其實很難從中得出任何的推論。透過描述統計方法，可對數據進行初步分析，如數據的基本特徵和分佈的摘要統計量等，以幫助研究者更好地理解數據、發現數據中的模式和趨勢。因此，描述統計的目的主要是對收集到的數據進行統計摘要和分析，以便更好地理解數據的特徵、趨勢和變異性，且提供了對數據的解釋和解讀的基礎。故其目的可總結為以下幾點：

1. **數據概括和摘要**：描述統計方法通過計算數據的中心趨勢（例如平均值、中位數和眾數）和數據的分散程度（例如變異數、標準差和範圍）等統計量，對數據進行概括和摘要。這些統計量可以幫助研究者了解數據的集中趨勢和散布情況。

2. **數據分佈描述**：描述統計方法可以通過次數分佈表、直方圖、箱型圖等方式來描述數據的分佈情況。這些圖表和圖形可以顯示數據的分類和分佈情形，幫助研究者了解數據的形狀、峰態、偏態等特徵。

3. **數據比較和關聯分析**：描述統計方法可以用於比較不同組別或不同時間點的數據，進行差異分析和相關性分析。例如，可以使用描述統計

方法計算兩個組別的平均值或比較不同時間點的數據趨勢，以瞭解它們之間的差異和相關性。

4. **爲進一步分析提供基礎**：描述統計方法的結果可以為進一步的統計分析提供基礎。例如，在進行假設檢驗或建立統計模型之前，通常需要對數據進行描述統計分析，以瞭解數據的特徵和分佈情況。

3.2 使用時機

列舉描述統計方法中常見的情境，以及每個情境的案例：

1. **資料摘要**：用於總結和呈現資料的基本特徵。例如，平均值可以告訴研究者資料的中心趨勢，中位數可以展示資料的中間值，標準差可以衡量資料的離散程度，使用情境列舉如下：

　　❖ 財務報表分析：一家公司希望分析其財務報表中的數據以了解公司的財務狀況和經營績效。透過描述統計方法，可以計算各項指標的摘要統計量，例如總收入的平均值、淨利潤的中位數和資產的標準差。這些統計量提供了對財務數據的摘要，也幫助分析師和投資者快速瞭解公司的財務狀況和盈利能力。

2. **資料視覺化**：可以透過建立圖表和圖形來直觀地展示資料的分佈和趨勢，如有直方圖、箱型圖、散佈圖等，藉此有助於研究者更好地理解資料的模式和關係，使用情境列舉如下：

　　❖ 銷售數據分析：一家零售商希望分析其不同產品類別的銷售情況。透過描述統計方法，可以使用直方圖來展示各產品類別的銷售量分佈，讓管理層一目了然地瞭解每個類別的銷售狀況。同時，可以使用折線圖追蹤不同時間段的銷售趨勢，觀察是否存在季節性變化或增長趨勢。

3. **資料品質評估**：用於檢查資料的完整性、準確性和一致性。研究者可以使用描述統計來查找遺漏值、異常值或資料不一致的情況，以確定資料的可靠性和可用性，使用情境列舉如下：

3

❖ 資料清理：一個研究團隊正在進行一項調查研究，收集了大量的問卷回答。透過描述統計方法，可以檢查資料中是否存在遺漏值，例如計算每個變數的平均值和總數，觀察是否有變數缺少數據。同時，可以使用描述統計分析來檢查異常值，例如計算變數的最大值和最小值，並檢視是否有任何極端值或不合理的數據。

4. **資料比較**：用於比較不同組或樣本之間的資料。通過計算描述統計指標，研究者可以了解這些組或樣本之間的差異和相似性，以支持比較分析，使用情境列舉如下：

❖ 教育成效比較：一所學校正在評估兩種不同的教學方法對於學生學習成效的影響。透過描述統計方法，可以比較兩種教學方法的學生成績表現。例如，可以計算兩組學生的平均成績、標準差和分數分佈，以了解兩種教學方法對於學習成果的差異和相似性。

5. **探索性資料分析**：用於探索資料中的模式、趨勢和異常值。通過繪製圖表和計算描述統計量，其可以發現資料中的規律和特徵，以進一步指導後續的資料分析和研究，使用情境列舉如下：

❖ 客戶分群分析：一家電信公司希望了解其客戶群體的特徵和行為模式。透過描述統計方法，可以對客戶數據進行探索性分析。例如，可以計算不同客戶群體的平均消費金額、購買頻率和客戶流失率，以了解不同客戶群體的價值和行為模式；繪製散佈圖或箱型圖，觀察不同客戶群體在特定屬性上的分佈和差異。

6. **假設檢驗**：用於執行假設檢驗，以確定樣本資料是否支持特定的假設或理論。例如，可以使用描述統計方法來計算樣本平均值，並與理論預期值進行比較，以評估假設的成立與否，使用情境列舉如下：

❖ 新藥療效評估：一家製藥公司開發了一種新的藥物，聲稱能夠降低患者的血壓水平。透過描述統計方法，可以進行假設檢驗，以確定這種新藥物是否具有降低血壓的效果。首先，收集一組患者的血壓數據，計算其平均血壓值。然後，將這組數據的平均值與已知的正常血壓值進行比較，使用描述統計方法計算差異的顯著性水平，以評估新藥物是否能夠達到預期的效果。

7. **資料模式識別**：用於識別資料中的模式和關聯性。通過計算相關係數、次數分佈等統計指標，可以發現資料中的相互關聯和趨勢，從而了解資料背後的潛在模式，使用情境列舉如下：

   ❖ 社群媒體使用模式研究：一家社群媒體平台希望了解其用戶的使用模式，以改進用戶體驗和增加黏著度。透過描述統計方法，可以分析用戶的每日活躍時間分佈、喜歡和分享的頻率，以及不同用戶群體之間的互動模式。例如，可能發現用戶在晚間的活躍度較高，或某些用戶群體更傾向於分享特定類型的內容，從而指導平台的內容推薦和功能優化。

8. **群體描述**：描述統計方法可用於描述特定群體的特徵和屬性。例如，在社會科學研究中，可以使用描述統計方法來了解不同族群、年齡組別或性別的特徵，以便進一步進行群體比較和分析，使用情境列舉如下：

   ❖ 人口統計研究：一個政府機構正在進行人口統計研究，以了解不同地區的人口特徵和結構。透過描述統計方法，可以分析人口的年齡分佈、性別比例、教育水平、職業分布等特徵。例如，可能發現某地區的老年人口比例較高，或某族群在教育程度上具有較高的平均值，從而為政府制定相應的社會福利和教育政策提供依據。

9. **預測和趨勢分析**：描述統計方法可用於預測和分析資料的趨勢和發展。通過計算時間序列資料的平均值、變異數和趨勢指標，使可以預測未來的趨勢和變化，使用情境列舉如下：

   ❖ 市場需求預測：一家製造業公司希望預測未來產品的市場需求，以便進行生產和庫存管理。透過描述統計方法，可以分析過去幾個季度或年度的銷售數據，計算平均銷售量、銷售趨勢和季節性變動。這些資料的分析可以幫助公司預測未來的市場需求，制定相應的生產計劃和庫存控制策略。

10. **效能評估**：描述統計方法可用於評估組織、公司或系統的效能。通過計算關鍵指標的描述統計量，使可以評估業績、客戶滿意度或效率等方面的表現。使用情境列舉如下：

❖ 客戶服務滿意度評估：一家電信公司希望評估其客戶服務的效能和滿意度。透過描述統計方法，可以分析客戶的回饋調查數據，計算平均分數、滿意度分布和變異數等指標。這些統計量可以提供客戶服務的整體表現，例如平均滿意度分數、最常見的問題或投訴類型等，以幫助公司識別改進的領域並制定相應的改善策略。

3.3 介面說明

3.3.1 基本介面

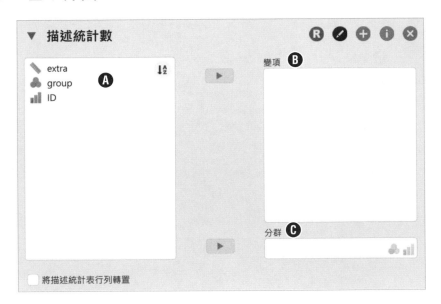

A. 數據樣本中的各變數。

B. **變項**（Variable）：指用來描述和測量觀察對象特徵或屬性的概念，它代表了數據中的可變因素或特徵。

C. **分群**（Categorization/Grouping）：又稱分類。指將觀測值根據其特徵或屬性劃分為不同的組別或群組。分群可以幫助研究者理解數據中不同群體之間的差異、關係或模式，該欄位只能接受名義與次序兩尺度資料。

3.3.2 統計數

用於顯示數據集中各個變數的描述統計數值的介面，幫助研究者了解數據的分佈、中心趨勢和變異程度等重要資訊。

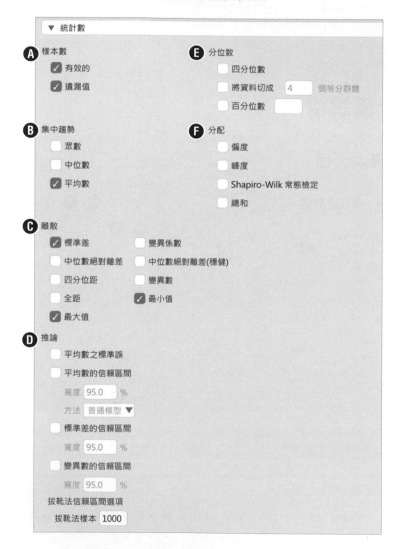

A. **樣本數**：主要依據樣本中的「有效值」與「遺漏值」進行加總統計。

　❖ 有效值：指的是可靠且可用的數據，當一個觀察單位在某個變量上具有可信的、可測量的數值時，該數值被視為有效值。有效值對於統計分析至關重要，因為它提供了有關變量的重要訊息。

❖ 遺漏值：指的是數據中缺少或未提供的數值。這可能是因為受訪者不願意回答問題、記錄錯誤、設備故障或其他原因導致的數據缺失。遺漏值對於統計分析可能帶來困擾，因為缺少數據會使樣本數減少、資訊損失且分析結果可能不夠準確。在處理遺漏值時，需要選擇合適的方法，如補充估計值或使用遺漏值處理技術，以確保分析的有效性。

B. **集中趨勢**：指用來描述數據集中心或平均值的統計量，它提供了一個摘要指標，以了解數據的典型值或中心位置。

❖ 眾數（Mode）：指一組數據中出現頻率最高的值，即描述數據集集中趨勢的一個重要統計量。它可以用來描述數據集中的典型值或具有最高頻率的值。一個數據集可能只有一個眾數（單峰分佈），也可能有多個眾數（多峰分佈）。

❖ 中位數（Median）：指將數據集按照大小排序後，位於中間的數值，以將數據集分成兩部分。它用於描述數據集的中心位置，相比平均數，中位數對於有異常值存在或數據分佈不對稱的情況下更為穩健，不容易受極端值的影響。中位數的計算方法是取排序後位置在中間的數值，若數據集數量為奇數則取中間值，若為偶數則取中間兩個數值的平均值。

❖ 平均數（Mean）：指一組數據的總和除以數據的個數，用於計算數據集的算術平均值。由於平均數考慮了所有數值，因此當數據集中存在極端值或異常值時，平均數可能不太具有代表性，因為它容易受到極端值的影響而偏離整體趨勢。在此情況下，可以考慮使用中位數來更穩健地描述數據集的中心位置。

表 3-1　集中趨勢的特性與優缺點比較

測量層次	集中趨勢		
	眾數	中位數	平均數
名義尺度	V		
順序尺度	V	V	
等距/比率尺度	V	V	V
優點	不受偏離值得影響	對數值變化不敏感，不受極端值影響	測量最為精密，考慮每個樣本，在對稱的分配中具有較佳的代表性
缺點	無法反映所有樣本	無法反映所有樣本的狀況	容易受極端值的影響

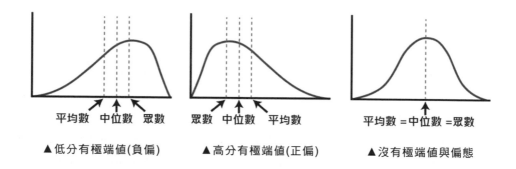

| ▲ 低分有極端值(負偏) | ▲ 高分有極端值(正偏) | ▲ 沒有極端值與偏態 |

C. **離散（Range）**：用來描述資料的分佈或變數的性質。

❖ **標準差（Standard Deviation）**：用來衡量數據集中每個數值與其平均數之間差異的統計量。它量化了數據的變異性，當標準差越大時，表示數據的散佈範圍越廣，數值之間的差異越大；反之，當標準差越小，表示數據的散佈範圍越小，數值之間的差異越小。標準差是描述數據集中數值分佈情況的一個重要指標。

❖ **變異係數（Coefficient of Variation）**：是標準差與平均數的比值，用於衡量數據的相對變異程度。它提供了一種比較不同數據集變異性的方法，使研究者能夠在不同尺度的數據集之間進行客觀的比較，以了解數據的變異程度相對於其平均值的差異。

❖ 中位數絕對離差（Median Absolute Deviation）：是一個穩健的統計量，它指的是中位數與數據集中每個數值的絕對差之中位數。它用於衡量數據的離散程度，且不受極端值的影響，因此在有異常值存在的數據集中更為可靠，這有助於提供更準確的數據變異性估計。

❖ 中位數絕對離差（穩健）（Median Absolute Deviation（MAD））：是一種穩健的統計量，類似於中位數絕對離差，但它的估計不受極端值的影響。使在有異常值存在的數據集中，MAD 能夠提供更可靠的數據離散程度估計，適用於數據集的分析與比較。

❖ 四分位距（Interquartile Range）：指的是數據集的上四分位數（第 75 百分位數）和下四分位數（第 25 百分位數）之間的差異。它提供了數據集中間 50% 數據的範圍，用於衡量數據的變異性，同時避免受極端值的影響。四分位距是一個穩健的統計量，可用於描述數據的分布特徵。

❖ 變異數（Variance）：指數據集中數值與其平均數之間差異的平方之平均值，變異數越大時代表資料越分散。它是衡量數據的變異性的一個統計量，比標準差更常用，主要用於描述數據點相對於平均值的分散程度。較大的變異數表示數據較分散，較小的變異數表示數據較集中。

❖ 全距（Range）：指數據集的最大值和最小值之間的差異，它用來衡量數據的變異程度。全距越大表示數據的範圍越廣，反之則表示數據的範圍較狹窄。全距是一個簡單的統計量，但它忽略了數據中間的變異情況，對於數據集的整體變異性較為粗略。

❖ 最小值（Minimum）：指數據中的最小數值。

❖ 最大值（Maximum）：指數據中的最大數值。

表 3-2   變異量數的特性與優缺點比較

測量層次	變異量數		
	全距	四分差	標準差/變異數
名義尺度	V		
順序尺度	V	V	
等距/比率尺度	V	V	V
優點	不受極值外的個別分數影響	對極端值較不敏感	具有代表性
缺點	無法反映所有樣本的狀況	無法反映所有樣本的變異狀況	易受偏離與極端值的影響

D. **推論（Inference）**：指對統計分析結果進行推論，以幫助研究者進行統計結果的解釋和判斷，進而了解樣本資料所代表的母體特徵，並作出相應的結論。

❖ 平均數的標準誤（Standard Error of the Mean）：是一個衡量平均數估計準確度的統計量。它表示在重複抽樣的情況下，樣本平均數與母體平均數之間的預期差異。標準誤的數值越小，表示樣本平均數估計的準確度越高。

❖ 平均數的信賴區間（Confidence Interval of the Mean）：指對平均數的區間估計。它提供了對平均數真實值的範圍估計，以一定的信賴水準表示，通常以百分比的形式表示（例如，95%信賴區間）。這表示在多次抽樣中，有特定信心水準的抽樣結果會包含真實平均數的區間。信賴區間越窄，表示對平均數估計的準確度越高。

❖ 標準差的信賴區間（Confidence Interval of the Standard Deviation）：指對標準差的區間估計。它提供了對標準差真實值的範圍估計，並以一定的信賴水準表示。這意味著在多次抽樣中，有特定信心水準的抽樣結果會包含真實標準差的區間。信賴區間越窄，表示對標準差估計的準確度越高。

3

❖ 變異數的信賴區間（Confidence Interval of the Variance）：指對變異數的區間估計。它提供了對變異數真實值的範圍估計，並以一定的信賴水準表示。這意味著在多次抽樣中，有特定信心水準的抽樣結果會包含真實變異數的區間。信賴區間越窄，表示對變異數估計的準確度越高。

❖ 拔靴法信賴區間選項（Bootstrap Confidence Interval）：用於估計統計量的信賴區間。此方法透過從原始樣本中進行重複抽樣，形成多個樣本集合，然後計算統計量的值。重複抽樣和計算過程將產生一個分佈，基於這個分佈，使可以建構統計量的信賴區間。拔靴法可以有效處理樣本數量小或不符合常態分配的數據。此方法能夠更精確地估計統計量，並提供對真實統計量的信賴區間估計。（詳細說明請詳閱附錄-2）

- 拔靴法樣本（Bootstrap Sample）：用於進行多次統計計算，以模擬母體的分佈和估計統計量的抽樣分佈。例如，拔靴抽樣數為 1000 時就進行了 1000 次的模型估計，這些參數估計結果將可被視為一種分配（拔靴分配）。根據拔靴分配及可求算出估計參數的平均值與標準誤，進而計算出估計參數的 t 值。

E. **分位數（Quantiles）**：指用於描述數據集中數值分佈的統計量。它將數據按照大小進行排序，然後將其劃分為幾個等分的區間，通常是四分之一、四分之三等。這些區間的值稱為分位數，它們可以用來描述數據值在整體分佈中的位置和相對大小。

❖ 四分位數（Quartiles）：是統計學中用於描述數據集分佈的重要指標。將數據集按照數值大小排序後，分成四等份，分別是第一個四分位數（Q1）、第二個四分位數（Q2，即中位數）、第三個四分位數（Q3）。其計算可以幫助研究者更好地了解數據集的分佈情況，特別是在數據集中存在極端值（outliers）時，使用四分位數可以減少極端值對整體分布的影響。四分位數在盒鬚圖（Box plot）的繪製中也起著重要作用，使可直觀地了解數據集的離散程度和集中趨勢。

- 第一個四分位數（Q1）是數據集中所有數值的 25%分位點，將數據集分成下四分之一和上四分之三。換句話說，至少有 25% 的數據小於等於 Q1，並且至少有 75%的數據大於等於 Q1。

- 第二個四分位數（Q2）即中位數，將數據集分成上下兩半。50%的數據小於等於 Q2，50%的數據大於等於 Q2。

- 第三個四分位數（Q3）是數據集中所有數值的 75%分位點，將數據集分成上四分之三和下四分之一。至少有 75%的數據小於等於 Q3，並且至少有 25%的數據大於等於 Q3。

❖ 將資料切成幾個等分群體：將數據集分為幾個等分的子群體。通常用百分位數來指定等分的區間。例如，將數據集分為四等分，意味著將其劃分為四個大小相等的子群體，每個子群體包含 25% 的數據。

❖ 百分位數（Percentile）：將數據集劃分為 100 個等分的統計量。每個百分位數表示數據集中特定百分比的數據值小於或等於該值。例如，第 75 百分位數（P75）表示 75%的數據值小於或等於該值。

F. **分配（Distribution）**：是統計學中用來描述數據值在整個數據集中分佈情況的概念。研究者可透過統計圖表（例如直方圖、密度圖）或機率分佈函數（例如常態分配、均勻分佈）來視覺化和描述數據的分佈。數據的分配形狀可能呈現多樣態（multimodal），也可能經過平滑後只有一個山峰的形狀。透過統計圖表，可以觀察到分佈的對稱性、峰值、分散程度等特徵，有助於了解數據的整體分佈情況。

常見的分配包括常態分配（bell-shaped），在此分配中，數據集集中在平均值附近並呈現對稱的形狀；均勻分佈（uniform distribution），在此分配中，數據的機率在整個區間內是均等的，呈現一條平坦的直線。分配的形狀和特徵對於了解數據的基本統計特徵至關重要。在研究中，通常希望數據符合特定的分配，因為這有助於進行更精確的統計推斷和假設檢驗，但當數據不符合特定的分配時，可能需要進行轉換或採用非參數統計方法來處理。

❖ 偏態（Skewness）：衡量數據分佈對稱性的統計量。正偏態表示數據分佈的右尾比左尾更長，也就是數據向右偏移。負偏態表示數據分佈的左尾比右尾更長，也就是數據向左偏移。當偏態為 0 時，表示數據分佈相對對稱，左右兩側的尾部長度相似。偏態可以幫助研究者了解數據的分佈形狀和對稱性，對於進行數據分析和統計推斷非常有用。

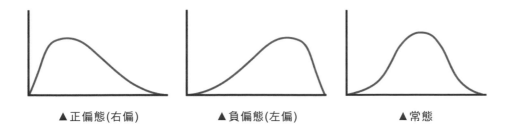

▲ 正偏態(右偏)　　　　　▲ 負偏態(左偏)　　　　　▲ 常態

❖ 峰態（Kurtosis）：是用來衡量數據分佈尖峰程度的統計量。正峰態表示數據分佈相對尖峭，尾部相對重，也就是數據集中在中央且具有較多極端值。這種情況下，數據集的峰值會比較高，呈現出一個較窄且尖銳的峰峰形狀。負峰態表示數據分佈相對平坦，尾部相對輕，也就是數據相對集中，較少極端值。這種情況下，數據集的峰值會比較平坦，呈現出一個較寬且平坦的峰形狀。峰態可以幫助研究者瞭解數據集的分佈形狀和尾部特徵，對於判斷數據的尖峭或平坦程度具有重要意義。

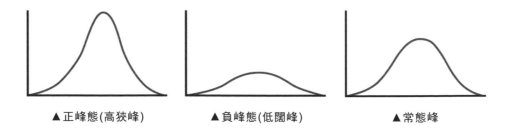

▲ 正峰態(高狹峰)　　　　▲ 負峰態(低闊峰)　　　　▲ 常態峰

❖ Shapiro-Wilk 常態檢定（Shapiro-Wilk Normality Test）：是一種用於檢驗數據是否符合常態分配的常見統計檢定方法。此檢定基於檢驗統計量，比較了樣本數據與常態分配的期望值之間的差異。當進行 Shapiro-Wilk 檢定時，研究者會得到一個 p 值，這個 p 值表示在假設數據來自常態分配的前提下，出現目前觀測數據或更極端數據的機率。如果檢定結果顯示 p 值小於研究者所設定的顯著性水平（通常是 0.05），則會拒絕虛無假設（H0），這意味著有足夠的證據來認為數據不符合常態分配，即數據是非常態的。反之，如果 p 值大於顯著性水平，則會接受虛無假設，這表示無法拒絕數據來自常態分配的假設，即數據可能是常態的。藉此，Shapiro-Wilk 常態檢定可幫助研究者判斷數據是否服從常態分配，進而影響後續統計分析的選擇和結果的解釋。

❖ 總和（Sum）：指一組數據值中所有數值的加總。它代表了這組數據集中所有數值的總和，也就是對所有數值的一種總體特徵描述，其可以幫助研究者了解數據的整體大小和分佈情況。

3.3.3 基本統計圖

　　用於顯示數據集中各個變數的基本統計圖形的介面。這些基本統計圖形用於視覺化數據的分佈、中心趨勢和變異程度等重要特徵，幫助研究者對數據進行初步的理解和探索。

A. **分佈圖（Distribution Plot）**：指用於圖形化表示數據分佈的工具。它通常使用直方圖或密度圖來展示數據的次數分佈情況。分配圖能夠直觀地顯示數據的中心趨勢、離散程度以及是否存在離群值。透過觀察分配圖，研究者可以快速了解數據的特徵，並進一步進行數據分析和統計推斷。

B. **相關圖（Correlation Plot）**：用於顯示變量之間相關關係的圖形工具。可以幫助研究者判斷兩個變量之間的相關程度，即它們是否呈現正向或負向關係，以及相關的強度。透過觀察相關圖，研究者可以發現變量之間的趨勢和模式，從而瞭解它們之間的相互作用，進一步進行數據探索和統計分析。

❖ 組距類型：指的是需要選擇合適的組距來將數據劃分為不同的區間。組距的選擇會影響分配圖的形狀和解讀，過大或過小的組距可能導致數據的過度平滑或細緻化，使得圖像失去一些重要特徵。選擇適當的組距能夠更好地展示數據的分佈情況，以幫助研究者更準確地了解數據的特徵和趨勢，組距類型包括：

■ Sturges 法：常用的組距計算方法，它根據數據集的大小來決定組距的數量。適用於樣本較大且數據分佈接近常態分配的情況。

- Scott 法：基於數據的標準差來計算組距的方法。適用於數據分佈較為平均的情況。

- Doane 法：根據數據的偏態和樣本大小來計算組距的方法。適用於數據分佈偏斜的情況。

- Freedman-Diaconis 法：基於數據的四分位距來計算組距的方法。適用於數據集有極端值存在的情況。

- 自訂：可以根據數據的特點和分佈情況來選擇適合的組距，以更好地呈現數據的分布特徵和趨勢。此方法靈活性較高，適用於各種數據分佈情況。

❖ 組距數（Bin Width）：是在分配圖中指定的組距的數目。這是一個主觀的選擇，可以根據數據的特點和分析目的來進行調整。選擇合適的組距數可以影響分配圖的形狀和解讀，因此需要根據具體情況來選擇適合的組距數，以展示數據的分佈情況和趨勢。

C. 區間圖（Interval Plot）：指用來顯示數據區間估計的圖形。它使用一條直線或短線段表示數據的區間估計，通常放置在數值變量的軸上。區間圖可以清楚地展示估計的可信程度或不確定性，有助於理解數據的變異範圍和信賴區間，進而進行數據的比較和分析。

D. 分位圖（Quantile Plot）：指用來呈現數據分位數的圖形。它將數據按照大小排序，然後以圖形方式顯示各個分位數的值。分位圖通常使用盒鬚圖（Box Plot）來呈現，以直觀地顯示數據的中心趨勢、離群值和分佈形狀。透過分位圖，研究者可以快速了解數據的分佈情況和異常值的存在，並進一步進行數據的探索和分析。

E. 圓餅圖（Pie Chart）：是一種圓形圖形，用於顯示數據的相對比例或百分比。圓餅圖將數據劃分為不同的類別或組別，並將每個類別的比例表示為圓餅圖的扇形區域。透過顏色或標籤，使可快速看出各個類別在整體中所占的比例，以及類別之間的相對大小，這有助於直觀地傳達數據的分佈和比例關係。圓餅圖特別適用於展示分類資料，使其快速了解數據的組成情況。然而，在表示多個類別或數據量較多時，圓餅圖可能不如其他圖表（如長條圖或堆疊圖）便於解讀。

F. **點圖（Dot Plot）**：指以點的形式呈現數據的圖形。它通常用於展示離散變量的數值分佈，每個點代表一個觀測值。點圖可以顯示數據的分佈情況、集中趨勢和離群值，尤其適合用於比較不同組別或類別之間的數據。點圖的優勢在於直觀、簡潔，易於比較數據間的差異，適用於小型數據集的視覺化呈現。然而，當數據較多時，點圖可能變得密集，此時對於大型數據集則不太適用。

G. **類別變數圖（Categorical Variable Plot）**：是一種用於顯示類別變數的分佈和統計特徵的圖形。

❖ 柏拉圖：指將數據按照重要性進行排序並以降序排列的圖形。柏拉圖通常用於顯示各個類別的頻率或數量，並以累積百分比的形式呈現。透過柏拉圖，研究者可以快速識別出具有最大影響力的類別，進而協助集中資源解決這些重要類別所帶來的問題，以達到效果最大化的目的。

■ 累托法則：也稱為 80/20 法則，是一個常用的管理原則。它指出在很多情況下，80%的結果往往來自於影響力最大的 20%原因。在描述統計中，帕累托法則通常用於分析類別變數中的項目或原因，以確定對結果產生最大影響的關鍵因素，以便優先處理這些重要因素來取得最佳效益。

❖ 李克特圖：指用於評估人們對特定觀點或問題的態度和意見的圖形。它使用類似於調查問卷的五點量表（例如，很不同意、不同意、中立、同意、很同意）來收集數據，然後將每個觀點的結果呈現為圖形，以幫助研究者理解受訪者對特定主題的看法及其分佈情況。透過李克特圖，以可快速了解受訪者對某一問題的整體態度和趨勢。

■ 假設所有變數有相同的水準和垂直軸字體大小可調整：指在進行描述統計中的比較和分析時，可以對字體大小進行調整。此目的是確保比較的一致性和視覺化效果，讓不同變數之間的差異和趨勢更容易被看出和理解。

3.3.4 修改統計圖設定

用於自定義和調整描述統計圖形的顯示設定的介面。此介面允許根據研究的需求和偏好，對數據的統計圖形進行個性化設定，以便更好地呈現數據和傳達分析結果。

（A） 調色盤　色盲友善配色選擇一 ▼

（B） ☐ 箱形圖
- ☑ 箱形圖設定　　☐ 使用調色盤
- ☐ 小提琴圖　　　☐ 標示離群值
- ☐ 資料點

（C） ☐ 散佈圖

散佈圖上方顯示統計圖
- ○ 密度
- ○ 直方圖
- ○ 不顯示統計圖
- ☑ 顯示(簡單)迴歸線
  - ○ 平滑線
  - ○ 直線
  - ☑ 顯示信賴區間　95.0 %

散佈圖右方顯示統計圖
- ○ 密度
- ○ 直方圖
- ○ 不顯示統計圖
- ☑ 顯示註釋

（D） 密度圖

♣ group
▮ ID

▶

個別密度圖

☐ 顯示密度圖
透明度 20

（E） 製作選擇變數之熱圖

♣ group
▮ ID

▶

橫軸：

▶

縱軸

☐ 顯示圖例
☐ 顯示數值
　相對文字大小 1
熱圖的寬高比 1
要繪製的統計數

連續變數	名義變數和次序變數
● 平均數	● 眾數
○ 中位數	○ 變數值
○ 變數值	○ 觀察次數
○ 觀察次數	

A. **調色盤**：提供五種樣式的選擇，並搭配箱形圖中的使用調色盤選項使用。

B. **箱型圖（Box Plot）**：又稱盒鬚圖、盒式圖、盒狀圖或箱線圖。箱型圖是一種用於顯示數據分佈的圖形。它由一個矩形框和兩條「鬚」組成，矩形框表示數據的中位數、四分位數和內距離，而鬚表示數據的變異程度。箱型圖可以幫助研究者觀察數據的中心趨勢、離散程度以及是否存在離群值。透過箱型圖，研究者可以直覺地了解數據的統計特徵，並進行比較和探索數據集的變異性。

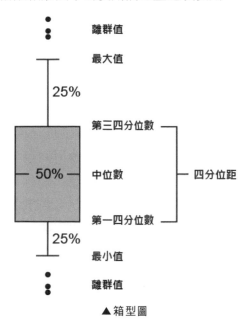

▲ 箱型圖

❖ 箱型圖設定：勾選後可顯示矩形框以表示數據的中位數、四分位數和內距離。

❖ 使用調色盤：指在繪製圖形時搭配調色盤的顏色方案。不同的顏色可以用於區分不同的類別、組別或變數。選擇適當的顏色組合可以幫助研究者更好地理解數據，需搭配前述的調色盤選項。

❖ 小提琴圖：一種結合了箱型圖和核密度估計的圖形。它可以展示數據的分佈形狀和密度，同時顯示中位數和四分位數等統計指標。小提琴圖在呈現數據時提供了更多的信息，特別適用於分析非對稱和多峰分佈的數據。

❖ 標示離群值：當繪製箱型圖或小提琴圖時，可在圖形中將離群值以特殊的符號或顏色標記出來，讓研究者可以更容易地辨認和理解這些與其他數據點明顯偏離的值。這對於探索數據中的異常值或特殊情況非常有用，同時也有助於更全面地呈現數據的分佈特徵和變異性。使用標示離群值的功能，可以使得繪製的圖形更具視覺效果和信息呈現，有助於更深入地分析和解釋數據。

❖ 資料點：指在數據圖形中代表個別數據觀測值的點。這些點的位置根據數據的數值和變量的分佈情況而定。資料點的圖形特徵，如形狀、大小、顏色等，可以用於區分不同組別或類別的數據，並展示其他變數的屬性或特點。因此透過資料點的呈現，其可以直觀地了解數據的分佈和變異性，同時探索數據之間的關聯性和趨勢。資料點的使用增強了數據圖形的視覺效果和訊息表達，使研究者能夠更深入地進行數據分析和解釋。

C. **散佈圖**：用於展示兩個連續變量之間關係的一種圖形，以幫助研究者直覺地了解兩個變量之間的相互影響、趨勢、相關性和離群值。也就是說，散佈圖為研究者提供了直覺、清晰且有效的方式來研究變量之間的關係，進而做出相關的分析和解釋。

❖ 密度：在散佈圖中確實提供了有關數據點分佈情況的訊息。散佈圖通常用散點來表示每個數據點的位置，但在數據點密集的情況下，可能會難以看清分佈的趨勢和密度。為了更好地理解數據的分佈情況，可以添加密度圖，它類似於核密度估計，通過在平面上繪製連續的曲線，表達了數據的密度分佈情況。較高的密度區域將有更多的曲線，而較低的密度區域將有較少的曲線。密度圖在散佈圖中提供了額外的視覺化訊息，以幫助研究者更好地理解數據的整體分佈特徵和集中趨勢。這在探索數據和發現潛在的模式和趨勢時特別有用，尤其當數據集非常大或數據點重疊時。

❖ 直方圖：指用於表示數據分佈的常見圖形，它確實將數據劃分為不同的區間（bin），並顯示每個區間的數量。透過直方圖，研究者可以快速了解數據的分佈形狀，例如是否對稱、偏斜程度以及數據的集中趨勢。直方圖還提供了數據的離散程度信息，即通過觀察區間的寬度和高度，可以大致了解數據的離散程度。例如，如果直方圖的區間較窄且高度集中，則表示數據較為集中；如果區間較寬且高度較為分散，則表示數據較為離散。直方圖在探索數據的分佈和整體特徵時是一個非常有用的工具，它可以幫助研究者快速獲得對數據的直觀印象和理解。

❖ 顯示（簡單）迴歸線：在散佈圖中用於顯示兩個變量之間的線性關係是一個常見的方法。迴歸線是根據數據點進行配適的一條直線，它可以幫助研究者了解兩個變量之間的趨勢和相關性。迴歸線的斜率表示兩個變量之間的變化率，而截距則表示當自變量為 0 時，依變量的預測值。這些訊息可以提供有關兩個變量之間關係的重要洞察，例如正向或負向關係、關係的強度和趨勢。

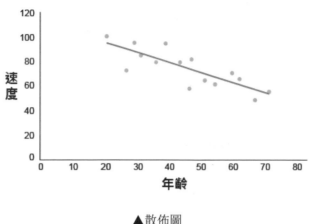

▲散佈圖

D. 密度圖（Density Plot）：指用於表示數據分佈的圖形，它通過繪製數據點的密度來展示數據的相對機率分佈。其使用核密度估計方法來估計數據的機率密度函數，並在數據點周圍繪製一個平滑的曲線，該曲線代表在該點處的機率密度。通過將這些曲線整合在一起，形成一個連續的密度圖。密度圖提供了關於數據分佈的多個方面的訊息。首先，它可以顯示數據的分佈形狀，例如對稱、左偏或右偏。對稱分佈意味著數據在中心點附近平均分佈，而左偏和右偏分別意味著數據向左或向右傾斜。其次，密度圖可以幫助研究者觀察數據的集中趨勢，即數據的峰值所在的位置，而峰值所在的位置反映了數據中心的集中程度。最後，密度圖還可以提供關於數據的離散程度的信息，通過觀察曲線的平滑程度可以了解數據的平滑程度和變異性。密度圖特別適合用於觀察數據的分佈特徵，特別是在數據集較大時，有助於發現潛在的模式和趨勢。

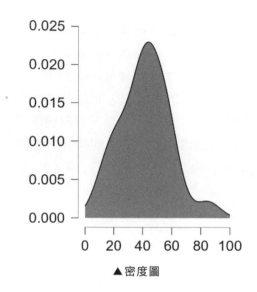

▲ 密度圖

E. **製作選擇變數之熱圖（Heatmap）**：指用於視覺化數據的二維圖形。它通常用於顯示具有顏色編碼的數據矩陣，其中不同的顏色代表不同數值的大小。熱圖在描述統計中常用於探索數據的相似性或相關性。同時，熱圖的顏色亮度和對比度可以幫助研究者快速識別相關性的強度和方向。透過觀察熱圖的顏色分佈，研究者可以發現變量之間的相關性結構，例如高度相關的變量可能會在熱圖上呈現出明顯的塊狀區域。熱圖的視覺化特性使得分析數據和發現模式變得更加容易。

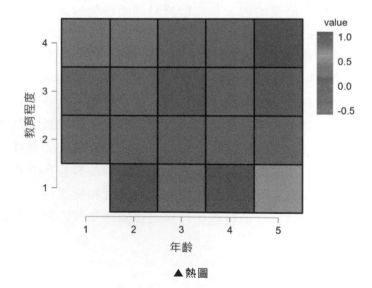

▲ 熱圖

3.3.5 表

A. **次數分配表（Frequency Table）**：指用於組織和呈現資料的統計表格。它顯示了每個數值或數值範圍在數據集中出現的次數或頻率，有助於理解和分析數據的分佈情況。

次數分配表由兩列組成，第一列是數值（或數值範圍），列出所有可能的數值或數值範圍；第二列是對應的次數（或頻率），表示每個數值或數值範圍在數據集中出現的次數。該表可提供數據的多方面的信息。首先，它可以顯示數據中各個數值或數值範圍的出現次數，這有助於理解數據的分佈情況和變異性。其次，次數分配表可以幫助識別數據中的主要趨勢或特徵，例如頻率最高的數值或數值範圍。通過次數分配表，研究者可以對數據的分佈進行初步的了解，並對數據的特徵和變異性進行描述。

B. **莖葉圖（Stem-and-leaf Plot）**：指用於可視覺化數據分佈的統計圖表。它通過將數據按照數值的莖部和葉部來表示，提供了對數據的詳細結構和數值分佈的視覺化呈現。在莖葉圖中，數據的每個數值被拆分為兩個部分：莖部和葉部。莖部包含數值的大部分數字，而葉部則包含數值的最後一位數字。這樣的拆分可以幫助研究者更好地理解數據的結構和分佈。藉此，莖葉圖可以提供對數據的詳細結構和分佈的了解，特別適用於小數據集。它類似於直方圖，但更加詳細和具體。莖葉圖不僅可以顯示數據的中心趨勢和離散程度，還可以展示數據的個別觀測值，這使得莖葉圖在教育和探索數據時很有用。

3.4 統計分析實作

　　本節範例使用了 JASP 學習資料館中 Descriptives 的 Sleep 數據。此數據「Sleep（睡眠）」提供了 10 名病人在服用兩種「催眠藥」（即安眠藥）後的額外睡眠小時數，並透過描述統計方法而依照催眠藥物的類型建立出數據圖。

　　數據資料中的變數及說明如下：

- extra：相對於對照藥物的睡眠增加（以小時為單位）。
- group：催眠藥物的類型。
- ID：參與者的身份證號碼。

範例實作

STEP **1**　點擊選單 > 開啟 > 學習資料館 > 1. Descriptives > Sleep，使開啟範例的數據樣本。

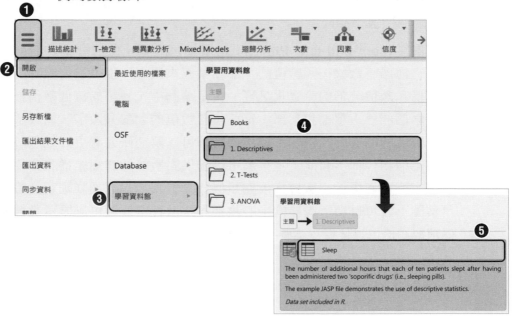

STEP **2** 　於上方常用分析模組中點擊「描述統計」按鈕。

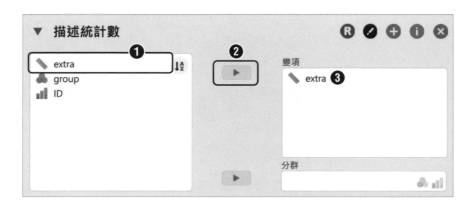

STEP **3** 　首先，將 extra 變數移至「變項」欄位中。

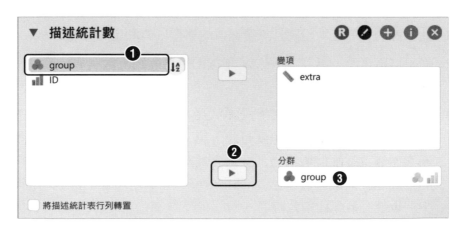

STEP **4** 　接續，將 group 變數移至「分群」欄位中，使可依據藥物類型劃分 描述統計數據。

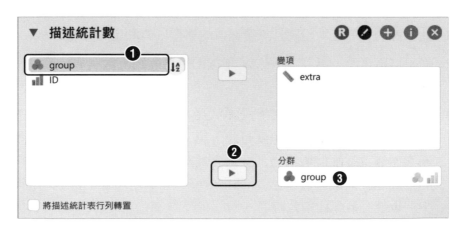

STEP **5**　展開「修改統計圖設定」標籤，並勾選「箱型圖」選項。

STEP **6**　接續，勾選「使用調色盤」、「小提琴圖」、「資料點」三選項。

實作結論

　　於報表視窗中可獲得描述統計的相關結果。從描述統計數表箱型圖可得知相關結果，整理如下：

1. 此數據的有效值均相同且無遺漏值的情形，有利進行後續分析。

2. 從平均數來看，第 2 種藥物所增加的平均睡眠時數明顯比第 1 種藥物來的好。

3. 從標準差來看，第 2 種藥物對病人睡眠時數的改善情形比使用第 1 種藥物時的範圍來個廣。也就是說，第 2 種藥物可能會由於病人的身體因素而導致睡眠時數的增加效果有長有短；反而，使用第 1 種藥物時的增加睡眠效果雖沒有第 2 種來的好，但其所增加的睡眠時間差異較小，也較容易評估藥效時間。

描述統計數 ▼

描述統計數 ▼

	extra	
	1	2
有效	10	10
遺漏	0	0
平均數	0.75	2.33
標準差	1.79	2.00
最小值	−1.60	−0.10
最大值	3.70	5.50

箱形圖 ▼

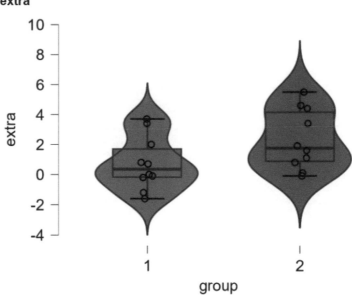

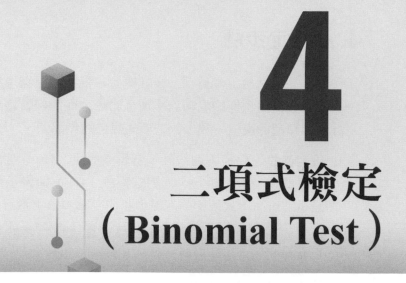

二項式檢定
（**Binomial Test**）

4.1 統計方法簡介

二項式檢定適用於研究具有二元結果的變數，該方法基於二項分佈理論。此檢定常用於以下情況：

1. **檢驗兩個類別之間的差異**

   假設在一個廣告實驗中，研究者想知道不同廣告版本的點擊率是否有顯著差異。此時可將觀察到的點擊次數視為成功的二元結果（成功點擊廣告為 1，未成功點擊為 0），然後使用二項式檢定來比較不同廣告版本的成功點擊率是否存在差異。

2. **比較單一類別的觀測結果是否符合預期機率。**

   假設有一個硬幣，研究者想知道它是否公平，即正面和反面出現的機率是否相等。此時可將硬幣拋擲多次，觀察正面和反面的次數，然後使用二項式檢定來評估觀測結果與理論機率之間的差異。

因此，二項式檢定根據觀測到的次數和預期機率計算一個 p 值，該 p 值表示觀測到的結果在預期機率下出現的機率。如果 p 值小於預先設定的顯著性水準（通常是 0.05），則可以得出結論認為觀測結果與預期機率存在顯著差異。

4.2 檢定步驟

在二項式檢定步驟部分，其概念為根據一組樣本數據，以計算出成功的次數並使用預期的成功機率進行比較，從而判斷觀察到的次數是否在統計上與預期的模型一致，故二項式檢定的步驟如下：

1. **設定假設**：設定兩個假設，為虛無假設（H0）通常表示兩個群體或條件下的成功機率相等，而對立假設（H1）則表示兩者不相等。這些假設是進行二項式檢定的基礎，並在後續步驟中進行假設檢定。

2. **計算成功的次數**：根據樣本數據計算成功的次數。在二項式檢定中，主要關心的是兩個群體或條件下成功的次數。

3. **計算檢定統計量**：根據統計方法計算檢定統計量，該統計量用於評估觀察到的成功次數在虛無假設下的機率。在二項式檢定中，常用的檢定統計量是 Z 值或比例差異的標準誤。

4. **設定顯著性水平**：顯著性水準（通常表示為 α）是一個用於衡量虛無假設是否被拒絕的閾值。它表示在虛無假設成立的情況下，其願意接受犯錯的機會。常見的顯著性水準是 0.05 或 0.01。

5. **進行假設檢定**：根據計算的檢定統計量和設定的顯著性水準進行假設檢定。如果檢定統計量的機率小於顯著性水準，則拒絕虛無假設，認為觀察到的次數在統計上與預期模型不一致，即顯示存在統計上的顯著差異；反之，則接受虛無假設，表示沒有充分的證據來拒絕虛無假設。

4.3 使用時機

列舉二項式檢定中常見的情境及案例：

1. **廣告效果評估**：假設一家公司進行了兩種不同的廣告宣傳方式，想知道哪種方式能夠更有效地提高產品的購買率。

2. **醫療治療評估：**假設一種新的藥物被推出用於治療特定疾病，需要比較使用該藥物的患者和未使用該藥物的患者之間的治療成功率。

3. **社會調查分析：**假設一個民意調查想要知道一個國家的選民中支持某個政黨的比例，以預測選舉結果。

4. **品質控制驗證：**假設一個製造廠商想比較兩種不同材料的產品缺陷率是否有顯著差異，以確定哪種材料更適合生產。

5. **教育評估：**假設研究人員想研究兩種不同教學方法對學生學習成績的影響，比較使用不同教學方法的學生之間的通過率是否存在顯著差異。

4.4 介面說明

A. **變數**：指研究者想觀察或測量的特徵或屬性，用以描述和分析不同特徵之間的差異、相互關係和趨勢的重要工具。

B. **檢定值**：指觀察到的樣本資料中與特定假設相關的統計量，用於計算檢定結果，評估研究者所假設的參數是否與樣本資料相符。例如，研究者進行硬幣投擲實驗，想檢定硬幣成功機率是否為 0.5。使用檢定值和假設檢定方法計算統計量，判斷觀察到的檢定值是否與假設的參數（成功機率為 0.5）有顯著差異。這可幫助研究者確認實驗結果是否支持或拒絕他們的假設。

C. **對立假設（Alternative Hypotheses）**：指檢驗某種假設是否成立的假設。在統計檢定中，研究者通常有一個虛無假設和一個對立假設，它們相互對立且涵蓋了所有可能情況。虛無假設表示無效或沒有效應，對立假設表示具有某種效應或差異。研究者通過分析樣本數據來判斷虛無假設是否成立，並支持或拒絕對立假設，有助於對研究問題進行推論和結論。

❖ 不等於檢定值（組 1 ≠ 檢定值）：此對立假設表示研究者預測組 1 的成功機率與檢定值不相等。換句話說，研究者猜測組 1 在成功的試驗中其表現存在顯著差異，無論是高於還是低於檢定值。

❖ 大於檢定值（組 1 > 檢定值）：此對立假設表示研究者預測組 1 的成功機率大於檢定值。換句話說，研究者猜測組 1 在成功的試驗中其表現比預期的要好，成功機率顯著高於檢定值。

❖ 小於檢定值（組 1 < 檢定值）：此對立假設表示研究者預測組 1 的成功機率小於檢定值。換句話說，研究者猜測組 1 在成功的試驗中其表現比預期的要差，成功機率顯著低於檢定值。

補充說明

　　「組 1」指用來表示在研究中的不同組別或條件之一，可以是實驗組、處理組、試驗組等。組 1 通常是用來與其他組別進行比較，以檢驗不同組別之間是否存在統計上的差異。

D. 其他統計圖

- ❖ 信賴區間（Confidence Interval）：指估計統計數據的範圍，表示結果具有一定信賴水準的可信程度，通常設為 95%。（詳細說明請詳閱附錄-1）

- ❖ Vovk-Sellke 最大 p 值比率（Vovk-Sellke maximum p-ratio）：指用於計算觀察到的多個 p 值中的最大值，然後將其與單個假設檢定的顯著性水平進行比較，以控制整體類型 I 錯誤率，確保統計推斷具有一定的保證。（詳細說明請詳閱附錄-3）

E. 圖

- ❖ 描述統計圖（Descriptive Statistics Plot）：是一種視覺化工具，用於展示不同組別或條件下的成功次數或比例的統計摘要。通常以長條圖（Bar Plot）呈現，每個條形代表一個組別或條件，並顯示該組別中的成功次數或比例。長條的高度表示成功次數或比例的大小，因此可以直覺地比較不同組別之間的差異。透過描述統計圖，研究者能更容易地了解不同組別的成功情況，幫助發現模式和趨勢。

4.5 統計分析實作

　　本節範例使用了 JASP 學習資料館中 Frequencies 的 Sun Block Lotions 數據。此數據「Sun Block Lotions」提供了 20 名參與者對對兩種不同防曬乳的偏好回答。具體來說，在這個樣本中，參與者被要求選擇他們偏好的防曬乳，並將其記錄下來。

　　該數據集的目的是測試自己公司的防曬乳是否與其他公司的防曬乳一樣有效，換句話說，評估兩種防曬乳之間的偏好是否存在差異。為了進行這樣的評估，研究者想要檢驗二項率參數 θ 是否等於 0.5。這意味著希望測試兩種防曬乳被受測者偏好的機率是否相等。

　　數據資料中的變數及說明如下：

● Product（產品）：參與者的回答有兩項，為 (1)Your =你的產品更好；
　(2)Theirs =其他產品更好。

範例實作

STEP **1**　點擊選單 > 開啟 > 學習資料館 > 5. Frequencies > Sun Block
　　　　Lotions，使開啟範例的數據樣本。

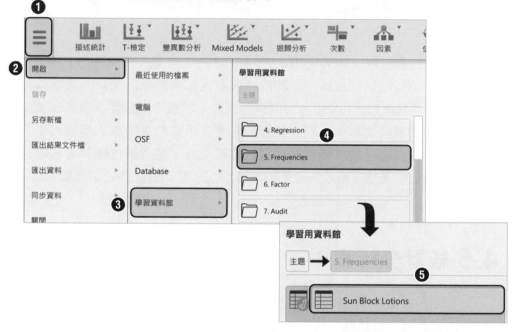

STEP **2**　於上方常用分析模組中點擊「次數
　　　　> 二項式檢定」按鈕。

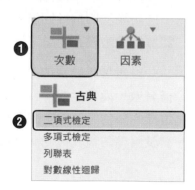

STEP **3** 　將左側的 Product 變數移至右側的變數欄位中。

STEP **4** 　需「勾選」的項目如下：

■ 其他統計數：信賴區間。

■ 圖：描述統計圖。

實作結論

　　於右側報表視窗中可獲得二項式檢定結果以及描述統計圖。從 Binomial Test 表中的 Proportion 欄位得知 Yours 的比例為 0.65，也就是約有 65%的參與者選擇自己的防曬乳；選擇其他公司則為 35%，兩者的數值並非 0.5。以及兩者 p 值均為 0.26，明顯大於顯著性水平(0.05)，因此無法拒絕虛無假設，也就是說兩種防曬乳的使用情況在樣本中沒有統計上的差異。

結果 ▼

二項式檢定

Binomial Test

Variable	Level	Counts	Total	Proportion	p	95% CI for Proportion	
						Lower	Upper
Product	Theirs	7	20	0.35	0.26	0.15	0.59
	Yours	13	20	0.65	0.26	0.41	0.85

附註 Proportions tested against value: 0.5.

Descriptives Plots

Product

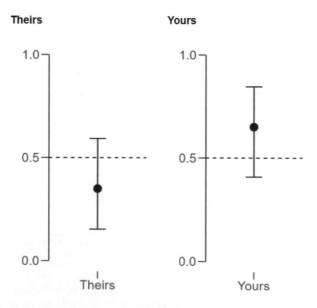

5

多項式檢定
(Multinomial Test)

5.1 統計方法簡介

多項式檢定是次數分析中的一種統計方法,用於檢驗多個類別結果的次數分佈是否符合預期機率模型。它常應用於多選題、問卷調查等具有多個類別的資料。研究者觀察各類別次數,並與預期機率模型進行比較。若存在顯著差異,表示資料分佈與預期模型不符,可能有趨勢、偏好或其他影響因素。此方法可幫助理解類別結果背後的特性與影響因素。

5.2 檢定步驟

在多項式檢定步驟部分,其基本概念為根據一組樣本數據,計算出每個類別的次數並使用預期的類別機率進行比較,以判斷觀察到的次數是否在統計上與預期模型一致,故多項式檢定的步驟如下:

1. **設定假設**:設定兩個假設,即虛無假設(H0)和對立假設(H1)。其中虛無假設假定兩個變數之間沒有關聯,而對立假設則假定兩個變數之間存在關聯。

2. **計算各類別的次數**：從樣本數據中計算每個類別的成功次數或比例。

3. **計算檢定統計量**：使用統計方法計算檢定統計量，評估觀察到的次數在虛無假設下的機率。

4. **設定顯著性水準**：設定顯著性水準（α），表示拒絕虛無假設的閾值，常見的顯著性水準是 0.05 或 0.01。

5. **進行假設檢定**：將計算的檢定統計量與顯著性水準進行比較，如果機率小於顯著性水準，拒絕虛無假設，認為存在統計上的顯著差異；反之，則接受虛無假設。這判斷顯示是否有足夠的證據支持或反駁虛無假設。

5.3 使用時機

列舉多項式檢定中常見的情境，以及每個情境的案例：

1. **自然科學研究**：在物理學、化學、生物學等領域，經常遇到非線性關係。

   ❖ 研究溫度對植物生長速率的影響，探索溫度和生長速率之間的非線性關係。

2. **社會科學調查**：在調查研究中，可能有多個響應變數與一個依變數之間的複雜關係。

   ❖ 研究年齡對幸福感的影響，探索年齡和幸福感之間的非線性關係。

3. **經濟學分析**：在經濟學中，經常需要探索市場供需曲線、成本函數等之間的非線性關係。

   ❖ 研究價格對需求量的影響，探索價格和需求量之間的非線性關係。

4. **醫學研究**：在醫學研究中，多項式檢定可用於分析疾病發展、治療效果等方面的非線性關係。

   ❖ 研究心跳速率對運動強度的反應，探索心跳速率和運動強度之間的非線性關係。

5. **工程和技術領域**：在工程和技術領域中，多項式檢定可用於分析複雜的系統行為，例如材料的機械性能、信號處理等。

   ❖ 研究材料硬度對耐磨性能的影響，探索硬度和耐磨性能之間的非線性關係。

5.4 介面說明

A. **因子（Factor）**：指被分類的類別變數或預測變數。例如，如果你有一個類別變數是「教育程度」，包含「小學」、「中學」和「大學」三個類別，那麼「教育程度」就是一個因子。

B. **計次（Frequency）**：也稱為「次數」，指在多項式檢定中每個因子和組合中的觀察次數。它表示了在特定因子和組合的交叉處，有多少樣本屬於該組合。

C. **計次期望值（Expected Frequencies）**：也稱為「次數期望值」，指在多項式檢定中，每個組合的預期計次數。這些期望計次是基於無關虛無假設下的期望頻率來計算的，假設所有因子之間是獨立的。

D. **檢定值（Test Statistic）**：也稱為「檢定統計量」，指用來評估觀察計次與期望計次之間差異的統計量。它用於判斷觀察計次是否與期望計次在統計上有顯著差異。

❖ 相同比率（多項檢驗）（Multinomial Test）：指用於檢驗多個類別之間是否存在顯著差異的統計方法。在多項式檢定中，通常對單個因子的多個類別進行比較，以檢測觀察到的計次是否與期望計次有顯著差異。相同比率檢定將這些類別視為整體，測試它們的組合是否與期望比率相同。如果在這個整體中，觀察到的計次與期望計次有顯著差異，即可以得出結論說這些類別之間存在顯著差異。

❖ 自訂預期比率（Custom expected proportions）：指在無關虛無假設下，每個類別的預期比例。這些預期比例是基於假設所有類別之間是獨立的。然而，在某些情況下，研究者可能有自己的假設或預期比例，而不希望使用預設的無關虛無假設。在這種情況下，研究者可以使用自訂預期比率，將自己的預期比例輸入到檢定中，並進行相應的假設檢定。這使得分析更具彈性，可以根據研究者的特定需求進行調整。

E. **顯示（Display）**：用於指定是否在分析結果中顯示計次和比例。

❖ 計次（Counts）：指定是否在分析過程中顯示每個類別的計次。

❖ 比例（Proportions）：指定是否在分析過程中顯示每個類別的比例。

5.5 統計分析實作

本節範例使用了 JASP 學習資料館中 Frequencies 的 Memory of Life Stresses 數據。此數據名為「生活壓力記憶」，由 Uhlenhuth 等人於 1974 年收集。該數據包含了 735 名參與者在過去 18 個月中所經歷的生活壓力、負面生活事件和疾病。

Haberman 對這個數據集的一個子集進行了重新分析，其中包含 147 名只報告了一個負面生活事件的參與者。Haberman 的目的是指出由於人類記憶的錯誤性，回顧性調查變得不可靠，因為參與者可能會忘記過去發生的負面生活事件和疾病，這突顯了在回顧性調查中記憶的可靠性問題。

數據資料中的變數及說明如下：

- Month（月份）：指參與者報告壓力性生活事件的月份。
- Stress.frequency（壓力頻率）：在採訪前的特定月份報告了生活壓力的參與者人數。
- Stress.percentage（壓力比例）：在採訪前的特定月份報告了生活壓力的參與者的百分比。
- Expected.counts（預期次數）：在採訪前的特定月份預期報告了生活壓力的參與者數量的例子。
- Expected.proportions（預期比例）：在採訪前的特定月份預期報告了生活壓力的參與者百分比的例子。

5

範例實作

STEP **1**　點擊選單 > 開啟 > 學習資料館 > 5. Frequencies > Memory of Life Stresses，使開啟範例的數據樣本。

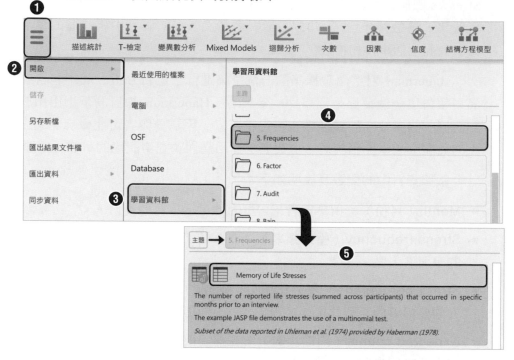

STEP **2**　在數據視窗中，點擊「Month」標題旁的圖示，將其調整為「次序」尺度類型。

STEP **3**　於上方常用分析模組中點擊「次數 > 多項式檢定」按鈕。

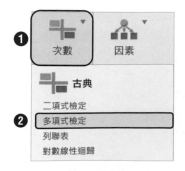

STEP **4**　此範例研究目的，將左側的指定變數移至右側欄位中，設定如下：

- 因子：Month。
- 計次：Stress.frequency。

STEP **5**　在檢定值項目中「勾選」相同比率(多項檢驗)。

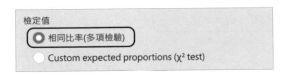

STEP **6**　此時於右側報表視窗中會獲得多項式檢定的結果。根據結果得知，每一個月的生活壓力值小於 0.001，因此拒絕了跨月份頻率相等的虛無假設。也就是說，假設 H0 是沒有壓力；H1 是有壓力，此時 H0 推翻 H1，表示是有壓力值的。

多項式檢定

Multinomial Test

	X^2	df	p
Expected.counts	84.67	17	< .001

附註 Chi-squared approximation may be incorrect

STEP **7**　接續上述，將左側的 Expected.counts 變數拖曳至右側的「計次期望值」選項中。

STEP **8**　在其他統計數項目中「勾選」描述統計以及信賴區間兩選項。

實作結論

　　於右側報表視窗中可獲得多項式檢定結果以及描述統計兩表格。首先從多項式檢定表中可得知 p 值小於 0.001，表示具有顯著性效果。因此得知在採訪前具有生活壓力的參與者人數與預期數量的期望是一致的。

多項式檢定

Multinomial Test

	χ^2	df	p
Expected.counts	84.67	17	< .001

附註 Chi-squared approximation may be incorrect

　　在描述統計表中以 1 月份所觀察到結果為例進行說明。其所觀察到的壓力頻率為 15 次而預期為 17 次，兩者均為正值，也就表示具有一致性，故以證明兩兩之間是具有正向的影響效果；反之，若預期不會有壓力，但結果卻是有壓力的，此時數據結果會為一正一負，表示無顯著性差異，其就是接受 H1 拒絕 H0。

Descriptives ▼

Month	Observed	Expected: Expected.counts	95% Confidence Interval	
			Lower	Upper
1	15	17.00	8.56	23.92
2	11	5.00	5.58	19.10
3	14	7.00	7.80	22.73
4	17	15.00	10.12	26.27
5	5	4.00	1.64	11.41
6	11	10.00	5.58	19.10
7	10	9.00	4.87	17.87
8	4	2.00	1.10	10.03
9	8	10.00	3.50	15.35
10	10	15.00	4.87	17.87
11	7	6.00	2.85	14.06
12	9	5.00	4.17	16.62
13	11	2.00	5.58	19.10
14	3	15.00	0.62	8.60
15	6	4.00	2.22	12.75
16	1	2.00	0.03	5.49
17	1	7.00	0.03	5.49
18	4	12.00	1.10	10.03

附註 Confidence intervals are based on independent binomial distributions.

6
列聯表
(Contingency Table Analysis)

6.1 統計方法簡介

　　列聯表檢定是用於檢驗兩個或多個類別變數之間關聯性的統計方法。它將資料組織成交叉表或列聯表，用來統計不同類別變數之間的交叉結果。這些交叉結果可以顯示不同類別之間的相對頻率和比例，並且列聯表檢定可以利用統計測試來評估這些交叉結果是否在統計上是相關的，即兩個變數之間是否存在顯著的關聯性。這種檢定主要在探索變數之間的相互作用和關聯性時使用。

6.2 檢定步驟

　　列聯表檢定的基本概念為比較觀察到的次數分佈與期望的次數分佈之間的差異，來評估兩個變數之間是否存在統計上的關聯，故列聯表檢定的步驟如下：

1. **設定假設**：設定兩個假設，即虛無假設（H0）和對立假設（H1）。其中虛無假設假定兩個變數之間沒有關聯，而對立假設則假定兩個變數之間存在關聯。

2. **建立列聯表**：將資料組織成交叉表或列聯表，行和列代表兩個變數的不同類別，並填入觀察到的次數。

3. **計算期望次數**：根據虛無假設，計算每個單元格的期望次數，這是基於兩個變數之間的獨立性假設而計算的。

4. **選擇統計檢定方法**：根據研究問題和資料特性，選擇適合的統計檢定方法，例如卡方檢定、費雪事後檢定等。

5. **計算檢定統計量**：使用選擇的統計檢定方法計算一個檢定統計量，用於衡量觀察到的次數與期望次數之間的差異。

6. **設定顯著性水準**：根據研究需求設定顯著性水準（通常為 α），表示在虛無假設成立的情況下拒絕該假設的機會。

7. **解釋結果**：比較檢定統計量與臨界值，根據顯著性水準進行假設檢定，得出結論。如果檢定統計量小於臨界值，拒絕虛無假設，表示兩個變數之間存在統計上的關聯。

6.3 使用時機

列舉列聯表檢定中常見的情境，以及每個情境的案例：

1. **社會科學研究**：研究人員想要了解教育程度（高中、大學、研究生）與就業狀態（就業、失業）之間是否存在相關性。

2. **醫學研究**：醫學研究中，研究人員想要評估吸煙習慣（吸煙、非吸煙）對患上肺癌（是、否）的風險是否有影響。

3. **市場研究**：市場調查希望比較不同年齡群體（18-24 歲、25-34 歲、35-44 歲）對特定產品（A/B/C）的購買偏好是否存在差異。

4. **教育研究**：研究人員想要評估學生所在學校類型（公立、私立）與畢業率（高、低）之間是否存在關聯。

5. **社會調查研究**：調查希望比較男性和女性之間對於政治議題（A/B/C）的支持程度是否存在差異。

6.4 介面說明

6.4.1 基本介面

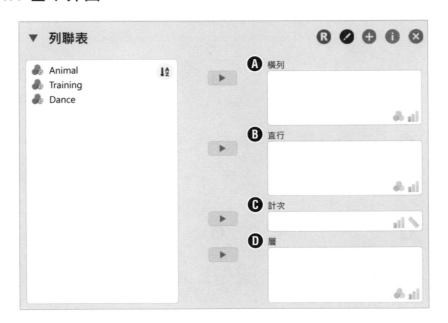

A. **橫列（Rows）**：指列聯表中的水平方向，代表一個或多個響應變數的類別。例如，若響應變數是「喜好的動物」，橫列可以包含「狗」、「貓」、「兔子」等動物的類別。

B. **直行（Columns）**：指列聯表中的垂直方向，代表一組預測變數的類別。例如，若預測變數是「性別」，直列可以包含「男性」和「女性」兩個類別。

C. 計次（Frequency）：也稱為「次數」，指在列聯表中每個交叉點（儲存格）中的觀察次數。它表示了在特定橫列和直列的交叉處，有多少樣本屬於該組合。計次對於理解不同類別之間的差異和相對出現的頻率非常重要。

D. 層（Layer）：指預測變數中的一個或多個類別，用於探索和分析響應變數和這些類別之間的關聯性。在 JASP 軟體的列聯表介面中，你可以選擇一個或多個預測變數作為層，然後進行分析。

6.4.2 統計數

用於進行類別型資料的交叉分析和統計檢定。

A. 卡方（Chi-square test）：用於檢驗列聯表中類別變數之間是否獨立的統計方法。它基於觀察計次與預期計次之間的差異來評估統計上的顯著性。此檢定方法能夠幫助研究者了解兩個類別變數之間的關係，並判斷這些關係是否在統計學上具有意義。透過卡方檢定，可得出是否有足夠的證據來支持或拒絕兩個類別變數之間存在關聯性的結論。

B. 卡方連續校正（Continuity correction）：指在卡方檢定中針對 2x2 列聯表格的一種修正方法。當預期計次較低（通常小於 5）或存在某些限

制條件時，傳統的卡方檢定可能會產生不夠準確的結果。為了提高檢定的準確性，使用卡方連續校正，在計算卡方統計量時，在每個觀察計次和預期計次之間加入一個修正項。這個連續校正項有助於調整觀察計次與預期計次之間的差異，使得統計檢定結果更可靠。特別針對2x2 表格時，這個修正方法特別有意義。

C. **概似比（Likelihood ratio test）**：指用於比較列聯表模型配適程度的統計方法，其基礎是最大概似估計原則。概似比檢定在樣本量較小或列聯表中計次較低的情況下特別有用，因為它提供了一種更準確的方式來評估模型的配適程度，並避免了在小樣本下常見的近似方法的問題。這種檢定方法通常用於評估統計模型的配適度，以判斷模型是否能夠良好地解釋觀察到的資料，特別是在列聯表分析中，它可用於比較不同模型的配適度，幫助選擇最適合的模型。

D. **Vovk-Sellk 最大 p-比率（Vovk-Sellke maximum p-ratio）**：指用於計算觀察到的多個 p 值中的最大值，然後將其與單個假設檢定的顯著性水平進行比較，以控制整體類型 I 錯誤率，確保統計推斷具有一定的保證。（詳細說明請詳閱附錄-3）

E. **勝率比（僅提供 2X2）（Odds Ratio）**：指用於評估兩個類別變數之間相對關係的常用統計指標。它通常應用於 2x2 的列聯表格，用來衡量兩個組別中發生某一事件的機率之比。有就是說，勝率比表示兩個組別中成功的機率相對於失敗的機率之比。

- ❖ **對數勝率比（Log Odds Ratio）**：指用來比較兩個組別之間事件發生機率的指標，通常應用於 2x2 的列聯表格。它可以幫助研究者更直覺地理解兩個組別之間的差異。當對數勝率比為正時，表示組別 A 中的事件發生機率高於組別 B。這意味著組別 A 的事件發生機率比組別 B 更高，兩個組別之間存在正向的關係；反之，當對數勝率比為負時，表示組別 A 中的事件發生機率低於組別 B。這意味著組別 A 的事件發生機率比組別 B 更低，兩個組別之間存在負向的關係。當對數勝率比為 0 時，表示兩個組別之間的事件發生機率相等。這意味著兩個組別之間沒有顯著的差異，兩者的事件發生機率相同。

❖ 信賴區間：指估計統計數據的範圍，表示結果具有一定信賴水準的可信程度，通常設為 95%。（詳細說明請詳閱附錄-1）

❖ 對立假設（Fisher's exact 檢定）：指用於評估兩個組別之間是否存在統計上的顯著差異。此檢定相較於傳統的卡方檢定，在樣本量較小或列聯表中計次較低的情況下特別有用，因為它提供了一種精確的方式來評估組別之間的關聯性，避免了在小樣本下可能產生不夠準確結果的問題。

補充說明

在次數分析中，對數勝率比和信賴區間是用於衡量兩個組別之間的相對關係，而 Fisher's exact 檢定則用於進行假設檢定，評估兩個組別之間的差異是否有統計上的顯著性。

F. **名義（Nominal）**：也稱為「名目」，用於描述沒有順序或大小關係的類別資料。這些類別之間的排序並不具有意義，只是用來區分不同的類別，例如性別（男性、女性）、血型（A 型、B 型、AB 型、O 型）等。

❖ 列聯（相關）係數：指用於評估名義資料列聯表相關性的統計量，主要衡量兩個名義變數之間的相關程度。相關係數的取值範圍在-1 到 1 之間，接近-1 或 1 表示高度關聯，接近 0 表示無顯著關聯。

❖ Phi 與 Cramer's V：指用於評估名義資料列聯表的相關性。當研究者擁有兩個名義（或類別）變數之間的資料時，可以使用列聯表來統計它們的交叉頻率，以分析它們是否彼此相關。

■ Phi（Φ）： 指用於評估兩個二元名義變數之間的相關性。其取值範圍在-1 到 1 之間。接近 1 或-1 的值表示高度相關，接近 0 表示無相關。Phi 的計算是基於列聯表中的觀察計次和每個變數的邊緣計次。

■ Cramer's V：它是 Phi 的延伸，用於評估兩個名義變數之間的相關性，並且對於任意大小的列聯表都適用。其取值範圍也在 0 到 1 之間，越接近 1 表示越高度相關，接近 0 表示無相關。

6

❖ Lambda：指用於評估名義資料列聯表相關性的統計量。該值介於 0 和 1 之間，數值越接近 1 表示兩個變數之間的關聯程度越高；反之，則表示它們之間的順序相關性較弱或不存在。適用於處理有序類別的情況，有助於了解名義資料中變數之間的模式和相互關係。

G. 順序（Ordinal）資料：指用於描述具有等級或順序的特徵，且在許多領域中都有應用，如教育程度、社經地位等。在列聯表檢定中，用於評估順序資料列聯表相關性的兩個常用統計量。這些統計量提供了更具體的量化結果，用於描述有序名義資料之間的相關程度，幫助研究者瞭解資料中順序特徵之間的關聯性。

❖ Gamma：用於衡量有序名義資料中兩個變數之間的相關程度，並通過比較順序排列的一致性來評估它們之間的相關性。它的值介於-1 和 1 之間，數值越接近-1 或 1 表示兩個變數之間的關聯程度越高，而接近 0 則表示沒有顯著的關聯。這有助於了解在有序資料中，兩個變數是否呈現相同或相反的順序趨勢，進而判斷它們之間是否存在關聯。

❖ Kendall's tau-b：指用於描述有序名義資料的相關程度，特別是在考慮級別間差異和順序一致性的情況下。它的值介於-1 和 1 之間，數值越接近-1 或 1 表示兩個變數之間的關聯程度越高，而接近 0 則表示沒有顯著的關聯。

6.4.3 細格

用於查看列聯表中每個細格的統計數據的介面。列聯表是由兩個或多個類別型變數交叉形成的二維表格，每個細格代表了交叉點的組合，顯示了兩個變數之間的交叉結果。

A. **計次（Counts）**：指的是每個儲存格中的觀察次數。當你建立列聯表時，根據收集的資料填入相應的儲存格，每個儲存格代表了不同名義資料變數之間的一個組合。

❖ 期望值（Expected Counts）：指的是在虛無假設（兩個變數之間獨立）下，每個儲存格中預期的事件次數。在進行列聯表檢定時，需要比較觀察到的計次與期望值，來評估兩個名義資料變數之間是否存在統計上的關聯。

B. **殘差（Residuals）**：指觀察計次和期望計次之間的差異。也就是說，它衡量了實際觀察到的計次與在虛無假設下預期的計次之間的偏差，以用來評估兩個名義資料變數之間的關聯性。

❖ 未標準化（Unstandardized Residuals）：是殘差的原始值，直接表示實際觀察計次與期望計次之間的差異。在進行列聯表檢定時，這些殘差可以用來判斷哪些細胞的觀察計次明顯地偏離了期望計次，有助於識別可能存在的模式和相關性。

❖ 皮爾森（Pearson Residuals）：是未標準化殘差的標準化版本，它是用觀察計次和期望計次之間的差異除以標準差之所得。透過此標準化使得殘差可以與其他統計量進行比較，有助於識別對整體結果貢獻最大的細胞。

❖ 標準化（Standardized Residuals）：是將皮爾森殘差進一步進行轉換，使其符合標準常態分配。該轉換有助於檢測殘差是否顯著偏離

了期望，特別是在大樣本下。標準化殘差的值與常態分配的 z 得分類似，如果標準化殘差的絕對值大於 1.96，表示在 95％信心水平下，對應的細胞具有統計上的顯著。

補充說明

　　在列聯表中，每個細胞指的是交叉點處的個別單元格。這些單元格位於列聯表的交叉位置，其中行和列分別代表兩個變數的不同類別。每個細胞中填入的是觀察到的計次數據，表示在對應的行和列的交叉點處觀察到的事件發生次數或頻率。

C. 分比（Percentages）：表示每個細胞計次相對於該行、該列或整個表格的百分比。

❖ 橫列（Row Percentages）：指在列聯表中每個橫行的計次總和，有助於了解每個類別在整體資料中的出現頻率。

❖ 直行（Column Percentages）：指在列聯表中每個直行的計次總和，有助於了解每個類別在整體資料中的出現頻率。

❖ 總和（Total Percentages）：指在列聯表中所有計次的總和，有助於了解整個資料集的大小和分佈。

6.4.4 設定選項

A. 橫列順序（Row Order）：允許指定在列聯表中橫列的顯示順序。

B. 直行順序（Column Order）：允許指定在列聯表中直行的顯示順序。

6.5 統計分析實作

　　本節範例使用了 JASP 學習資料館中 Frequencies 的 Dancing Cats and Dogs 數據。此數據名為「Dancing Cats and Dogs（跳舞的貓和狗）」，提供了兩種不同的條件訓練對於貓和狗學會跳舞的情況。

　　其研究目的為使用列聯表來檢查這兩個變數之間是否存在關聯性。藉此有助於理解貓和狗在不同條件下學習能力的差異，以及可能影響他們學習行為的因素。

　　數據資料中的變數及說明如下：

● Animal（**動物**）：受過訓練的動物種類（貓、狗），屬於一維資料。

● Training（**訓練**）：調節類型（以食物或情感作為獎勵），屬於二維資料。

● Dance（**舞蹈**）：動物學會跳舞了嗎？（是、否）。

範例實作

STEP **1**　　點擊選單 > 開啟 > 學習資料館 > 5. Frequencies > Dancing Cats and Dogs，使開啟範例的數據樣本。

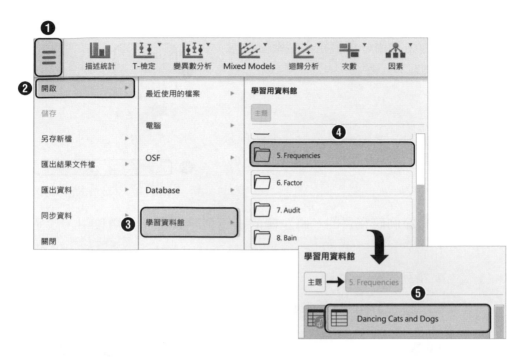

STEP **2** 在數據視窗中點擊「Training」標題，以開啟排序面板。並在排序
面板中點擊 ↑↓ 按鈕以反轉所有標籤順序。

STEP **3**　於上方常用分析模組中點擊「次數 > 列聯表」按鈕。

STEP **4**　依此範例研究目的，將左側的指定變數移至右側欄位中，設定如下：

　　■ 橫列：Animal。

　　■ 直行：Training 與 Dance。

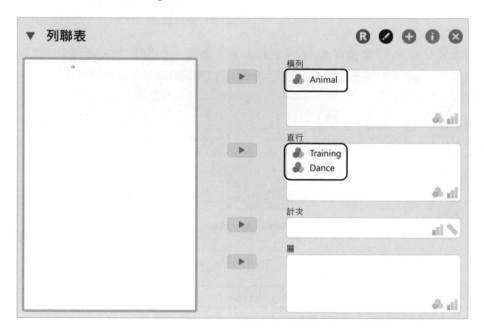

6

實作結論

於右側報表視窗中獲得列聯表的相關結果。在 Training 的 Contingency Tables 表中可得知動物透過食物與情感訓練的統計結果，例如：貓透過食物訓練有 38 次、透過情感訓練有 162 次，合計 200 次。

Contingency Tables

Animal	Training		Total
	Food as Reward	Affection as Reward	
Cat	38	162	200
Dog	34	36	70
Total	72	198	270

由 Chi-Squared Tests 表得知 p 值 < 0.001，表示具有正向的影響效果。因此證明貓與狗透過食物與情感的訓練是具有正向的顯著性效果。

Chi-Squared Tests

	Value	df	p
X^2	23.187	1	< .001
N	270		

從 Dance 的 Contingency Tables 表中可得知動物經過訓練後是否會跳舞的統計結果，如貓沒有經過訓練不會跳舞的有 124 個、貓經過訓練會跳舞的有 76 個。

Contingency Tables

Animal	Dance		Total
	No	Yes	
Cat	124	76	200
Dog	21	49	70
Total	145	125	270

　　由 Chi-Squared Tests 表得知 p 值 < 0.001，表示具有正向的影響效果。因此證明貓跟狗經過訓練而會跳舞是具有正向的顯著性效果。

Chi-Squared Tests

	Value	df	p
X²	21.356	1	< .001
N	270		

7

對數線性迴歸
（Logistic Regression）

7.1 介紹

對數線性迴歸（Logistic Regression）用於探索和建模二元或多元類別響應變數與一組預測變數之間的關係。它是廣義線性模型的一個特例，專門用於處理二元或多元結果的情況。與傳統的線性迴歸不同，對數線性迴歸可以處理非線性關係，因此更適合處理現實生活中複雜的情況。

在傳統的線性迴歸中，假設響應變數和依變數之間的關係是線性的，但在實際問題中，這樣的假設並不一定成立。對數線性迴歸允許模型的依變數與響應變數之間的關係是非線性的，因此更靈活且能更好地適應真實數據的特性。

在二元分類問題中，對數線性迴歸能夠計算出每個預測變數組合對應二元結果發生的機率。這樣的預測能力使得對數線性迴歸在二元分類問題的應用非常實用，例如預測一個人是否患有某種疾病、預測客戶是否購買某個產品等。

7.2 檢定步驟

對數線性迴歸是一種建立模型的統計方法，其基本概念是通過將線性迴歸模型的結果轉換成對數函數，來處理二元或多元結果的情況。對數線性迴歸將依變數的對數機率與預測變數的線性組合進行關聯，並使用最大概似法估計模型的參數，故對數線性迴歸的檢定步驟如下：

1. **數據準備**：收集和整理數據，確保其中包含一個或多個二元或多元的響應變數，以及一組預測變數。這些變數可能是連續型或類別型，用於描述研究主題的不同特徵。

2. **模型設定**：建立模型時假設對數機率（Log-odds）與預測變數的線性組合有關。這意味著透過將依變數的對數機率與預測變數進行線性組合，來描述響應變數與預測變數之間的關係。

3. **參數估計**：利用最大概似法（Maximum Likelihood Estimation, MLE）估計模型的參數。MLE 的目標是找到最有可能產生觀察到的數據的模型參數，使得模型的預測結果與實際觀察值之間的差異最小化。透過 MLE 可得到對數線性迴歸模型中的係數和截距等參數的估計值。

4. **模型評估**：需評估模型的配適度和預測能力。常用的評估方法包括似然比檢定（likelihood ratio, LR）、AIC（Akaike Information Criterion）和 BIC（Bayesian Information Criterion）等。這些指標可以幫助判斷模型是否適合數據，以及比較不同模型之間的優劣。

5. **解釋結果**：通常將模型中的參數進行指數化，來解釋預測變數對於響應變數的影響。藉此可以更直覺地理解預測變數的影響程度，並得出結論。例如某個預測變數對於特定結果的發生機率增加或減少的程度。

7.3 使用時機

列舉對數線性迴歸中常見的情境，以及每個情境的案例：

1. **社會科學研究**：研究人員想要評估不同年齡組別（18-24 歲、25-34 歲、35-44 歲）對於選擇特定政治候選人（A/B/C）的可能性，利用對數線性迴歸進行相關分析。

2. **健康研究**：研究人員想要瞭解飲食習慣（高脂肪、低脂肪、素食）對心血管疾病發生率（有、無）的影響，進行對數線性迴歸模型的建立。

3. **經濟學研究**：研究人員想要了解利率水平（高、中、低）對於企業利潤率（連續變數）的影響，利用對數線性迴歸模型進行相關性分析。

4. **教育研究**：研究人員希望評估家庭背景（低收入、中等收入、高收入）對學生學業成績（連續變數）的影響，進行對數線性迴歸模型的建立。

5. **環境研究**：研究人員希望評估空氣污染程度（高、中、低）對於呼吸系統疾病發病率（有、無）的影響，利用對數線性迴歸進行相關分析。

7.4 介面說明

7.4.1 基本介面

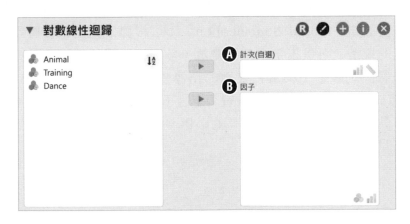

A. 計次（自選）（Count）：指可以自行選擇一個二元或多元的響應變數。這個選擇將影響到接下來進行對數線性迴歸的變數設定和分析。

B. 因子（Factor）：指預測變數中的一組類別型變數。這些類別型變數用於描述研究主題的不同特徵，例如性別（男性/女性）、教育程度（高中/大學/碩士等）、地區（城市/鄉村）等。因子變數通常是名義型或有序型的，而且在對數線性迴歸中，它們被視為預測變數的一部分，用於探索和建構響應變數及類別變數之間的關係。

7.4.2 模型

用於構建和檢視對數線性迴歸模型的界面。對數線性迴歸是一種迴歸分析方法，用於建立響應變數和因變數之間的對數線性關係。

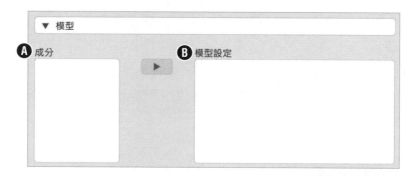

A. 成分（Factors）：也稱為「因素」，指的是想要探討的響應變數或分組變數。這些響應變數可能是類別型的（例如性別、教育程度等）或連續型的（例如年齡、收入等）。

B. 模型設定（Model Specification）：可根據研究問題和假設，設定不同的模型。可以指定多個依變數（多個相關聯的響應變數）和一個或多個固定因子（影響依變數的預測變數），以及也可設定交互作用（Interaction）項目，以檢查固定因子之間是否存在交互作用效應，即它們的聯合影響是否有額外的影響，進而建立統計模型，並探索它們之間的關係和影響。

7.4.3 統計數

用於顯示對數線性迴歸模型的相關統計數值和評估指標的界面。

A. **迴歸係數（Regression Coefficients）**：指對數線性迴歸模型中的每個成分（預測變數）的係數。它們代表著每個成分對響應變數（被預測變數）的影響大小。迴歸係數告訴我們，當一個成分的值變動一個單位時，對應的響應變數的對數機率會發生多大的變化。迴歸係數可以是正值或負值，正值表示成分的增加將增加響應變數的機率，負值表示成分的增加將降低響應變數的機率。

   ❖ **估計數（Estimate）**：指對數線性迴歸模型中迴歸係數的估計值。這些估計數是通過最大概似法（Maximum Likelihood Estimation, MLE）來計算，該方法用於找到最有可能產生觀察到的數據的模型參數。因此，估計數代表著每個成分對應響應變數的對數機率的影響大小。

      ■ 信賴區間：指估計統計數據的範圍，表示結果具有一定信賴水準的可信程度，通常設為 95%。（詳細說明請詳閱附錄-1）

B. **Vovk-Sellke 最大 p-比率（Vovk-Sellke maximum p-ratio）**：指用於計算觀察到的多個 p 值中的最大值，然後將其與單個假設檢定的顯著性水平進行比較，以控制整體類型 I 錯誤率，確保統計推斷具有一定的保證。（詳細說明請詳閱附錄-3）

7.5 統計分析實作

本節範例使用了 JASP 學習資料館中 Frequencies 的 Dancing Cats and Dogs 數據。此數據名為「Dancing Cats and Dogs（跳舞的貓和狗）」，提供了兩種不同的條件訓練對於貓和狗學會跳舞的情況。

其研究目的為使用對數線性迴歸來評估兩個變數「兩種不同的條件訓練」和「貓和狗學會跳舞的情況」之間是否存在關聯性。這可以幫助瞭解不同的訓練條件對於貓和狗學習跳舞能力的影響，並確定是否有某些條件能夠顯著地影響他們的學習行為。

數據資料中的變數及說明如下：：

- Animal（動物）：受過訓練的動物種類（貓、狗），屬於一維資料。
- Training（訓練）：調節類型（以食物或情感作為獎勵），屬於二維資料。
- Dance（舞蹈）：動物學會跳舞了嗎？（是、否）。

範例實作

STEP 1　點擊選單 > 開啟 > 學習資料館 > 5. Frequencies > Dancing Cats and Dogs，使開啟範例的數據樣本。

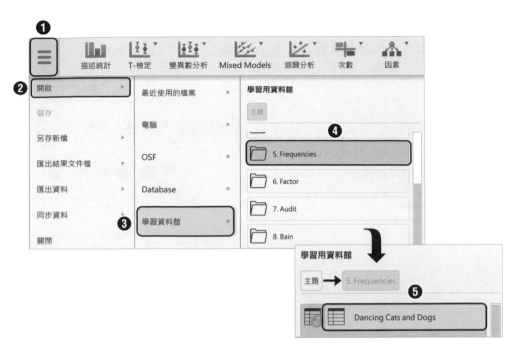

STEP**2** 在資料視窗中點擊「**Training**」標題，以開啟排序面板。並在排序面板中點擊 ↑↓ 按鈕以反轉所有標籤順序。

STEP **3** 於上方常用分析模組中點擊「描述統計」按鈕。

STEP **4** 將 Animal、Training、Dance 三變數移置右側的變項欄位中。

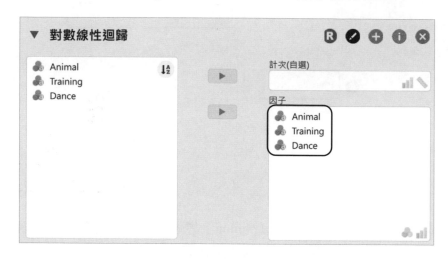

STEP **5** 展開「表」標籤,並「勾選」次數分配表選項。

STEP **6** 於上方常用分析模組中點擊「次數 > 對數線性迴歸」按鈕。藉此尋找 Animal、Training、Dance 三個變數的交叉項。也就是說,想瞭解 Animal 對於 Training 是否產生正向影響效果,或者 Animal 對於 Dance 是否有正向影響效果。

STEP **7** 將左側的 Animal、Training、Dance 三個變數移至右側的因子欄位中。

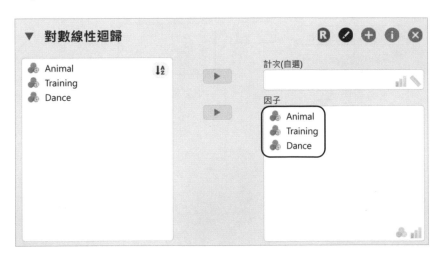

補充說明

當設定完因子的變數後，在「模型」標籤中，JASP 軟體會將所有變數自動進行交叉項的模型設定，若有不需要的部分則可從模型設定欄位中手動進行刪除，或者自行挑選左側的變數來建置所需的模型。

在自行建置模型時，交叉項部分則須在左側的成分欄位中，按住鍵盤的 Ctrl 後進行多選，並移至右側模型設定欄位中。

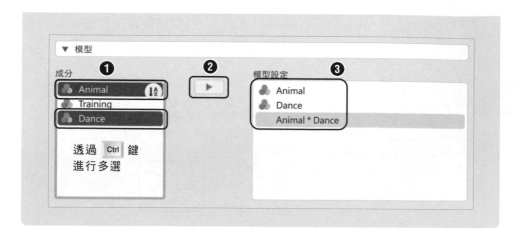

STEP **8**　展開「統計數」標籤，並「勾選」估計數與信賴區間兩選項。

實作結論

　　於右側報表視窗中可獲得描述統計相關結果，於次數表中可了解 Animal、Training、Dance 三個變數的統計資訊，如下：

1. Cat 與 Dog 的出現次數。

2. 情感和食物訓練的次數。

3. 是否會跳舞的次數。

次數表

Animal 的次數

Animal	次數	百分比	有效百分比	累積百分比
Cat	200	74.07	74.07	74.07
Dog	70	25.93	25.93	100.00
遺漏	0	0.00		
總和	270	100.00		

Training 的次數

Training	次數	百分比	有效百分比	累積百分比
Food as Reward	72	26.67	26.67	26.67
Affection as Reward	198	73.33	73.33	100.00
遺漏	0	0.00		
總和	270	100.00		

Dance 的次數

Dance	次數	百分比	有效百分比	累積百分比
No	145	53.70	53.70	53.70
Yes	125	46.30	46.30	100.00
遺漏	0	0.00		
總和	270	100.00		

接續，在對數線性迴歸的相關結果中，從 coefficients(係數)表中可獲得相關因子透過交叉相乘項後的結果，故可得出下列幾點結論：

A. 狗透過情感訓練就會跳舞。當狗經過情感訓練後，其 p 值為 < 0.001，表示狗經情感訓練完畢後是具有影響效果的(前提是狗還不會跳舞)。

B. 如果狗本身就會跳舞，其 p 值為 0.184(未小於 0.05)，表示效果不顯著。

C. 情感訓練後會跳舞，其 p 值為 < 0.001，表示具有顯著性影響效果。

D. 如果狗經過情感訓練，在加上因為情感訓練而會跳舞，其 p 值為 < 0.01，表示具有顯著性影響效果。

Coefficients

| | Estimate | Standard Error | 95% Confidence Intervals | | Z | p |
			Lower	Upper		
(Intercept)	2.30	0.32	1.68	2.92	7.28	< .001
Animal = Dog	0.34	0.41	−0.48	1.15	0.81	0.42
Training = Affection as Reward	2.43	0.33	1.79	3.08	7.38	< .001
Dance = Yes	1.03	0.37	0.31	1.75	2.79	5.19×10^{-3}
Ⓐ Animal = Dog*Training = Affection as Reward	−3.13	0.57	−4.24	−2.01	−5.50	< .001
Animal = Dog*Dance = Yes Ⓑ	−0.67	0.51	−1.67	0.32	−1.33	0.18
Ⓒ Training = Affection as Reward*Dance = Yes	−1.89	0.41	−2.69	−1.10	−4.66	< .001
Animal = Dog*Training = Affection as Reward*Dance = Yes Ⓓ	2.96	0.68	1.62	4.29	4.34	< .001

8

獨立樣本 T 檢定

8.1 統計方法簡介

獨立樣本 T 檢定（Independent samples t-test）指用於比較兩個獨立樣本之間的平均值差異是否具有統計學上的顯著性。這種檢定方法常用於對不同組別、不同處理或不同條件下的兩個獨立樣本進行比較，以評估其平均值是否有顯著差異。

8.2 檢定步驟

獨立樣本 T 檢定的基本概念是用於比較兩個獨立樣本的平均值是否有統計學上的差異。其具體步驟如下：

1. **建立假設**：設定兩個假設，即虛無假設（H0）和對立假設（H1）。其中虛無假設假定兩個變數之間沒有關聯，而對立假設則假定兩個變數之間存在關聯。

2. **收集樣本數據**：從兩個獨立的樣本中收集數據，每個樣本的大小應足夠大以代表相應的母體。

3. **檢查前提條件**：

   (1) 檢查兩個樣本是否來自常態分配的母體：可使用直方圖、常態機率圖（QQ 圖）或常態分配統計測試（如 Shapiro-Wilk 測試）來檢查樣本數據的分布是否近似於常態分布。

   (2) 檢查兩個樣本的變異數是否相等，可使用 Levene's 測試或 Bartlett's 測試檢查兩個樣本的變異數是否相等。

4. **計算平均值和標準誤**：分別計算兩個樣本的平均值和標準誤（標準差除以平方根樣本大小）。

5. **計算 T 值**：T 值代表兩個樣本平均值之間的標準差調整差異。

6. **計算自由度**：根據樣本數量計算自由度，這在計算 p 值時是必要的。

7. **計算 p 值**：根據 T 值和自由度，計算得到 p 值。p 值是在虛無假設成立的條件下，觀察到的 T 值或更極端值出現的機率。

8. **比較 p 值和顯著性水準**：將計算得到的 p 值與預先設定的顯著性水準（通常是 0.05）進行比較。

   (1) 如果 p 值小於顯著性水準，則拒絕虛無假設，認為兩個樣本的平均值有統計上的差異。

   (2) 如果 p 值大於或等於顯著性水準，則無法拒絕虛無假設，無法確定兩個樣本的平均值是否有統計上的差異。

9. **解釋結果**：

   (1) 如果拒絕了虛無假設，則可以認為兩個樣本的平均值不相等，且存在統計學差異。

   (2) 如果無法拒絕虛無假設，則無法確定兩個樣本的平均值是否有統計上的差異。

8.3 使用時機

列舉獨立樣本 T 檢定中常見的情境及案例說明：

1. **比較兩個不同群體的平均值**：一個醫學研究團隊想比較男性和女性在血壓控制方面的效果。研究者將一組男性患者和一組女性患者分別隨機分配到兩種不同的治療方法，並通過獨立樣本 T 檢定來比較兩組的平均血壓。

2. **比較實驗組和對照組的效果**：一個教育研究團隊想評估一種新的教學方法對學生學習成績的影響。研究者將一部分班級隨機分配到接受新教學方法的實驗組，另一部分班級則繼續使用傳統教學方法作為對照組，然後使用獨立樣本 T 檢定來比較兩組的平均考試成績。

3. **比較不同時間點或條件下的平均值**：一個體育訓練團隊想評估運動員在進行一個新的訓練計劃後的體能改善情況。研究者將運動員的體能測量結果分別記錄在訓練前和訓練後，然後使用獨立樣本 T 檢定來比較兩個時間點的平均體能值。

4. **比較兩種不同處理方法的效果**：一個農業研究團隊想評估兩種不同肥料對於作物產量的影響。研究者將一部分土地使用肥料 A，另一部分土地使用肥料 B，然後使用獨立樣本 T 檢定來比較兩種肥料的平均作物產量。

5. **比較不同群體的人口統計特徵**：一個市場調查團隊想比較不同地區的消費者對於產品喜好的差異。研究者隨機選取不同地區的消費者，並使用獨立樣本 T 檢定來比較不同地區的平均產品評分。

8.4 介面說明

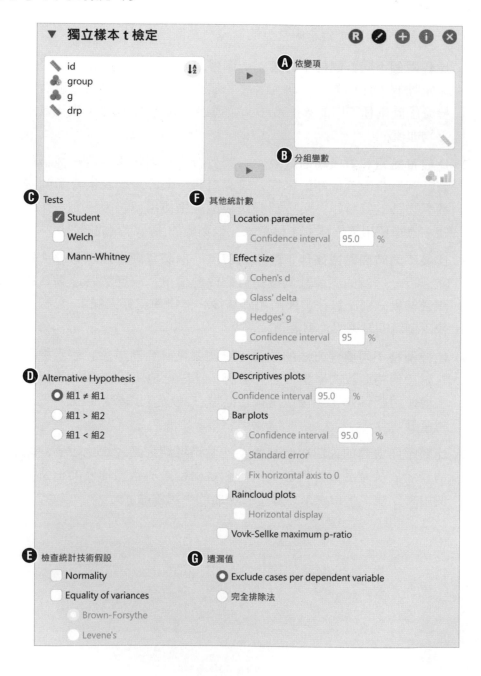

A. **依變項（Dependent Variable）**：指研究者希望比較兩組之間平均值是否有統計學上差異的變數。

B. **分組變項（Grouping Variable）**：指用於將數據區分為兩個不同的標籤或組別，以便進行平均值的比較。

C. **Tests（檢定）**：進行統計假設檢驗的過程，用於比較兩個樣本之間的差異是否具有統計學上的顯著性。

❖ Students：假設兩個獨立樣本來自於相同的母體，並且具有相等的變異數。這個檢定方法適用於樣本數量相近且方差相等的情況。

❖ Welch：改進的獨立樣本 T 檢定方法，用於處理兩個獨立樣本具有不等方差的情況。當兩個樣本的變異數不相等時，使用 Welch 檢定可以得到更準確的結果。

❖ Mann-Whitney：一種非參數統計檢定方法，也稱為 Wilcoxon 符號等級檢定，用於比較兩個獨立樣本的中位數差異。當樣本數量較小，且無法滿足獨立樣本 T 檢定的假設條件時，Mann-Whitney 檢定是一個可行的替代方法。

D. **Alternative Hypothesis（對立假設）**：可根據具體的研究目的選擇適合的對立假設來進行兩個樣本之間的差異比較。

❖ 組 1 ≠ 組 2：研究者預期兩組的觀察值在統計上存在顯著差異，而不關注哪個組的平均值更大或更小。

❖ 組 1 > 組 2：研究者預期組 1 的觀察值顯著地大於組 2，並關注組 1 是否具有較高的平均值。

❖ 組 1 < 組 2：研究者預期組 1 的觀察值顯著地小於組 2，並關注組 1 是否具有較低的平均值。

E. **檢查統計技術假設**：在進行樣本的檢定之前，研究者需要檢查一些統計技術假設，以確保檢定結果的信度及效度。

❖ Normality（常態性）：用於檢驗數據是否符合常態分配。常態分佈是統計中非常重要的假設，許多統計方法都基於數據符合常態分佈的假設。可以使用直方圖、常態機率圖（QQ 圖）或常態分配統計測試（如 Shapiro-Wilk 測試）來檢查數據的分布是否近似於常態分佈。

❖ Equality of variances（變異數相等性）：用於檢驗兩個或多個組別的變異數是否相等。在進行獨立樣本 T 檢定時，通常假設兩個組別具有相等的變異數，可以使用 Levene's 檢定或 Brown-Forsythe 檢定來評估變異數是否相等。

■ Brown-Forsythe：是一種非參數檢定方法，用於檢驗不同組別的變異數是否相等。它不要求數據符合常態分佈，對於偏態數據或存在離群值的情況更為適用。

■ Levene's：是一種常用的檢定方法，用於檢驗不同組別的變異數是否相等。它也是一種非參數檢定方法，不需要符合常態分配。

F. **其他統計數**：提供了其他統計數據，有助於進一步了解兩組樣本之間的差異和效應大小，並提供對比較結果的更深入理解和解釋。

❖ Location parameter（位置參數）：指透過檢定兩組樣本平均值與所假設的母體平均值之間的差異，可以判斷兩者是否具有顯著的差異，進而得出結論。

■ Confidence interval（信賴區間）：指計算出母體平均值的估計範圍，表示結果具有一定信賴水準的可信程度，通常設為 95%。（詳細說明請詳閱附錄-1）

❖ Effect Size（效應大小）：是一種用於衡量統計檢定結果的實際重要性或影響程度的指標。它提供了一種評估變異大小的方法，而不僅僅侷限於統計顯著性。效應大小通常用標準差來表示，如下：

■ Chen's d：用於計算獨立樣本 T 檢定效應大小的指標，它根據兩組樣本的平均值和標準差來計算，Chen's d 值越大表示兩組之間的差異越大。

- Glass' delta：用於計算獨立樣本 T 檢定效應大小的指標，特別適用於使用控制組和實驗組的情況。它通常用於評估實驗組平均值相對於控制組的差異。Glass' delta 的值越大，表示實驗組與控制組之間的差異越大。

- Hedges' g：用於計算獨立樣本 T 檢定效應大小的指標，主要用於獨立樣本設計，其中每個觀測值都與同一個個體的其他觀測值進行比較。

❖ Descriptives（描述統計）：在進行獨立樣本 T 檢定或單一樣本 T 檢定之前，可以使用描述統計功能來計算樣本數據的平均值、標準差以及其他統計量。這些描述統計數值提供了對於不同組別之間差異的初步了解，例如兩組樣本的中心傾向（平均值）、離散程度（標準差）等。透過描述統計，研究者可以快速獲得樣本數據的基本特徵，並將其作為後續進行統計檢定的基礎。

❖ Descriptives plots（描述統計圖）：在進行獨立樣本 T 檢定時，常常需要使用描述統計圖來視覺化兩組樣本之間的差異。常見的描述統計圖包括盒鬚圖（box plots）和直方圖（histograms）。

❖ Box plots（盒鬚圖）：用來比較不同組別之間的中心傾向、離散程度以及異常值。藉此，研究者可以迅速觀察到不同組別之間的數據特徵，如中位數的高低、離散程度的差異，以及是否存在異常值。

- Confidence interval（信賴區間）：指對於母體參數（例如平均值）的估計範圍，表示結果具有一定信賴水準的可信程度，通常設為 95%。（詳細說明請詳閱附錄-1）

- Standard error（標準誤）：用於衡量樣本統計量（例如平均值）估計的不確定性的指標，常用於計算誤差條的長度。標準誤反映了樣本統計量與真實母體參數之間的期望差異。較小的標準誤表示樣本統計量對於估計母體參數的精確性較高。誤差條的長度取決於樣本數據的變異性，標準誤越小，表示估計值的不確定性越低。

- ■ Fix horizontal axis to 0（固定水平軸為 0）：在盒鬚圖中，水平軸（x 軸）用於表示不同的組別或類別。當"Fix horizontal axis to 0"被設置時，水平軸的起點將被固定為 0，這意味著所有的盒鬚圖將以 0 為基準進行比較。這個選項的目的是為了確保在比較組別之間的差異時具有一致的基準點，避免由於水平軸位置的不同而導致對組別差異的錯誤解讀。藉此，可以更清楚地看到每個組別的相對差異，使得比較更具有準確性和可解釋性。

- ❖ Raincloud plots（雨雲圖）：是一種綜合性的數據視覺化方式，用於同時顯示數據的分佈情況和統計結果。它結合了長條圖、核密度圖和散點圖等元素，提供了對數據整體特徵的直覺理解，同時保留了個體數據的詳細訊息。

- ❖ 在雨雲圖中，每個長條代表一個組別或類別，其高度表示該組別的數量或頻率。同時，核密度圖繪製在長條圖的背景中，用於顯示數據的連續分佈情況。此外，雨雲圖還可以使用散點圖來展示個體數據的分佈。雨雲圖的優勢在於它能夠提供對數據的整體特徵的直覺理解，包括分佈的形狀、中央趨勢和離群值等重要特徵，有助於比較不同組別之間的差異。

  - ■ Horizontal display（水平顯示）：指在長條圖中將條形垂直方向翻轉為水平方向顯示，以便更清楚地顯示不同組別之間的數值大小，提供更直覺的比較方式和更好的空間利用。

- ❖ Vovk-Sellke maximum p-ratio：指用於計算觀察到的多個 p 值中的最大值，然後將其與單個假設檢定的顯著性水平進行比較，以控制整體類型 I 錯誤率，確保統計推斷具有一定的保證。（詳細說明請詳閱附錄-3）。

G. **遺漏值（Missing values）**：指在數據集中某些變數的觀測值缺失或未填寫的情況。在進行統計分析時，遺漏值可能會對結果產生影響，因此需要針對遺漏值進行處理。

❖ Exclude cases per dependent variable（依變量的排除個案）：指根據依變量的遺漏值情況來決定是否排除相應的樣本。如果勾選了此選項，則意味著在獨立樣本 T 檢定中，具有依變量遺漏值的樣本將被完全排除，不會參與統計分析。

❖ 完全排除法（Complete case analysis）：是處理遺漏值的一種方法，也就是在進行統計分析時，將具有任何遺漏值的樣本完全從分析中排除。這意味著具有遺漏值的樣本將被完全忽略，不會參與統計檢定。這種方法的好處是避免了對遺漏值進行填補或估計，但缺點是可能會導致樣本數減少，進而影響結果的可信度。

8.5 統計分析實作

本節範例使用了 JASP 學習資料館中 T-Tests 的 Directed Reading Activities 數據。此數據名為「定期閱讀閱讀活動」，提供了兩組學生的閱讀表現數據，其中一組是對照組，另一組是接受定期閱讀閱讀活動的實驗組。

研究的目的是比較兩間教室的學生，並且檢驗虛無假設。虛無假設通常是指兩組之間沒有差異，或者沒有干預效果。在這個情況下，虛無假設是指定期閱讀閱讀活動對學生的閱讀能力測驗（DRP）表現沒有影響。因此，假設統計檢定結果顯示兩組之間的差異是顯著的，即使差異很小，研究者也可以得出結論認為定期閱讀活動對學生的閱讀能力測驗表現有影響。反之，如果統計結果不顯著，則可能無法支持定期閱讀閱讀活動對學生表現的改善。

數據資料中的變數及說明如下：

● id：學生的識別編號。

● group：實驗組指標（Treatment = 參加定期閱讀活動，Control = 對照組）。

- g：將實驗組指標（group）進行二元變量的編碼（0 = 定時閱讀活動，1 = 對照組）。

- drp：閱讀能力測驗的成績。

範例實作

STEP 1　點擊選單 > 開啟 > 學習資料館 > 2. T-Tests > Directed Reading Activities，使開啟範例的數據樣本。

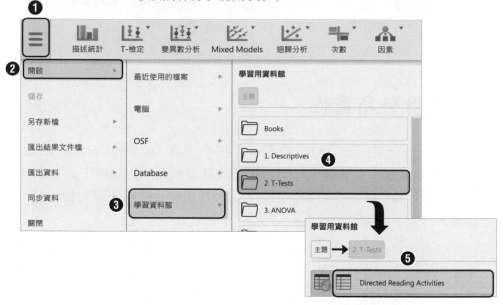

STEP 2　於上方常用分析模組中點擊「T-檢定 > 獨立樣本 t 檢定」按鈕。

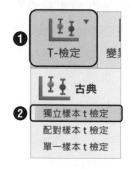

STEP**3**　依需求而將左側的變數移至右側選項中，設定如下：

- 依變項：drp。

- 分組變數：group。

STEP**4**　在設定項目中需「勾選」的項目如下：

- Tests：Students 與 Welch。

- 其他統計數：Location parameter（信賴區間）以及 Confidence interval：95%、Descriptives（描述性統計資料）、Descriptives plots（描述性統計資料圖）。

- Alternative Hypothesis：組 1 ＜ 組 2，其假設第一組的平均成績小於第二組的平均成績。

- 檢查統計技術假設：Normality（常態分配）。

- 遺漏值：Exclude cases per dependent variable（每個依變項排除案例）。

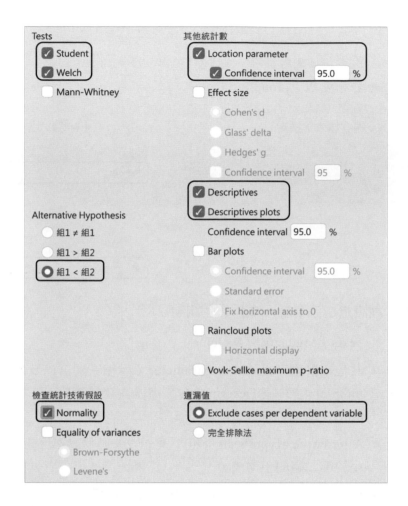

實作結論

　　於右側報表視窗中可獲得 T 檢定的相關結果。於獨立樣本 T 檢定表中查看 p 值，Student 方法的 p 值為 0.014（小於 0.05），故表示具有顯著性。因此，證明定期閱讀活動確實會增加閱讀成績。

獨立樣本 t 檢定 ▼

Independent Samples T-Test

	考驗	統計	自由度	p值	平均數差異	SE Difference	95% CI for 平均數差異 Lower	95% CI for 平均數差異 Upper
drp	Student	−2.267	42.000	0.014	−9.954	4.392	−∞	−2.567
	Welch	−2.311	37.855	0.013	−9.954	4.308	−∞	−2.691

附註 For all tests, the alternative hypothesis specifies that group *Control* is less than group *Treat* .

8

　　在 Test of Normality（Shapiro-Wilk）表得知 Control（對照組）與 Treat（實驗組）兩變數的 p 值分別為 0.732 與 0.652（均大於 0.05），故表示效果不顯著。

統計技術假設檢查 ▼

Test of Normality (Shapiro-Wilk)

		W	p值
drp	Control	0.972	0.732
	Treat	0.966	0.652

附註 Significant results suggest a deviation from normality.

　　藉由描述性統計表可得知參加定期閱讀活動 Treat（實驗組）的學生成績高於未參與的學生成績（Control（對照組））。

Descriptives ▼

Group Descriptives

	組別	樣本數	平均數	標準差	標準誤	Coefficient of variation
drp	Control	23	41.522	17.149	3.576	0.413
	Treat	21	51.476	11.007	2.402	0.214

描述統計圖

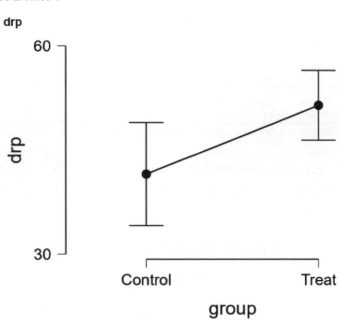

9

成對樣本 T 檢定

9.1 統計方法簡介

　　成對樣本 T 檢定（Paired samples t-test）用於比較相關成對樣本的差異。當研究中存在兩組相關的觀察值，例如同一組受測者在不同時間點或不同條件下的測量值時，就可以使用成對樣本 T 檢定來檢驗這兩組觀察值的平均差異是否具有統計上的顯著性。

9.2 檢定步驟

　　成對樣本 T 檢定的主要假設是，在兩組相關樣本中，觀測值之間的配對關係是固定且明確的，此設計可以減少不同受測者之間的個體差異對比較結果的影響，故成對樣本 T 檢定的步驟如下：

1. **設定假設**：設定兩個假設，即虛無假設（H0）和對立假設（H1）。其中虛無假設假定兩個變數之間沒有關聯，而對立假設則假定兩個變數之間存在關聯。

2. **收集數據**：收集兩組成對樣本的相關觀察值。這些觀察值可以是同一個受測者在不同時間點的測量值，或是相同組別的受測者在不同條件下的測量值。

3. **計算差異**：對於每一對配對觀察值計算差異（後減前）。藉此獲得了每個成對樣本的差異值，反映了兩組樣本之間的差異。

4. **計算差異的平均值**：計算所有差異值的平均值，這代表著兩組成對樣本的平均差異。

5. **計算差異的標準差**：計算配對差異的變異程度，它反映了兩組樣本差異的分散程度。

6. **計算成對樣本 T 值**：用於衡量平均差異相對於預期差異的統計學差異。

7. **計算 p 值**：表示在虛無假設為真的情況下，觀察到比該值更極端結果的機率。

8. **解釋結果**：根據 p 值和預設的顯著性水準（通常為 0.05），判斷是否拒絕虛無假設。若 p 值小於顯著性水準，則拒絕虛無假設，認為兩組成對樣本存在顯著差異。若 p 值大於顯著性水準，則無法拒絕虛無假設，認為兩組成對樣本沒有顯著差異。

9.3 使用時機

列舉成對樣本 T 檢定中常見的情境及案例：

1. **醫學研究中的治療效果評估**：一個新的藥物被用於治療高血壓患者，研究者想知道這種藥物是否比現有的藥物更有效。研究者對同一組患者進行了治療前後的血壓測量，然後使用成對樣本 T 檢定來比較兩種治療方案的效果。

2. **教育研究中的教學方法評估**：一位教師想要評估在學期末前後學生的學業進步。故在學期初和學期末對同一組學生進行了測試，然後使用成對樣本 T 檢定來比較兩個時間點的學業成績。

3. **心理學研究中的行爲變化評估**：研究者想要評估壓力對人們情緒的影響。研究者在不同的壓力水平下，對同一組受測者進行情緒測量，然後使用成對樣本 T 檢定來比較不同壓力水平下的情緒變化。

4. **生物醫學研究中的治療效果評估**：研究者想要評估一種飲食干預對肥胖患者體重的影響。研究者在干預前後對同一組患者進行了體重測量，然後使用成對樣本 T 檢定來比較干預前後的體重變化。

5. **工程研究中的產品改進評估**：公司想要評估一種新設計的電池在使用前後的續航時間。研究者對同一組電池進行了使用前後的測試，然後使用成對樣本 T 檢定來比較兩個時間點的續航時間。

9.4 介面說明

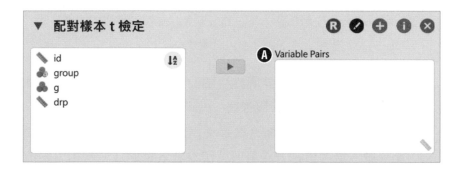

A. **Variable Pairs（變數對）**：指用於進行成對樣本 T 檢定的相關變數。在進行成對樣本 T 檢定時，需要有兩組相關的觀測值，這些觀測值是成對存在的，例如同一組受測者在不同時間點的測量值，或是相同組別的受測者在不同條件下的測量值。

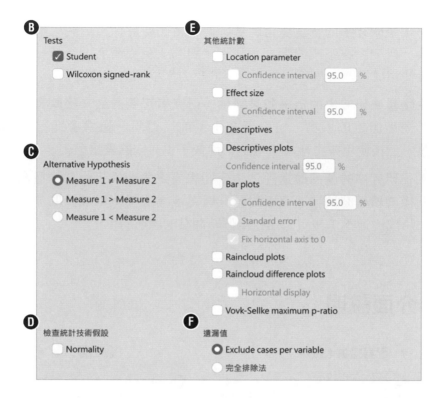

B. **Tests（檢定）**：進行統計假設檢驗的過程，用於比較兩個樣本之間的差異是否具有統計學上的顯著性。

❖ Students：假設兩個獨立樣本來自於相同的母體，並且具有相等的變異數。這個檢定方法適用於樣本數量相近且方差相等的情況。

❖ Wilcoxon signed-rank（又稱 Wilcoxon 符號等級檢定）：是一種非參數檢定方法，適用於在未滿足常態分配假設的情況下進行成對樣本 T 檢定，故在非常態分配或含有異常值的數據情況下具有一定的穩健性。

C. **Alternative Hypothesis（對立假設）**：可根據具體的研究目的選擇適合的對立假設來進行兩個樣本之間的差異比較。

❖ 組 1 ≠ 組 2：研究者預期兩組的觀察值在統計上存在顯著差異，而不關注哪個組的平均值更大或更小。

❖ 組 1 > 組 2：研究者預期組 1 的觀察值顯著地大於組 2，並關注組 1 是否具有較高的平均值。

❖ 組 1＜組 2：研究者預期組 1 的觀察值顯著地小於組 2，並關注組 1 是否具有較低的平均值。

D. **檢查統計技術假設**：在進行樣本的檢定之前，研究者需要檢查一些統計技術假設，以確保檢定結果的可靠性和準確性。

　　❖ Normality（常態分配）：用於檢驗數據是否符合常態分配。常態分佈是統計中非常重要的假設，許多統計方法都基於數據符合常態分佈的假設。可以使用直方圖、常態分配機率圖（QQ 圖）或常態分配性統計測試（如 Shapiro-Wilk 測試）來檢查數據的分布是否近似於常態分配。

E. **其他統計數**：提供了其他統計數據，有助於進一步了解兩組樣本之間的差異和效應大小，並提供對比較結果的更深入理解和解釋。

　　❖ Location parameter（位置參數）：指透過檢定兩組樣本平均值與所假設的母體平均值之間的差異，可以判斷兩者是否具有顯著的差異，進而得出結論。

　　　■ Confidence interval（信賴區間）：指計算出母體平均值的估計範圍，表示結果具有一定信賴水準的可信程度，通常設為 95%。（詳細說明請詳閱附錄-1）

　　❖ Effect Size（效應大小）：是一種用於衡量統計檢定結果的實際重要性或影響程度的指標。它提供了一種評估差異的大小的方法，而不僅僅侷限於統計顯著性。效應大小通常用標準化的差異來表示，如下：

　　　■ Chen's d：用於計算獨立樣本 T 檢定效應大小的指標，它根據兩組樣本的平均值和標準差來計算，Chen's d 值越大表示兩組之間的差異越大。

　　　■ Glass' delta：用於計算獨立樣本 T 檢定效應大小的指標，特別適用於使用控制組和實驗組的情況。它通常用於評估實驗組平均值相對於控制組的差異。Glass' delta 的值越大，表示實驗組與控制組之間的差異越大。

- Hedges' g：用於計算成對樣本 T 檢定效應大小的指標，主要用於成對樣本設計，其中每個觀測值都與同一個個體的其他觀測值進行比較。

❖ Descriptives（描述統計）：在進行獨立樣本 T 檢定或單一樣本 T 檢定之前，可以使用描述統計功能來計算樣本數據的平均值、標準差以及其他統計量。這些描述統計數值提供了對於不同組別之間差異的初步了解，例如兩組樣本的中心傾向（平均值）、離散程度（標準差）等。透過描述統計，研究者可以快速獲得樣本數據的基本特徵，並將其作為後續進行統計檢定的基礎。

❖ Descriptives plots（描述統計圖）：在進行獨立樣本 T 檢定時，常常需要使用描述統計圖來視覺化兩組樣本之間的差異。常見的描述統計圖包括盒鬚圖（box plots）和直方圖（histograms）。

❖ Box plots（盒鬚圖）：用來比較不同組別之間的中心傾向、離散程度以及異常值。藉此，研究者可以迅速觀察到不同組別之間的數據特徵，如中位數的高低、離散程度的差異，以及是否存在異常值。

- Confidence interval（信賴區間）：指對於母體參數（例如平均值）的估計範圍，表示結果具有一定信賴水準的可信程度，通常設為 95%。（詳細說明請詳閱附錄-1）

- Standard error（標準誤）：用於衡量樣本統計量（例如平均值）估計的不確定性的指標，常用於計算誤差條的長度。標準誤反映了樣本統計量與真實母體參數之間的期望差異。較小的標準誤表示樣本統計量對於估計母體參數的精確性較高。誤差條的長度取決於樣本數據的變異性，標準誤越小，表示估計值的不確定性越低。

- Fix horizontal axis to 0（固定水平軸為 0）：在盒鬚圖中，水平軸（x 軸）用於表示不同的組別或類別。當"Fix horizontal axis to 0"被設置時，水平軸的起點將被固定為 0，這意味著所有的盒鬚圖將以 0 為基準進行比較。這個選項的目的是為了確保在比較組別之間的差異時具有一致的基準點，避免由於水平軸位置的不

同而導致對組別差異的錯誤解讀。藉此,可以更清楚地看到每個組別的相對差異,使得比較更具有準確性和可解釋性。

❖ Raincloud plots(雨雲圖):是一種綜合性的數據視覺化方式,用於同時顯示數據的分佈情況和統計結果。它結合了長條圖、核密度圖和散點圖等元素,提供了對數據整體特徵的直覺理解,同時保留了個體數據的詳細訊息。

在雨雲圖中,每個長條代表一個組別或類別,其高度表示該組別的數量或頻率。同時,核密度圖繪製在長條圖的背景中,用於顯示數據的連續分佈情況。此外,雨雲圖還可以使用散點圖來展示個體數據的分佈。雨雲圖的優勢在於它能夠提供對數據的整體特徵的直覺理解,包括分佈的形狀、中央趨勢和離群值等重要特徵,有助於比較不同組別之間的差異。

■ Horizontal display(水平顯示):指在長條圖中將條形垂直方向翻轉為水平方向顯示,以便更清楚地顯示不同組別之間的數值大小,提供更直覺的比較方式和更好的空間利用。

❖ Raincloud difference plots(雨雲差異圖):是一種視覺化工具,用於比較兩個獨立樣本之間的差異。它是從傳統的盒鬚圖(box plot)和長條圖(bar plot)中發展而來,結合了這兩種圖形的優點,能夠提供更豐富的數據呈現和解讀方式。Raincloud difference plots 的主要特點如下:

■ 比較兩組數據差異:專注於兩組數據之間的差異,它同時顯示了這兩組數據的分佈情況以及它們之間的差異大小。這讓研究者能夠一目了然地比較兩組數據的差異。

■ 數據分佈視覺化:每組數據的分佈以核密度估計圖(Kernel Density Estimate,KDE)的形式呈現。核密度估計圖可以展示數據的集中程度、峰值位置以及尾部的分佈情況,有助於了解數據的特徵。

■ 中央趨勢展示:使用盒鬚圖來展示數據的中央趨勢,包括中位數、四分位數以及可能的異常值。這些統計量能夠提供有關數據集中位置和離散程度的訊息。

- 差異標記：兩組數據之間添加了條形圖，以標記差異的大小和方向。通常，這些條形圖以連接線的形式出現，顯示了兩組數據的平均值差異以及置信區間。這樣的視覺化方式使得比較兩組數據的平均差異更加直覺。

❖ Vovk-Sellke maximum p-ratio：指用於計算觀察到的多個 p 值中的最大值，然後將其與單個假設檢定的顯著性水平進行比較，以控制整體類型 I 錯誤率，確保統計推斷具有一定的保證。（詳細說明請詳閱附錄-3）。

F. **遺漏值（Missing values）**：指在數據集中某些變數的觀測值缺失或未填寫的情況。在進行統計分析時，遺漏值可能會對結果產生影響，因此需要針對遺漏值進行處理。

❖ Exclude cases per variable（依變量的排除個案）：指根據依變量的遺漏值情況來決定是否排除相應的樣本。如果勾選了此選項，則意味著在獨立樣本 T 檢定中，具有依變量遺漏值的樣本將被完全排除，不會參與統計分析。

❖ 完全排除法（Complete case analysis）：是處理遺漏值的一種方法，也就是在進行統計分析時，將具有任何遺漏值的樣本完全從分析中排除。這意味著具有遺漏值的樣本將被完全忽略，不會參與統計檢定。這種方法的好處是避免了對遺漏值進行填補或估計，但缺點是可能會導致樣本數減少，進而影響結果的可信度。

9.5 統計分析實作

　　本節範例使用了 JASP 學習資料館中 T-Tests 的 Moon and Aggression 數據。此數據名為「月亮與攻擊」，提供了每一位癡呆症患者在滿月及其他日子中的兩個不同階段的破壞性行為次數。

研究的目的是檢查虛無假設（H0）的充分性。虛無假設指出癡呆症患者的破壞性行為的平均數量在滿月和其他日子之間並沒有差異。換句話說，研究者想要檢驗是否在滿月期間，癡呆症患者的破壞性行為次數是否與其他日子相比有所不同。

數據資料中的變數及說明如下：

- Moon（月亮）：滿月期間破壞性行為的平均數量。
- Other（其他）：其他日子裡破壞性行為的平均數量。

範例實作

STEP **1** 點擊選單 > 開啟 > 學習資料館 > 2. T-Tests > Moon and Aggression，使開啟範例的數據樣本。

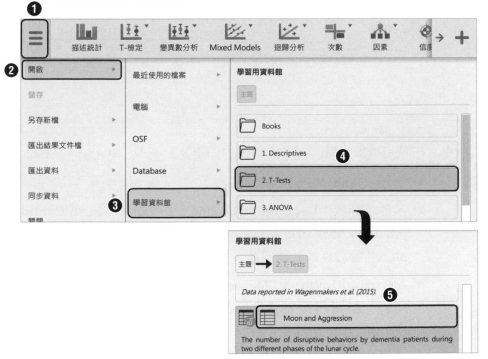

STEP**2**　於上方常用分析模組中點擊「T-檢定 > 成對樣本 T 檢定」按鈕。

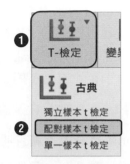

STEP**3**　將 Moon 與 Other 兩變數移至右側的 Variable Pairs（變數對）欄位中。藉以同時考慮兩個或多個變數進行資料分析，以了解它們之間的關係，如相互影響或相關性。

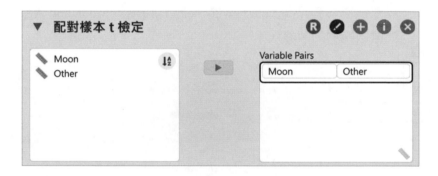

STEP**4**　在設定項目中需「勾選」的項目如下：

- Tests：Students。

- 其他統計數：Location parameter（信賴區間）以及 Confidence interval：95%、Descriptives（描述性統計資料）、Descriptives plots（描述性統計資料圖）。

- Alternative Hypothesis：Measure 1（Moon）≠ Measure 2（Other）。用於比較兩個測量值之間的測量結果是否有顯著差異。如果 Measure 1 的測量值不等於 Measure 2 的測量值，則表示兩個測量值之間在該特定測量指標上存在差異。

- 檢查統計技術假設：Normality（常態分配）。

- 遺漏值：Exclude cases per dependent variable（每個依變項排除案例）。

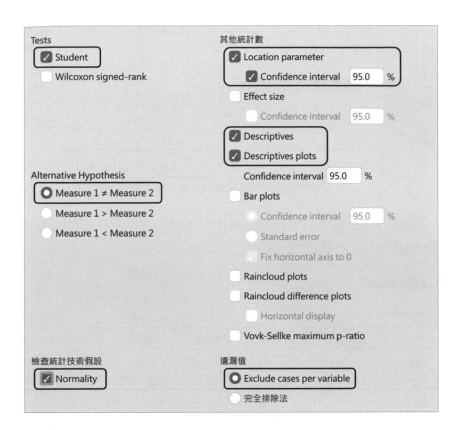

實作結論

　　於右側報表視窗中可獲得 T 檢定的相關結果。於成對樣本 T 檢定表中查看 Measure1 與 Measure2 比較後的 t 值大於 > 1.96，且 p 值小於 0.001，表示兩者之間具有顯著性的差異。也就是說在滿月期間的破壞性行為確實高於其他日子裡的破壞行為。

配對樣本 t 檢定 ▼

Paired Samples T-Test ▼

Measure 1		Measure 2	t	自由度	p值	平均數差異	SE Difference	95% CI for 平均數差異	
								Lower	Upper
Moon	-	Other	6.452	14	< .001	2.433	0.377	1.624	3.241

附註 Student's t-考驗

在常態分配下的 p 值為 0.148（未小於 0.05）。造成此問題的原因有可能是兩者呈現非常態分配。

統計技術假設檢查 ▼

Test of Normality (Shapiro-Wilk)

		W	p值
Moon	- Other	0.913	0.148

附註 Significant results suggest a deviation from normality.

在描述統計表中的平均數結果中，可證明在滿月期間的破壞性行為明顯高於其他日子裡的破壞行為。

Descriptives

Descriptives

	樣本數	平均數	標準差	標準誤	Coefficient of variation
Moon	15	3.022	1.499	0.387	0.496
Other	15	0.589	0.445	0.115	0.755

10

單一樣本 T 檢定

10.1 統計方法簡介

單一樣本 T 檢定（One-sample t-test）指用於檢驗單一樣本的平均值是否與一個已知的理論值（也稱為假設值）有顯著的差異。

10.2 檢定步驟

單一樣本 T 檢定方法是透過常應用於對一個樣本的特徵進行研究，並評估該樣本是否代表整體母體的特徵，故單一樣本 T 檢定的步驟如下：

1. **設定假設**：設定兩個假設，即虛無假設（H0）和對立假設（H1）。其中虛無假設假定兩個變數之間沒有關聯，而對立假設則假定兩個變數之間存在關聯。

2. **收集樣本數據**：收集一組樣本數據，包括所要檢定的變量的測量值。

3. **計算樣本統計量**：計算樣本的平均數（$\bar{x}$）和標準差（s）。

4. **計算 T 值**：使用樣本平均值、已知的理論值、樣本標準差和樣本大小，計算 T 值，T 值用於衡量樣本平均值和理論值之間的差異。

5. **計算自由度**：自由度表示樣本中獨立訊息的數量，計算 T 檢定中的自由度通常為樣本大小減 1。

6. **查找臨界值**：根據所選的顯著性水準（通常為 $\alpha = 0.05$），在 T 分佈表中查找臨界值，這些臨界值根據自由度和單尾或雙尾檢定而有所不同。

7. **進行假設檢定**：將計算得到的 T 值與臨界值進行比較。如果 T 值落在拒絕域（即落在臨界值的範圍之外），則拒絕虛無假設，表示樣本平均值與理論值有顯著差異。如果 T 值落在接受域（即落在臨界值的範圍之內），則接受虛無假設，表示樣本平均值與理論值沒有顯著差異。

8. **解釋結果**：根據檢定結果，得出對虛無假設的結論。如果拒絕虛無假設，表示樣本提供足夠的證據支持對立假設，即樣本平均值與理論值有顯著差異。如果接受虛無假設，表示樣本不提供足夠的證據支持對立假設，即樣本平均值與理論值沒有顯著差異。

10.3 使用時機

列舉單一樣本 T 檢定中常見的情境及案例：

1. **均值比較**：一家餐廳想要評估新菜單的平均滿意度是否高於現有菜單。此時研究者從用餐客人中隨機選取了一個樣本，並使用單一樣本 T 檢定來比較樣本的滿意度均值與現有菜單的平均滿意度。

2. **效果評估**：一個健身中心想要評估一種新的運動訓練方法對客戶體脂肪含量的平均影響。此時研究者從一組客戶中選取了樣本，並使用單一樣本 T 檢定來比較樣本的體脂肪含量平均值與該運動訓練方法的理論效果。

3. **績效評估**：一家汽車製造公司想要評估一種新引擎的平均燃油效率是否達到了預期值。此時研究者從一組已裝配的汽車中選取了樣本，並使用單一樣本 T 檢定來比較樣本的燃油效率平均值與引擎性能的目標值。

10.4 介面說明

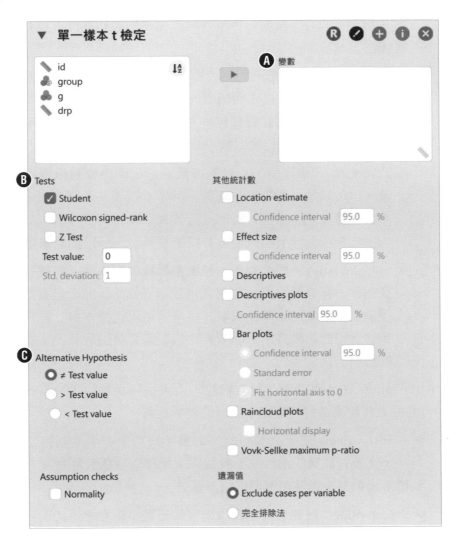

A. **變數**：代表待分析的單一樣本的資料集中的變數名稱。此變數是用來進行單一樣本 T 檢定的主要依變數。

B. **Tests（檢定）**：進行統計假設檢驗的過程，用於比較兩個樣本之間的差異是否具有統計學上的顯著性。

　❖ **Students**：假設兩個獨立樣本來自於相同的母體，並且具有相等的變異數。這個檢定方法適用於樣本數量相近且方差相等的情況。

❖ Wilcoxon signed-rank（又稱 Wilcoxon 符號等級檢定）：是一種非參數檢定方法，適用於在未滿足常態分佈假設的情況下進行單一樣本 T 檢定，故在非常態分佈或含有異常值的數據情況下具有一定的穩健性。

❖ Z test（Z 檢定）：是一種基於標準常態分佈的統計檢定方法。它用於判斷樣本平均數是否與假設的值有顯著差異。透過計算樣本的 Z 值（Z-score），可以得知樣本平均數與假設值之間的距離，並在標準常態分佈下具有已知的機率分佈。

■ Test value（檢定值）：是根據假設提出的待檢驗母體平均數的值。這可以是一個特定的常數，例如 0 或者某個預測值。檢定值用於計算 Z 值，並與 Z 值進行比較以進行假設檢驗，如果樣本的平均數在統計上與檢定值有顯著差異，則可以拒絕虛無假設。

■ Std. deviation（標準差）：是衡量數據的變異性或離散程度的重要指標。在 Z 檢定中，標準差可以是已知的，即研究者對母體的變異性有準確的了解。或者，標準差可以從樣本中計算得到，用來估計母體的變異性。標準差的值影響 Z 值的計算，進而影響假設檢驗的結果。

C. Alternative Hypothesis（對立假設）：可根據具體的研究目的選擇適合的對立假設來進行兩個樣本之間的差異比較。

❖ ≠ Test value：研究者關心的是母體平均數是否與某個特定的值不同，而不是具體的大於或小於關係。這種對立假設通常用於檢驗母體平均數是否與某個預期值相差顯著。

❖ > Test value：研究者猜測樣本來自的母體平均數會比某個特定值更大。這種對立假設通常用於檢驗某種效應是否使得樣本的平均值顯著增加。

❖ < Test value：研究者猜測樣本來自的母體平均數會比某個特定值更小。這種對立假設通常用於檢驗某種效應是否使得樣本的平均值顯著減少。

10.5 統計分析實作

本節範例使用了 JASP 學習資料館中 T-Tests 的 Weight Gain 數據。此數據名為「體重增加」，提供了 16 名參與者在 8 週期間，進行每天攝取 1000 卡路里的熱量後的前後體重的量測結果。

研究的目的是要檢驗一個假設，即在 8 週內每天攝取 1000 卡路里的熱量會導致體重增加 16 磅（約 7.2 千克）。研究者想要確認這個假設是否成立，即攝入特定熱量是否與體重增加有關。

數據資料中的變數及說明如下：

● **Weight Before（之前的體重）**：在攝入過多卡路里 8 週之前測量的體重（磅）。

● **Weight After（之後的體重）**：在攝入過多卡路里 8 週之後測量的體重（磅）。

● **Difference（差異）**：每位參與者的之後的體重減去之前的體重之差。這個差異值可以為正值，表示體重增加，也可以為負值，表示體重減少（磅）。

10

| 範例實作 |

STEP **1**　點擊選單 > 開啟 > 學習資料館 > 2. T-Tests > Weight Gain，使開啟範例的數據樣本。

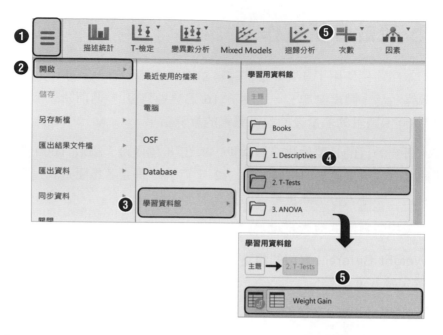

STEP **2**　於上方常用分析模組中點擊「T-檢定 > 單一樣本 t 檢定」按鈕。

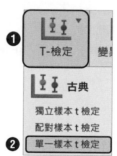

STEP **3**　將 Difference 變數移至右側的變數欄位中。

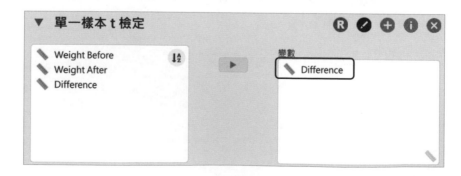

STEP **4**　在設定項目中需「勾選」的項目如下：

■ Tests：Students 與將 Test value 屬性值設為 16，因數據中有 16 筆資料。

■ 其他統計數：Location parameter（信賴區間）以及 Confidence interval：95%。

■ Alternative Hypothesis：≠ Test value。

■ Assumption checks（假設檢查）：Normality（常態分配）。

■ 遺漏值：Exclude cases per dependent variable（每個依變項排除案例）。

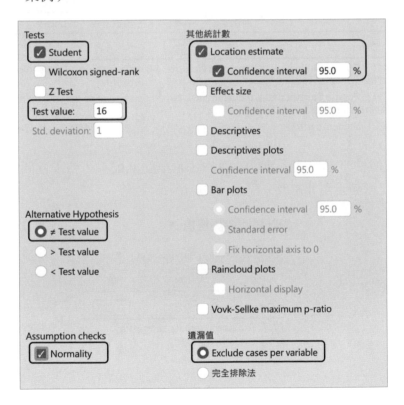

實作結論

　　於右側報表視窗中可獲得 T 檢定的相關結果。於單一樣本 T 檢定表格中可得知 p 值小於 0.001，表示兩者之間具有顯著性的差異，因此可以證明 16 名參與者在攝取卡路里之前與攝取之後的肥胖程度是具有顯著性的差異。

單一樣本 t 檢定 ▼

One Sample T-Test ▼

| | t | 自由度 | p值 | 平均數差異 | 95% CI for 平均數差異 | |
					Lower	Upper
Difference	−5.823	15	<.001	−5.591	−7.638	−3.545

附註 For the Student t-test, location difference estimate is given by the sample mean difference *d*.

附註 For the Student t-test, the alternative hypothesis specifies that the mean is different from 16.

附註 Student's t-考驗

　　在常態分配下的 p 值為 0.325（未小於 0.05）。造成此問題的原因有可能是兩者呈現非常態分配。

統計技術假設檢查 ▼

Test of Normality (Shapiro-Wilk) ▼

	W	p值
Difference	0.938	0.325

附註 Significant results suggest a deviation from normality.

單因子變異數分析

11.1 統計方法簡介

　　單因子變異數分析（One-Way ANOVA）指用於比較三個或更多個獨立群組之間的均值是否有顯著差異。它適用於研究一個響應變數對於一個依變數的影響，且響應變數有三個或多個類別。該分析方法可以判斷不同組別的平均值是否來自於相同的母體。透過比較這些群組之間的變異，可以確定這些群組之間是否存在統計上的顯著差異。

11.2 檢定步驟

　　在單因子變異數分析的目的是為了了解這些組別之間是否存在著顯著的差異。這些差異可能是因為隨機變動所引起的，也可能是因為不同處理之間的真實差異所致，故單因子變異數分析檢定的步驟如下：

1. **設定假設**：設定兩個假設，即虛無假設（H0）和對立假設（H1）。其中虛無假設假定兩個變數之間沒有關聯，而對立假設則假定兩個變數之間存在關聯。

2. **收集數據**：收集各個組別的樣本數據，這些數據可以是依變數的測量值，並且每個組別應該是獨立的。

3. **計算總變異**：計算所有數據點與總體均值之間的差異的平方和（總變異）。

4. **計算組間變異**：計算每個組別的平均值與總體均值之間的差異的平方和，並將這些組間變異相加。

5. **計算組內變異**：計算每個組別內部的所有數據點與組別平均值之間的差異的平方和，並將這些組內變異相加。

6. **計算 F 統計量**：將組間變異除以組內變異，得到 F 統計量。

7. **查找臨界值**：根據事先設定的顯著水平（通常為 0.05），查找 F 分佈表中對應的臨界值。

8. **假設檢定**：將計算得到的 F 統計量與臨界值進行比較。若 F 值大於臨界值，則拒絕虛無假設，表示至少有兩個組別的平均值之間存在顯著差異。若 F 值小於等於臨界值，則無法拒絕虛無假設，認為沒有足夠證據顯示組別之間的平均值有顯著差異。

9. **進行事後檢定（可選）**：若單因子變異數分析的結果顯示至少有兩個組別之間存在顯著差異，則可以進行事後檢定（post hoc test）來進一步比較各組別之間的差異。事後檢定可以幫助確定哪些組別之間存在顯著差異，以避免多重比較帶來的問題。

11.3 使用時機

列舉單因子變異數分析常見的情境及案例：

1. **教育研究**：比較不同教學方法對學生語言能力的影響。研究者可比較傳統教學和遊戲式教學對學生英文口說能力的影響。

2. **醫學研究**：比較不同治療方式對患者疼痛程度的影響。研究者可比較藥物治療、物理治療和心理治療對慢性疼痛患者的效果。

3. **市場研究**：比較不同廣告策略對產品銷售量的影響。研究者可比較電視廣告、網路廣告和報紙廣告對產品銷量的影響。

4. **環境科學研究**：比較不同季節之間水質變化。研究者可比較春季、夏季、秋季和冬季河流水質中懸浮固體物含量的差異。

5. **社會科學研究**：比較不同教育程度之間對社會政策的態度。研究者可比較高中畢業生、大學畢業生和研究生對環境保護政策的態度是否有差異。

11.4 介面說明

11.4.1 基本介面

A. **依變數（Dependent Variable）**：指想要研究的主要變數，即要進行比較的連續變數。它是觀察的結果或受測量的變數，而研究的目的就是要了解不同組別對依變數的影響。

B. **固定因子（Fixed Factor）**：是變異數分析中的獨立變數，也稱為「分組變數」。它是用來將研究對象分為不同組別的變數，每個組別代表一個特定的處理或條件。在進行單因子變異數分析時，使將依變數的變異拆分為組間變異和組內變異，固定因子將用來解釋組間的變異。

C. **加權最小平方法（Weighted Least Squares, WLS）**：是單因子變異數分析中的一種分析方法。它是在處理依變數變異不等（heteroscedasticity）的情況下，用於估計模型參數的一種技術。加權最小平方法通常用於處理樣本數據中的非常態分配和方差不齊的情況，以提高分析的準確性和效率。

D. **顯示（Display）**：用於指定是否在分析結果中顯示相關結果。

❖ **描述統計數（Descriptives）**：指對於各組別的變數數值進行基本統計摘要的指標，通常包括平均數、標準差、樣本大小等。這些統計數據可以幫助你了解每個組別的基本特徵，以及它們在依變數上的分佈情況。

❖ **效果量估計值（Effect Size Estimates）**：用來衡量不同組別之間的平均值差異的大小，它提供了一個量化的方式來評估固定因子對於依變數的影響程度，或者說固定因子解釋變異的程度。

- η^2 效果量：是變異數分析中常見的效果量指標之一，表示組別間變異解釋的比例。η^2 值越大，表示變異數分析中組別間的差異解釋比例越高。

- η^2 淨效果量：是對於樣本大小進行校正的 η^2 效果量。由於樣本大小可能會影響效果量的估計，因此 η^2 淨效果量提供了一個更準確的效果量指標。

- ω^2（omega-squared）：是另一種效果量指標，也是針對樣本大小進行校正的版本，提供了更準確的效果量估計。

❖ Vovk-Sellke 最大 p 值比率：指用於計算觀察到的多個 p 值中的最大值，然後將其與單個假設檢定的顯著性水平進行比較，以控制整體類型 I 錯誤率，確保統計推斷具有一定的保證。（詳細說明請詳閱附錄-3）

11.4.2 模型

用於設定和檢視單因子變異數分析模型的介面。

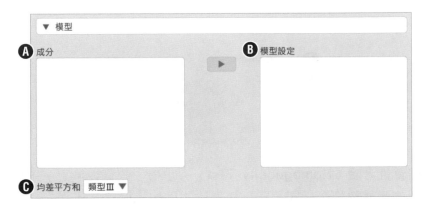

A. **成分（Factors）**：指的是想要探討的響應變數或分組變數。這些響應變數可能是類別型的（例如性別、教育程度等）或連續型的（例如年齡、收入等）。

B. **模型設定（Model Specification）**：可根據研究問題和假設，設定不同的模型。可以指定多個依變數（多個相關聯的響應變數）和一個或多個固定因子（影響依變數的預測變數），以及也可設定交互作用（Interaction）項目，以檢查固定因子之間是否存在交互作用效應，即它們的聯合影響是否有額外的影響，進而建立統計模型，並探索它們之間的關係和影響。

C. **均差平方和（Sum of Squares）**：用來解釋因子變數和誤差之間的變異性，包含了因子變數對於依變數的解釋能力。

❖ 類型 I（Type I Sum of Squares）：用來解釋不同組別之間的變異性。

❖ 類型 II（Type II Sum of Squares）：用來解釋在考慮其他因子變數後，單個因子變數的變異性。

❖ 類型 III（Type III Sum of Squares）：在考慮其他因子變數和交互作用後，估計單個因子變數的變異性。

11.4.3 檢查統計技術假設

用於檢查進行分析所使用的統計技術是否符合相關的假設。

A. **同質性考驗（Homogeneity Test）**：也稱「同質性檢定」，指不同組別的變異數是否相同。同質性考驗的目的是檢查各組別之間的變異數是否類似。當不符合同質性假設時，可能會影響結果的準確性，需要採取適當的修正。

B. **同質性修正（Homogeneity Correction）**：如果發現不符合同質性假設，則需要進行同質性修正。這種修正可以針對變異數不等的情況，使用更適合的統計方法來處理數據，以確保分析結果的可靠性。

❖ 無（None）：表示在檢驗同質性假設時，不進行任何修正。

❖ Brown-Forsythe：用來處理變異數同質性假設不成立的情況，特別適用於樣本大小不等的情況。

❖ Welch：用來處理變異數同質性假設不成立的情況，特別適用於樣本大小和變異數不等的情況。

C. **殘差 Q-Q 圖（Residual Q-Q Plot）**：在檢查統計技術假設時，通過殘差 Q-Q 圖可以評估模型的殘差（residuals）是否符合常態分佈。殘差

是指實際觀測值與預測值之間的差異，而 Q-Q 圖是一種圖形工具，用於比較殘差的分佈與常態分佈之間的差異。

11.4.4 比較

用於進行多組間比較的工具。當進行單因子變異數分析後，若結果顯示至少有兩個組別之間存在顯著差異，研究者可以使用此介面進一步比較不同組別之間的差異，進一步探索各組別間的特殊關係。

A. **因子（Factor）**：可指定某個因子水準作為參考組，然後與其他因子水準進行比較。

B. **信賴區間（Confidence Interval）**：指估計統計數據的範圍，表示結果具有一定信賴水準的可信程度，通常設為 95%。（詳細說明請詳閱附錄-1）

11.4.5 事後比較檢定

用於進行多重比較的工具，當因子變異數分析的結果顯示至少有兩個組別之間存在顯著差異時，研究者可以使用事後比較檢定進一步比較不同組別間的差異，找出具體哪些組別之間存在顯著差異。

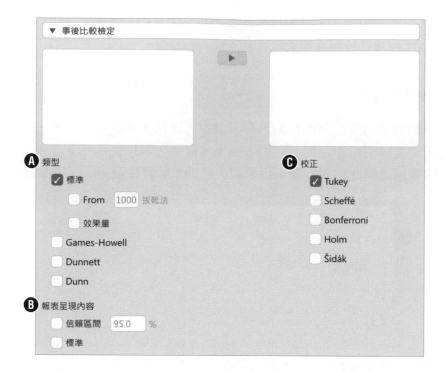

A. 型（Type）：用於選擇所要使用的事後比較方法的類型。

❖ 標準（Standard）：用於選擇是否要對事後比較進行校正。多重比較會增加整體額外誤差的可能性，所以校正是為了修正這些額外誤差，提供更可靠的結果。

■ From 拔靴法：是一種非參數化的事後比較方法，特別適用於處理樣本數不等或非常態分配的情況。它使用拔靴法來生成多個樣本，並對這些樣本進行比較，以得出組別間的差異。（詳細說明請詳閱附錄-2）

■ 效果量（Effect Size）：用於選擇計算效果量的方法，效果量用於評估組別間的差異程度。

❖ Games-Howell：是一種非參數化的事後比較方法，適用於樣本數不等的情況下進行校正。它考慮了組別間的變異數差異，提供更保守的結果。

❖ Dunnett：是一種多重比較方法，適用於對照組和其他組別進行比較。它的目的是檢測其他組別相對於對照組的差異，而不是對所有組別進行兩兩比較。

❖ Dunn：是一種非參數化的事後比較方法，適用於小樣本和非常態分配的情況。它使用兩兩比較的中位數差異來檢測組別間的差異。

B. **報表呈現內容**：使可以清楚地了解不同組別間的比較結果。

❖ 信賴區間（Confidence intervals）：指估計統計數據的範圍，表示結果具有一定信賴水準的可信程度，通常設為 95%。（詳細說明請詳閱附錄-1）

❖ 標準：指進行多重比較時所使用的校正方法。

C. **校正（Correction）**：用於選擇是否要對進行多重比較的結果進行校正，以降低多重比較所帶來的額外誤差。在單因子變異數分析中，多重比較可能增加額外誤差的風險，透過校正方法確保在進行多重比較時仍能保持統計顯著性的控制，避免因多次比較而產生虛假的結果。

❖ Tukey：也稱為 Tukey's HSD，是一種廣泛使用的多重比較校正方法，適用於等樣本數的組別，用於比較所有組別之間的平均值差異，提供保守但有效的結果。

❖ Scheffe：是一種保守的多重比較校正方法，適用於樣本數不等的情況下進行校正，考慮了組別間的變異數差異，提供更保守的結果。

❖ Bonferroni：是一種嚴格的多重比較校正方法，將顯著性水準除以進行比較的所有組合數量，提供非常保守的結果，適用於控制多重比較的類型 I 錯誤。

❖ Holm：是一種控制多重比較的類型 I 錯誤的方法，依次調整每個比較的顯著性水準，以確保在控制整體類型 I 錯誤的前提下，獲得最大的統計功效。

❖ Sidak：是一種控制多重比較的類型 I 錯誤的方法，提供比 Bonferroni 更有效的校正方法，通常用於對少數比較進行校正。

11.4.6 描述統計圖

用於視覺化不同組別間的數據分佈和描述性統計量的圖形。

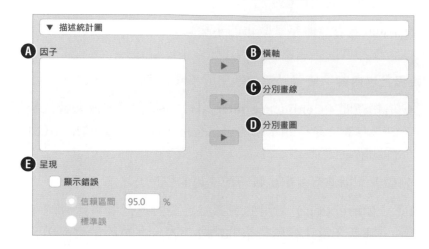

A. **因子（Factor）**：指定要在圖形中呈現的響應變數（因子），即影響結果變數的不同組別。這允許以響應變數的角度來觀察結果變數在不同組別之間的差異。

B. **橫軸（X-axis）**：可以設定圖形的橫軸變數，即顯示在圖形底部的變數。這有助於將不同組別對應到適當的位置，使得圖形更加清晰和易讀。

C. **分別畫線（Separate lines）**：每個組別的平均數會用線條連接，以便直覺地比較不同組別間的差異。這些連接線可以幫助觀察趨勢和差異的變化。

D. **分別畫圖（Separate plots）**：每個組別的平均數將以單獨的圖形呈現，使得比較更為清晰。這對於組別數量較多的情況下，可以避免圖形的混亂，讓比較更加直覺。

E. **呈現（Show）**：用於指定要呈現的資料在圖表中的表現方式。

　❖ 顯示錯誤（Display errors）：圖形會呈現平均數的誤差條，以顯示不同組別之間的變異情況。

- 信賴區間（Confidence intervals）：指估計統計數據的範圍，表示結果具有一定信賴水準的可信程度，通常設為 95%。（詳細說明請詳閱附錄-1）

- 標準誤（Standard errors）：圖形會呈現平均數的標準誤，用於評估平均數的精確度。標準誤反映了樣本平均數與母體平均數之間的差異，這對於了解結果的準確程度很有幫助。

11.4.7 雲雨圖

用於比較不同組別間的數據分佈和中心趨勢。

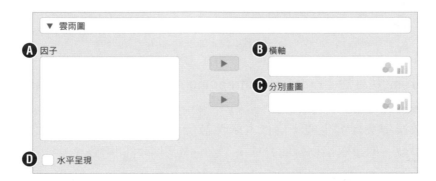

A. **因子（Factor）**：可以指定要在雲雨圖中呈現的響應變數（因子），即影響結果變數的不同組別。

B. **橫軸（X-axis）**：可以設定雲雨圖的橫軸變數，即顯示在圖形底部的變數。

C. **分別畫圖（Separate plots）**：每個組別的數據將以單獨的圖形呈現，使得比較更為清晰。

D. **水平呈現（Horizontal presentation）**：圖形將以水平方向呈現，使得觀察不同組別之間的差異更容易。

11.4.8 邊際平均數

用於顯示各組別的平均數和相應的信賴區間。

A. **From 拔靴法（From bootstrapping）**：使用拔靴法（bootstrapping）來估計邊際平均數的值。拔靴法是一種無母數方法，通過反覆從原始數據中取樣，生成多個樣本，然後計算每個樣本的邊際平均數，最終得到一個邊際平均數的分佈。（詳細說明請詳閱附錄-2）

B. **將邊際平均數與 0 比較（Test marginal means against zero）**：勾選此選項時，將邊際平均數與零進行比較，以檢查組別之間是否存在顯著差異。

❖ 信賴區間調整

■ 無（None）：當將邊際平均數與 0 比較時，不對信賴區間進行調整。

■ Bonferroni：對信賴區間進行 Bonferroni 調整，以控制多重比較的類型 I 錯誤率。

■ Sidak：對信賴區間進行 Sidak 調整，以控制多重比較的類型 I 錯誤率。

11.4.9 簡單主要效果

用於進一步探索變異數分析的結果。當在多因子設計中，且其他因子保持不變時，僅比較一個特定因子在各個水平間的平均值差異。

A. **因子（Factor）**：指的是變異數分析的主要自變量（獨立變量），即影響結果變量的操控因子。

B. **簡單效果因子（Simple effect factor）**：指在一個因子（主要效果因子）的水平上，另一個因子對結果變量的影響。

D. **調節因子 1（Moderator Moderator 1）**：指影響兩個變數之間關係強度或方向的變數。在進行簡單主要效果分析時，可以指定第一個調節因子。以能夠研究在特定調節因子的不同水平下，主要效果因子對結果變量的影響是否存在差異。

D. **調節因子 2（Moderator Moderator 2）**：與調節因子 1 類似，透過指定第二個調節因子，使研究者可以考慮多個調節因子對主要效果因子和結果變量之間關係的影響。

11.4.10 無母數

用於進行非參數性的單因子變異數分析。

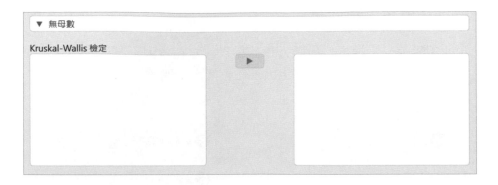

❖ Kruskal-Wallis 檢定：是一種非參數統計方法，用於比較三個或三個以上獨立樣本的中位數是否相等。它是一種替代性方法，當數據不滿足常態性或方差齊性的假設時，無法使用傳統的單因子變異數分析。具體來說，Kruskal-Wallis 檢定針對單一因子（主要效果因子）的各個水平進行非參數性的比較。將該因子的每個水平視為一個獨立的組，然後使用 Kruskal-Wallis 檢定來檢查這些組之間是否存在中位數的差異。

11.5 統計分析實作

本節範例引用了 JASP 學習資料館中 ANOVA 的 Tooth Growth 數據。此數據名為「牙齒生長」，提供了 60 隻豚鼠的成牙本質細胞（負責牙齒生長的 sllec）的長度。在這個研究中，每隻豚鼠在每天均會接受三種不同劑量的維生素 C 中的其中一種（0.5 毫克/天、1 毫克/天和 2 毫克/天），並且還會使用兩種不同的補充劑之一，以計算牙齒的成長率。

此研究目的為主要評估虛無假設的充分性，也就是證明以下兩點：（1）補充劑類型和（2）維生素 C 劑量，均不會影響牙齒本質細胞的長度以及咬合力。

數據資料中的變數及說明如下：

● len：成牙本質細胞的長度。

● supp：補充劑類型（OJ = 橙汁，VC = 抗壞血酸）。

● dose：維生素 C 的劑量（500 = 0.5 毫克/天，1000 = 1 毫克/天，2000 = 2 毫克/天）。

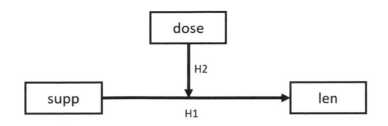

範例實作

STEP **1** 點擊選單 > 開啟 > 學習資料館 > 3.ANOVA > Tooth Growth，使開啟範例的數據樣本。

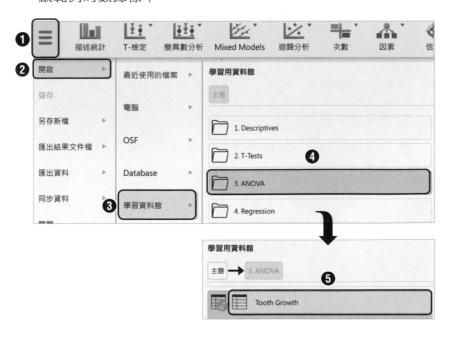

STEP **2**　於上方常用分析模組中點擊「變異數分析 > 變異數分析」按鈕。

STEP **3**　將左側的 len 變數移至右側的依變數欄位中；左側的 supp 與 dose 兩變數則移至右側的固定因子欄位中。

STEP **4**　在顯示標籤中需「勾選」的項目如下：

■ 描述統計數。

■ 效果量估計值以及 η^2 效果量，用以計算標準差。

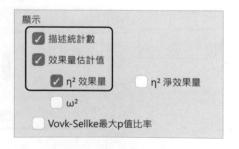

STEP **5** 展開「模型」頁籤，JASP 軟體已依據 Step3 的步驟自動設定好模型。

STEP **6** 展開「檢查統計技術假設」頁籤，「勾選」同質性考驗，以檢定變異係數。

STEP **7** 展開「事後比較檢定」頁籤，將右側的「supp」與「dose」兩因子移至右側欄位中。

STEP **8**　展開「描述統計圖」頁籤，於右側欄位需設定的因子如下：

- 橫軸：dose。

- 分別畫線：supp。

STEP **9**　展開「簡單主要效果」頁籤，於右側欄位需設定的因子如下：

- 簡單效果因子：supp。

- 調節因子 1：dose。

實作結論

於右側報表視窗中可獲得變異數分析的相關結果。在變異數分析-len 表中，得知 dose（藥劑）與 supp（補充劑類型）兩者交乘項的 p 值為 0.022（小於 0.05），因此證明其具有顯著性的影響效果。

同時 supp 與 dose 兩者分別對於牙齒成長的 p 值均小於 0.001，表示此兩者均有顯著性的影響效果，也證明兩者相乘後勢必對於牙齒成長會有顯著性的影響效果。

變異數分析 ▼

變異數分析 - len

個案	離均差平方和	自由度	離均差平方平均值	F	p值	η²
supp	205.350	1	205.350	15.572	< .001	0.059
dose	2426.434	2	1213.217	92.000	< .001	0.703
supp ＊ dose	108.319	2	54.160	4.107	0.022	0.031
Residuals	712.106	54	13.187			

附註 三類離均差平方和

在描述統計數-len 表中可得知補充劑兩種類型的數量，以及成牙成長的速度的相關訊息。

Descriptives ▼

描述統計 - len ▼

supp	dose	樣本數	平均數	標準差	標準誤	Coefficient of variation
OJ	1000	10	22.700	3.911	1.237	0.172
	2000	10	26.060	2.655	0.840	0.102
	500	10	13.230	4.460	1.410	0.337
VC	1000	10	16.770	2.515	0.795	0.150
	2000	10	26.140	4.798	1.517	0.184
	500	10	7.980	2.747	0.869	0.344

在 Descriptives plots 中，橫軸為 dose（藥劑），縱軸為 supp（OJ 與 VC）。從圖中可看到 OJ 與 VC 產生交叉（相乘），表示兩者一起使用時會使牙齒成長具有正向且有顯著性的關係。

Descriptives plots ▼

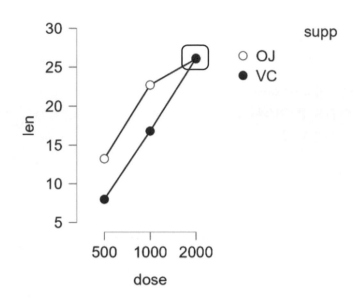

在 Post Hoc Comparisons – sup 的事後比較檢定表中得知 OJ 對 VC 兩種補充劑的 Tukey 檢定 p 值小於 0.001，故證明兩種補充劑具有正向且有顯著性的影響效果。

另外，在 Post Hoc Comparisons – dose 的事後比較檢定表中得知 500 對於 1000、500 對於 2000 以及 1000 對 2000 的 Tukey 檢定 p 值均小於 0.001，故證明維生素 C 的劑量具有正向且有顯著性的影響效果。

事後比較檢定

標準

Post Hoc Comparisons - supp

		平均數差異	標準誤	t	Tukey p值
OJ	VC	3.700	0.938	3.946	< .001

附註 Results are averaged over the levels of: dose

Post Hoc Comparisons - dose

		平均數差異	標準誤	t	Tukey p值
500	1000	−9.130	1.148	−7.951	< .001
	2000	−15.495	1.148	−13.493	< .001
1000	2000	−6.365	1.148	−5.543	< .001

附註 P 值經過調整，用於比較 3 群
附註 Results are averaged over the levels of: supp

　　在簡單主要效果-supp 表中查看 p 值後得知，如果用 1000 毫升的藥劑量在加上 OJ 與 VC 時，對於牙齒成長是具有顯著性的效果；再者第二有效為 500 毫升加上 OJ 與 VC；最無效果的為 2000 毫升。

簡單主要效果

簡單主要效果 - supp

dose水準	離均差平方和	自由度	離均差平方平均值	F	p值
500	137.813	1	137.813	10.451	0.002
1000	175.825	1	175.825	13.333	< .001
2000	0.032	1	0.032	0.002	0.961

重複測量變異數分析

12.1 統計方法簡介

　　重複測量變異數分析（Repeated Measures ANOVA）指用於比較同一組受測者或樣本在不同時間點或條件下的多個測量結果是否有顯著差異。這種分析方法適用於研究對象在多個時間點或條件下反覆測量相同或相關的變數，以了解變數的變化趨勢或處理效果。

12.2 檢定步驟

　　在重複測量變異數分析中，每個受測者或樣本都在不同的時間點或條件下進行了多次測量，這些測量稱為「重複測量」。主要目的是比較同一組受測者或樣本在不同時間或條件下的平均差異，故重複測量變異數分析檢定的步驟如下：

1. **假設檢定**：建立虛無假設（H0）和對立假設（H1），其中 H0 聲稱所有時間點或條件下的平均值相等，而 H1 聲稱至少有一個時間點或條件下的平均值不同。
2. **數據收集**：收集相同受測者在不同時間點或條件下的數據。

3. **數據準備**：整理數據，建立數據格式，確保數據能夠進行分析。

4. **常態性分配**：對每個時間點或條件下的數據進行常態性分配，確保數據符合變異數分析的假設。

5. **數據檢視**：繪製數據的分佈圖、箱型圖等，進行視覺檢查，確保數據沒有明顯的異常值或錯誤。

6. **進行分析**：進行重複測量變異數分析，計算統計量，包括組間變異數、組內變異數、F 值等。

7. **解釋結果**：根據分析結果來解釋是否存在統計上的顯著差異。如果 F 值顯著，表示至少有一個時間點或條件下的平均值與其他時間點或條件有顯著差異。

8. **事後檢定**：如果發現統計上的顯著差異，進行事後檢定來比較不同時間點或條件下的平均值。常用的事後檢定方法有 Bonferroni、Tukey's HSD 等。

9. **結論**：根據分析結果和事後檢定的結果，得出最終結論，確定哪些時間點或條件下的平均值存在顯著差異。

12.3 使用時機

列舉重複測量變異數分析中常見的情境及案例：

1. **時間序列研究**：一個心理學研究中，比較受測者在參與不同情緒調節訓練後，情緒穩定性的變化。例如，研究患有情緒障礙的受測者在接受情緒調節訓練前、訓練後的情緒波動情況。

2. **不同條件下的比較**：一個運動研究中，比較運動員在進行不同運動項目時的體能表現。例如，比較籃球運動員在進行跳躍運動和投籃運動時的垂直跳躍高度。

3. **不同測量方法的比較**：一個教育研究中，比較不同評估工具對學生學業成績評估的一致性。例如，比較筆試考試和口試考試對學生數學能力評估的結果。

4. **多變量研究**：一個教育研究中，比較學生在不同學科領域的學業表現。例如，比較學生在數學、科學和語文等學科的平均成績。

5. **長期追蹤研究**：一個社會科學研究中，追蹤青少年從中學到大學期間的心理健康變化。例如，追蹤青少年在不同階段的憂鬱程度和自尊心變化。

12.4 介面說明

12.4.1 基本介面

A. **重複測量因子（Within-Subjects Factor）**：指在重複測量變異數分析中操控的主要響應變數（獨立變數）。

B. **重複測量細格（Within-Subjects Cells）**：指重複測量因子的不同水平組合。每個細格代表受測者在特定重複測量因子的水平下所接受的測量。透過比較不同重複測量細格的平均數，可以瞭解重複測量因子對於依變數的影響。

C. **受測者間因子（Between-Subjects Factor）**：指在重複測量變異數分析中，除了重複測量因子，有時還會考慮其他獨立變數，如受測者的特徵或特質。這些叫做受測者間因子，它們是用來比較不同組受測者在重複測量因子細格中的表現。

D. **共變數（Covariate）**：在重複測量變異數分析中，可能會有一些連續型變數，可以通過控制或調整來降低變異數，這些變數稱為共變數。共變數的作用在於減少因為其他變數影響而導致的不確定性，從而增加依變數對於重複測量因子的解釋力。

E. **顯示（Display）**：用於指定是否在分析結果中顯示相關結果。

❖ 描述統計數（Descriptives）：指對於各組別的變數數值進行基本統計摘要的指標，通常包括平均數、標準差、樣本大小等。

❖ 效果量估計值（Effect Size Estimates）：用來衡量不同組別之間的平均值差異的大小，它提供了一個量化的方式來評估固定因子對於依變數的影響程度，或者說固定因子解釋變異的程度。

■ η^2 效果量（Eta Squared）：是變異數分析中常見的效果量指標之一，表示組別間變異解釋的比例。η^2 值越大，表示變異數分析中組別間的差異解釋比例越高。

■ η^2 淨效果量（Partial Eta Squared）：是對於樣本大小進行校正的 η^2 效果量。由於樣本大小可能會影響效果量的估計，因此 η^2 淨效果量提供了一個更準確的效果量指標。

■ 一般 η^2 效果量（General Eta Squared）：是一種常用的效果量指標。它用於衡量因素對於變異的解釋程度，包括因子間的變異、因子內的變異以及因子間及因子內交互作用的變異。

- ■ ω^2（Omega Squared）：是另一種效果量指標，是針對樣本大小進行校正的版本，提供了更準確的效果量估計。

- ❖ Vovk-Sellke 最大 p 值比率（Vovk-Sellke maximum p-ratio）：指用於計算觀察到的多個 p 值中的最大值，然後將其與單個假設檢定的顯著性水平進行比較，以控制整體類型 I 錯誤率，確保統計推斷具有一定的保證。（詳細說明請詳閱附錄-3）

12.4.2 模型

用來設定分析中所使用的統計模型和相關參數的介面。

A. **重複測量成分**（Within-Subject Factors）：指定重複測量設計中的因子，也稱為重複測量因子。這些因子是實驗中被測量的變數，它們是受測者內部變化的因素。

B. **受測者間成分**（Between-Subject Factors）：指定重複測量設計中的另一組因子，也稱為受測者間因子。這些因子是實驗中不同受測者之間的變異因素。

C. 均差平方和（Type of Sum of Squares）：用於分析變異數的方法，
用來衡量因素間和因素內的變異成分。

❖ 模型 I （Type I Sum of Squares）：最常見的均差平方和計算方
法，它將不同因子加入模型的順序會影響均差平方和的計算。通常
適用於完全平衡的實驗設計。

❖ 模型 II （Type II Sum of Squares）：此方法會考慮到主效應和交
互效應的解釋順序，不像模型 I 那樣依賴於因子的加入順序。通常
適用於不完全平衡的設計和樣本數不一致的情況。

❖ 模型 III （Type III Sum of Squares）：最保守的均差平方和計算方
法，它通過將某些效應固定在模型中，去除了模型 I 和模型 II 中可
能存在的交互效應的影響。

D. 以多變數模型進行後續分析（Multivariate Tests）：這個選項允許進
行多變數的分析，對於多個依變數進行同時的比較。

12.4.3 檢查統計技術假設

用於檢查進行分析所使用的統計技術是否符合相關的假設。

A. 球型檢定（Sphericity Test）：用於檢查資料是否符合球型假設，即資
料中的變異數在不同時間點或條件下是否相等。在重複測量設計中，
由於同一組受測者在不同時間點或條件下進行多次測量，可能會導致
資料的變異數在不同時間點或條件下不相等，進而影響分析結果。球
型檢定可以檢查資料是否滿足此假設。

B. **球型校正（Sphericity Correction）**：當資料不符合球型假設時，可以進行球型校正來調整分析的結果，以確保統計結果的準確性。

❖ **無（No Correction）**：表示不進行球型校正，直接使用原始數據進行分析。適用於資料符合球型假設的情況。

❖ **Greenhouse-Geisser**：使用 Greenhouse-Geisser 估計球型校正的程度，並根據估計的值來進行分析。適用於資料不完全符合球型假設的情況。

❖ **Huyn-Feldt**：使用 Huynh-Feldt 估計球型校正的程度，並根據估計的值來進行分析。適用於資料不完全符合球型假設的情況。

C. **同質性檢定（Homogeneity Test）**：用於檢查資料是否符合同質性假設，即資料在不同時間點或條件下的變異數是否相等。

12.4.4 比較

用於進行不同組別之間的比較，以進一步了解重複測量變異數分析的結果。

A. **因子（Factors）**：指用來比較不同組別或條件的響應變數。在此介面中，可以選擇一個或多個因子進行分析，並設定比較不同組別的方式。

❖ **無（None）**：這個選項表示不對因子進行分析，即只進行整體模型的檢定。

❖ 離差（Contrasts）：用於設定比較不同組別間離差（差異）的方式，例如對照組比較、全域比較等，這可以針對特定的組別進行更具體的對比。

❖ 簡單（Simple）：用於設定比較不同組別間平均值的方式，例如獨立對照組比較、組內比較等，這是最常見的比較方式。

❖ 差異（Differences）：用於比較不同組別間的差異，通常用於對照組比較，類似於離差。

❖ Helmert：一種特殊的比較方法，用於比較多個組別間的差異。

❖ 重複（Repeated）：用於比較重複組別間的平均值，通常用於對照組比較，類似於簡單。

❖ 多項式（Polynomial）：用於設定多項式比較，通常用於連續性因子。

❖ 自訂（Custom）：用於自定義比較方式，根據研究需求進行分析，較靈活且可針對特定研究問題進行設定。

B. **假設變異數相等（Assume Equal Variances）**：用於設定是否假設不同組別間的變異數相等。通常會對資料進行 Levene's Test 等檢定，以檢查變異數是否相等。這個選項可以讓研究者自行決定是否假設變異數相等，若變異數不相等，可考慮使用 Welch 校正等方法處理。

C. **信賴區間（Confidence Interval）**：指估計統計數據的範圍，表示結果具有一定信賴水準的可信程度，通常設為 95%。（詳細說明請詳閱附錄-1）

12.4.5 事後比較檢定

用於進行多重比較，當在重複測量變異數分析中發現組別之間存在統計學上的差異時，可能會希望進一步比較每個組別之間的差異，以更深入地瞭解不同組別之間的差異。

12

A. **效果量（Effect Size）**：用於顯示不同比較之間的效果大小。

B. **合併 RM 因子的誤差項（Combine RM error terms）**：用於合併重複測量因子的誤差項。在重複測量設計中，可能會有多個重複測量因子，合併這些因子的誤差項可以改進效果量的估計。

C. **校正（Corrections）**：用於進行事後比較的校正，以控制多重比較的錯誤率。當我們進行多個比較時，可能會增加顯著性水平的誤差，因此需要進行校正，以確保整體比較的顯著性水平保持在預設的顯著性水平上。

❖ Holm：是一種逐步進行比較的方法，根據比較的排序依次進行檢定，如果某個比較不顯著，則後續的比較也會被視為不顯著。

❖ Bonferroni：它將整體顯著性水平除以進行的比較數量，從而得到每個單獨比較的顯著性水平，這樣可以保證整體顯著性水平不超過預設的顯著性水平。

❖ Tukey：是一種保護線性比較的方法，對所有可能的兩兩比較進行檢定，並根據分析結果進行校正，確保線性比較的顯著性水平不超過預設的顯著性水平。

❖ Scheffe：是一種保護所有比較的方法，同時對所有比較進行檢定，並根據分析結果進行校正，確保所有比較的顯著性水平不超過預設的顯著性水平。

D. 報表呈現內容（Report Cell Contents）：設定報表中呈現的統計指標。

❖ 信賴區間（Report Cell Contents Confidence Interval）：指估計統計數據的範圍，表示結果具有一定信賴水準的可信程度，通常設為95%。（詳細說明請詳閱附錄-1）

❖ 標準（Report Cell Contents Standard）：用於呈現報表中呈現的標準誤。標準誤是對統計估計量（例如平均值或效應量）的標準差估計，它表示了估計量的可信度。較小的標準誤意味著估計量較精確，較大的標準誤意味著估計量較不精確。

12.4.6 描述統計圖

用於視覺化不同組別間的數據分佈和描述性統計量的圖形。

A. 因子（Factor）：指定要在圖形中呈現的響應變數（因子），即影響結果變數的不同組別。這允許以響應變數的角度來觀察結果變數在不同組別之間的差異。

B. 橫軸（X-axis）：可以設定圖形的橫軸變數，即顯示在圖形底部的變數。這有助於將不同組別對應到適當的位置，使得圖形更加清晰和易讀。

C. 分別畫線（Separate lines）：每個組別的平均數會用線條連接，以便直覺地比較不同組別間的差異。這些連接線可以幫助觀察趨勢和差異的變化。

D. 分別畫圖：（Separate plots）：每個組別的平均數將以單獨的圖形呈現，使得比較更為清晰。這對於組別數量較多的情況下，可以避免圖形的混亂，讓比較更加直覺。

E. 呈現（Show）：用於指定要呈現的資料在圖表中的表現方式。

❖ 顯示錯誤（Display errors）：圖形會呈現平均數的誤差條，以顯示不同組別之間的變異情況。

■ 信賴區間（Confidence intervals）：指估計統計數據的範圍，表示結果具有一定信賴水準的可信程度，通常設為 95%。（詳細說明請詳閱附錄-1）

■ 標準誤（Standard errors）：圖形會呈現平均數的標準誤，用於評估平均數的精確度。標準誤反映了樣本平均數與母體平均數之間的差異，這對於了解結果的準確程度很有幫助。

F. Y 軸標籤：用於指定在 Y 軸上要顯示的資料變數，即要在圖表中呈現的依變數。

G. 將為使用的 RM 因子取平均值：表示在呈現圖表時，RM 因子的資料將取平均值來表示每個受測者，這有助於簡化圖表，特別是當每個受測者有多個測量值時。

12.4.7 雲雨圖

用於比較不同組別間的數據分佈和中心趨勢。

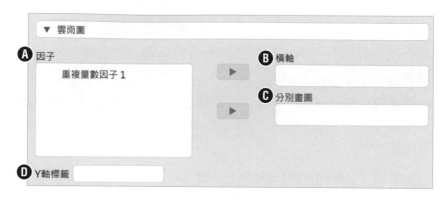

A. **因子（Factor）**：可以指定要在雲雨圖中呈現的響應變數（因子），即影響結果變數的不同組別。

B. **橫軸（X-axis）**：可以設定橫軸變數，即顯示在圖形底部的變數。

C. **分別畫圖（Separate plots）**：每個組別的數據將以單獨的圖形呈現，使得比較更為清晰。

D. **Y 軸標籤（Y-axis）**：指定要顯示在 Y 軸上的資料變數，即依變數。

12.4.8 邊際平均數

用於顯示各組別的平均數和相應的信賴區間。

A. From 拔靴法（From bootstrapping）：使用拔靴法（bootstrapping）來估計邊際平均數的值。拔靴法是一種無母數方法，通過反覆從原始數據中取樣，生成多個樣本，然後計算每個樣本的邊際平均數，最終得到一個邊際平均數的分佈。

B. 將邊際平均數與 0 比較（Test marginal means against zero）：勾選此選項時，將邊際平均數與零進行比較，以檢查組別之間是否存在顯著差異。

❖ 信賴區間調整

■ 無（None）：當將邊際平均數與 0 比較時，不對信賴區間進行調整。

■ Bonferroni：對信賴區間進行 Bonferroni 調整，以控制多重比較的類型 I 錯誤率。

■ Sidak：對信賴區間進行 Sidak 調整，以控制多重比較的類型 I 錯誤率。

12.4.9 簡單主要效果

用於進一步探索單因了變異數分析的結果。當在多因子設計中，且其他因子保持不變時，僅比較一個特定因子在各個水平間的平均值差異。

A. 因子（Factor）：指的是變異數分析的主要自變量（獨立變量），即影響結果變量的操控因子。

B. **簡單效果因子（Simple Effects Factor）**：指在一個因子（主要效果因子）的水平上，另一個因子對結果變量的影響。

C. **調節因子 1（Moderator Factor 1）**：指影響兩個變數之間關係強度或方向的變數。在進行簡單主要效果分析時，可以指定第一個調節因子。以能夠研究在特定調節因子的不同水平下，主要效果因子對結果變量的影響是否存在差異。

D. **調節因子 2（Moderator Factor 2）**：與調節因子 1 類似，透過指定第二個調節因子，使研究者可以考慮多個調節因子對主要效果因子和結果變量之間關係的影響。

E. **合併誤差項（Combine Error Terms）**：在進行簡單主要效果檢定時，研究者可以選擇是否合併誤差項。如果選擇合併，系統會根據簡單主要效果的水準數量將誤差項進行合併，以提高統計效力和減少類型 I 錯誤的可能性。

12.4.10 無母數

用於進行非參數性的單因子變異數分析。

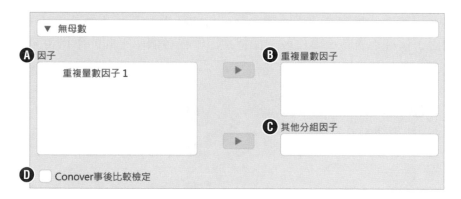

A. **因子（Factor）**：指重複測量變異數分析中設計的獨立變數，可能有兩個或以上的水準。研究者可以在此指定要進行無母數分析的因子。

B. **重複測量因子（Repeated Measures Factor）**：也稱為重複測量因子，指進行重複測量變異數分析的變數。這些變數代表了受測者或樣本在不同時間點或條件下的多次測量。

C. 其他分組因子（Other Grouping Factor）：若有其他分組因子需要考慮，研究者可以在此欄位選擇相應的變數，用於進行多因子的無母數分析。這允許同時考慮多個因子對結果變量的影響。

D. Conover 事後比較檢定（Conover Post Hoc Test）：在完成無母數重複測量變異數分析後，如果要進行事後比較檢定，用戶可以選擇 Conover 方法，用於比較多個水準間的差異。Conover 方法是一種非參數檢定方法，特別適用於小樣本或不符合常態性假設的資料。它允許在進行多重比較時控制類型 I 錯誤的機率，是一種保守的事後檢定方法。

12.5 統計分析實作

本節範例使用了 JASP 學習資料館中 ANOVA 的 Alcohol Attitudes 數據。此數據名為「酒精態度」，受測者看到水、葡萄酒和啤酒的圖像後，對於這些飲料的態度進行評估，並給出了正向、中性和負向三種態度的評分（態度範圍：-100 至 100）。

研究主要目的是研究受測者對不同種類的飲料是否有不同的態度，以及這些態度是否可以通過圖像的效價來操縱。研究者可能想要了解在圖像效價相同的情況下，受測者對於不同飲料的態度是否有顯著差異，或者在相同飲料下不同圖像效價是否會導致不同的態度反應。

數據資料中的變數及說明如下：

- Beerpos：觀看正向圖像後受測者對啤酒的態度。
- beerneg：觀看負向圖像後受測者對啤酒的態度。
- beerneut：觀看中性圖像受測者後對啤酒的態度。
- winepos：觀看正向圖像受測者後對葡萄酒的態度。
- wineneg：觀看負面圖像受測者後對葡萄酒的態度。
- wineneut：觀看中性圖像受測者後對葡萄酒的態度。

- Waterpos：觀看正面圖像受測者後對水的態度。
- Waterneg：觀看負面圖像受測者後對水的態度。
- waterneut：觀看中性圖像後受測者對水的態度。

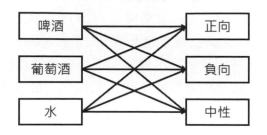

範例實作

STEP **1**　點擊選單 > 開啟 > 學習資料館 > 3.ANOVA > Alcohol Attitudes，使開啟範例的數據樣本。

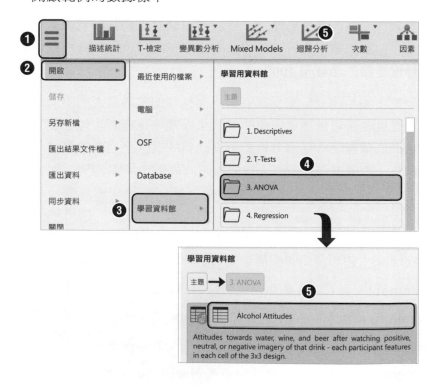

STEP **2**　於上方常用分析模組中點擊「變異數分析 > 重複測量變異數分析」按鈕。

STEP **3**　於右側重複測量因子欄位中進行重新命名，首先依第一組內容（飲料）進行相關命名，如下：

- 重複測量因子 1：酒。
- 水準 1：啤酒。
- 水準 2：酒。
- 水準 3：水。

STEP **4**　經由上述步驟設定完一組分群後，於同欄位中點擊「新因素」以產生新的可設定內容。接續依第二組內容（態度）進行相關命名，如下：

- 重複測量因子 1：態度。
- 水準 1：正向。
- 水準 2：中性。
- 水準 3：負向。

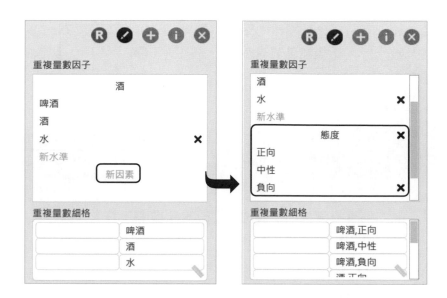

STEP**5**　將左側的 beerpos、beerneg、beerneut 三變數，依照變數本身的涵義分別移至右側重複測量細格欄位中的指定對應格中。

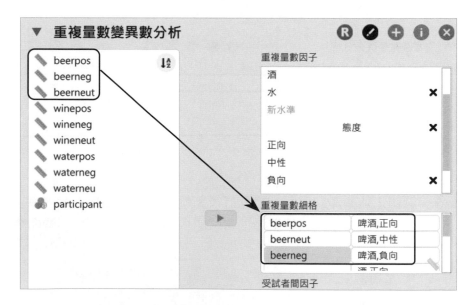

STEP**6** 接續，同 Step5 將 winepos、wineneg、wineneut 三變數移至右側重複測量細格欄位中的指定對應格中。

STEP**7** 最後，同 Step5 將 watepos、wateneg、wateneut 三變數移至右側重複測量細格欄位中的指定對應格中。

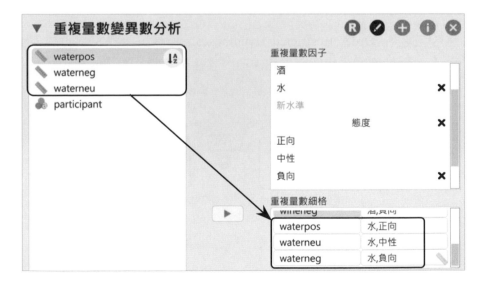

STEP **8**　在顯示標籤中「勾選」描述統計數，使可了解受測者之內的平均差等統計數據內容。

STEP **9**　展開「檢查統計技術假設」標籤，並「勾選」球形檢定選項，使比較信度。

STEP **10**　展開「Order Restricted Hypotheses」標籤，並將左側的酒、態度與酒*態度的分類與交叉相乘項內容移至右側的 Terms 欄位中。

STEP **11** 展開「事後比較檢定」標籤，並將左側的酒、態度與酒*態度的分
類與交叉相乘項內容移至右側欄位中。

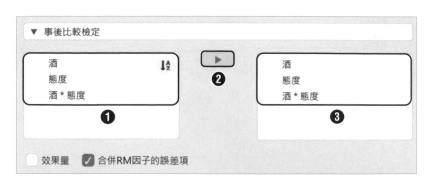

STEP **12** 展開「描述統計圖」標籤，並依需求而將左側的因子移至右側選項
中，設定如下：

- 橫軸：酒。

- 分別畫線：態度。

STEP **13** 展開「簡單主要效果」標籤，依需求而將左側的因子移至右側選項
中，設定如下：

- 簡單效果因子（依變數）：態度。

- 調節因子 1：酒。

實作結論

於右側報表視窗中可獲得重複測量變異數分析的相關結果。在受測者內效果表中得知酒 * 態度欄位的 p 值小於 0.001，故證明不同酒的類型對於態度是具有顯著性的影響效果。因此每一種酒所搭配的受測者會有不同的效果，例如搭配葡萄酒或是搭配啤酒，兩者對於受測者一般印象中是有既定的印象效果。

重複量數變異數分析 ▼

受試者內效果 ▼

個案	離均差平方和	自由度	離均差平方平均值	F	p值
酒	2092.344[a]	2[a]	1046.172[a]	5.106[a]	0.011[a]
Residuals	7785.878	38	204.892		
態度	21628.678[a]	2[a]	10814.339[a]	122.565[a]	< .001[a]
Residuals	3352.878	38	88.234		
酒 * 態度	2624.422	4	656.106	17.155	< .001
Residuals	2906.689	76	38.246		

附註 三類離均差平方和
[a] Mauchly 的球形檢驗擲出資料違反球形假設 (p < .05)。

在描述性統計表中可得知相關統計的數據結果。

Descriptives ▼

Descriptives ▼

酒	態度	樣本數	平均數	標準差	標準誤	Coefficient of variation
啤酒	正向	20	21.050	13.008	2.909	0.618
	中性	20	10.000	10.296	2.302	1.030
	負向	20	4.450	17.304	3.869	3.888
酒	正向	20	25.350	6.738	1.507	0.266
	中性	20	11.650	6.243	1.396	0.536
	負向	20	−12.000	6.181	1.382	−0.515
水	正向	20	17.400	7.074	1.582	0.407
	中性	20	2.350	6.839	1.529	2.910
	負向	20	−9.200	6.802	1.521	−0.739

　　從 Descriptives plots 圖來看，可從三種飲料的凹折點來判斷（該圖為筆者將每種飲料的線條進行延伸後的新圖），當延伸後彼此之間會產生交叉，因此不論是何種飲料，其對於態度是具有正向的影響效果。

Descriptives plots ▼

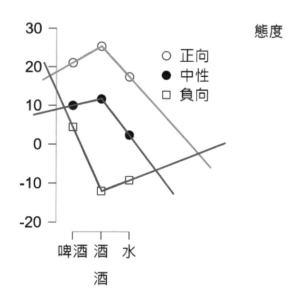

　　在球形檢定部分主要會看 Mauchly's W 檢定的值來以作為解釋變異量，也就是構面的解釋能力。

統計技術假設檢查

球形測試

	Mauchly's W	趨近 X²	自由度	p值	Greenhouse-Geisser ε	Huynh-Feldt ε	下界ε
酒	0.267	23.753	2	< .001	0.577	0.591	0.500
態度	0.662	7.422	2	0.024	0.747	0.797	0.500
酒 ＊ 態度	0.595	9.041	9	0.436	0.798	0.979	0.250

　　在上述的 Descriptives plots 圖階段已得知三者的彼此交叉相乘項對於態度是具有正向的影響效果。因此在事後比較檢定表中，以啤酒、正向為例進行說明，若將啤酒、正向與酒、正向兩者相比，其平均數差異值為 -4.30，此表示受測者面對酒的印象其實是很不好的；若與啤酒、中性相比，其平均數差異值為 11.050，此表示受測者面對啤酒的印象是好的（值為正）。

Post Hoc Comparisons - 酒 ＊ 態度 ▼

		平均數差異	標準誤	t	holm p值
啤酒, 正向	酒, 正向	−4.300	3.063	−1.404	0.825
	水, 正向	3.650	3.063	1.192	0.950
	啤酒, 中性	11.050	2.343	4.716	< .001
	酒, 中性	9.400	3.324	2.828	0.070
	水, 中性	18.700	3.324	5.627	< .001
	啤酒, 負向	16.600	2.343	7.084	< .001
	酒, 負向	33.050	3.324	9.944	< .001
	水, 負向	30.250	3.324	9.102	< .001

　　從簡單主要效果-態度表中得知啤酒對於態度、酒對於態度、水對於態度三者的 p 值均小於 0.001，故三者均有顯著性的正向影響效果。

簡單主要效果 ▼

簡單主要效果 - 態度 ▼

酒水準	離均差平方和	自由度	離均差平方平均值	F	p值
啤酒	2856.433	2	1428.217	17.574	< .001
酒	14280.233	2	7140.117	138.920	< .001
水	7116.433	2	3558.217	110.990	< .001

附註 三類離均差平方和

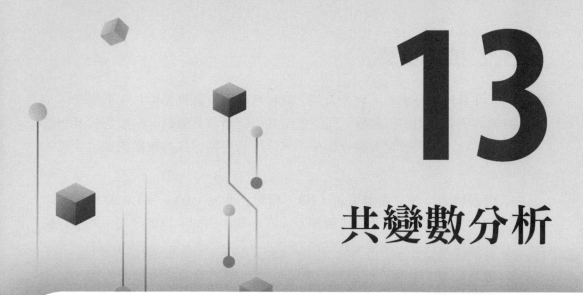

13.1 統計方法簡介

共變數分析（ANCOVA）指用於探討依變數和響應變數之間的關係，同時控制其他變數的影響。它結合了單因子變異數分析和回歸分析的特點，可用於比較兩個或多個組別在依變數上的差異，同時考慮一個或多個響應變數對這些差異的影響。

在進行共變數分析時，有一個連續的依變數（應變數），多個因素變數（響應變數），以及一個或多個控制變數（共變數）。因素變數將母群體分成不同組別，而共變數則是要控制的其他變數。通常，研究者會想要研究因素對依變數的影響，同時消除或減少共變數的影響。與此同時也可檢定其他變數（共變數）對於不同組別的依變數平均數是否有影響。並且可以探討因素之間是否存在交互作用以及個別因素的效果。因此，共變數分析的目的是為了找出因素對依變數的主要影響是否仍然存在，即使在考慮共變數的情況下。

13.2 檢定步驟

在共變數分析中，我們希望了解響應變數（解釋變數）對依變數（感興趣的主要變數）的影響，同時控制其他變量（共變數）的影響。共變數分析結合了單因子變異數分析和回歸分析的特點，故共變數的檢定步驟如下：

1. **假設檢定**：建立虛無假設（H0）和對立假設（H1）。H0 聲稱所有組別的平均值相等，而 H1 聲稱至少有一個組別的平均值不同。將通過統計檢定來評估這兩個假設的成立。

2. **數據收集**：收集不同組別的數據以及一個或多個共變量的數據，這些數據將用於進行分析。

3. **數據準備**：整理數據，建立數據格式，確保數據能夠進行統計分析。

4. **常態分配檢定**：對每個組別和共變量的數據進行常態分配檢定，確保數據符合變異數分析的假設，這是進行統計檢定前的必要步驟。

5. **數據檢視**：繪製數據的分佈圖、盒鬚圖等，進行視覺檢查，確保數據沒有明顯的異常值或錯誤。

6. **進行分析**：計算統計量，包括組間變異數、組內變異數、F 值等，來評估不同組別的平均值是否存在顯著差異。

7. **控制共變量**：需要考慮共變量的影響，因此需要將共變量納入分析模型中，並控制其對結果的影響。

8. **解釋結果**：根據分析結果來解釋是否存在統計上的顯著差異。如果 F 值顯著，表示至少有一個組別的平均值與其他組別有顯著差異，且在考慮共變量的情況下仍然成立。

9. **事後檢定**：如果發現統計上的顯著差異，進行事後檢定來比較不同組別之間的差異。

10. **解釋結果**：根據分析結果和事後檢定的結果，得出最終結論，確定哪些組別之間存在顯著差異，同時考慮並控制共變量的影響，這樣就能更全面地瞭解響應變數對依變數的影響情況。

13.3 使用時機

列舉共變數分析中常見的情境及案例：

1. **控制混合變異數的實驗研究**：一個醫學研究中，比較了兩種治療方法對患者健康狀況的影響。除了治療方法外，患者的年齡和基線健康狀況也可能影響治療效果，因此可以使用共變數分析來控制這些混合變數的影響，確定兩種治療方法之間的差異。

2. **比較多個組別且控制其他變數**：一個市場研究中，比較了不同廣告策略對產品銷量的影響。除了廣告策略外，還有可能有其他變量，如季節性因素和競爭產品的影響，可以使用共變數分析來控制這些變量的影響，確定廣告策略之間是否有顯著差異。

3. **驗證因果關係**：一個健康研究中，研究運動對心血管疾病的影響。除了運動頻率外，個人的飲食習慣和家族病史也可能影響心血管疾病的發生，可以使用共變數分析來控制這些變量的影響，驗證運動對心血管疾病的因果關係。

4. **調節效應的研究**：一個教育研究中，研究家庭背景對學業成績的調節效應。除了家庭背景外，學生的學習動機和學習習慣也可能影響學業成績，可以使用共變數分析來控制這些變量的影響，進一步探討家庭背景對學業成績的調節效應。

5. **研究長期效應**：一個教育研究中，研究幼兒教育對青少年學業成就的長期影響。除了幼兒教育外，青少年的學習動機和家庭環境也可能影響學業成就，可以使用共變數分析來控制這些變量的影響，研究幼兒教育對青少年學業成就的長期效應。

13

13.4 介面說明

13.4.1 基本介面

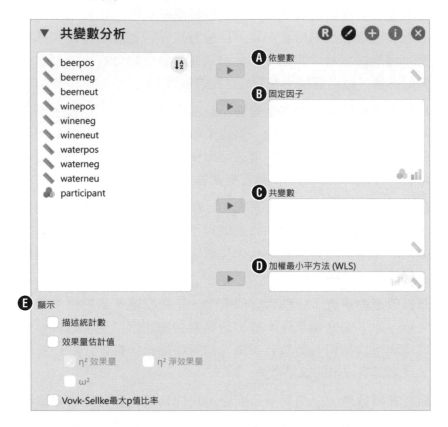

A. **依變數（Dependent Variable）**：指想要研究的主要變數，即要進行比較的連續變數。它是觀察的結果或受測量的變數，而研究的目的就是要了解不同組別對依變數的影響。

B. **固定因子（Fixed Factor）**：是變異數分析中的獨立變數，也稱為「分組變數」。它是用來將研究對象分為不同組別的變數，每個組別代表一個特定的處理或條件。

C. **共變數（Covariate）**：在變異數分析中，可能會有一些連續型變數，可以通過控制或調整來降低變異數，這些變數稱為共變數。

D. 加權最小平方法（WLS）：是變異數分析中的一種分析方法。它是在處理依變數變異不等（heteroscedasticity）的情況下，用於估計模型參數的一種技術。加權最小平方法通常用於處理樣本數據中的非常態分配和方差不齊的情況，以提高分析的準確性和效率。

E. 顯示（Display）：用於指定是否在分析結果中顯示相關結果。

❖ 描述統計數（Descriptives）：指對於各組別的變數數值進行基本統計摘要的指標，通常包括平均數、標準差、樣本大小等。

❖ 效果量估計值（Effect Size Estimates）：用來衡量不同組別之間的平均值差異的大小，它提供了一個量化的方式來評估固定因子對於依變數的影響程度，或者說固定因子解釋變異的程度。

■ η^2 效果量（Eta Squared）：是變異數分析中常見的效果量指標之一，表示組別間變異解釋的比例。η^2 值越大，表示變異數分析中組別間的差異解釋比例越高。

■ η^2 淨效果量（Partial Eta Squared）：是對於樣本大小進行校正的 η^2 效果量。由於樣本大小可能會影響效果量的估計，因此 η^2 淨效果量提供了一個更準確的效果量指標。

■ 一般 η^2 效果量（General Eta Squared）：是一種常用的效果量指標。它用於衡量因素對於變異的解釋程度，包括因子間的變異、因子內的變異以及因子間-因子內交互作用的變異。

■ ω^2（Omega Squared）：是另一種效果量指標，是針對樣本大小進行校正的版本，提供了更準確的效果量估計。

❖ Vovk-Sellke 最大 p 值比率（Vovk-Sellke maximum p-ratio）：指用於計算觀察到的多個 p 值中的最大值，然後將其與單個假設檢定的顯著性水平進行比較，以控制整體類型 I 錯誤率，確保統計推斷具有一定的保證。（詳細說明請詳閱附錄-3）

13.4.2 模型

用於設定和檢視因子變異數分析模型的介面。

A. **成分（Factors）**：指的是想要探討的響應變數或分組變數。這些響應變數可能是類別型的（例如性別、教育程度等）或連續型的（例如年齡、收入等）。

B. **模型設定（Model Specification）**：可根據研究問題和假設，設定不同的模型。可以指定多個依變數（多個相關聯的響應變數）和一個或多個固定因子（影響依變數的預測變數），以及也可設定交互作用（Interaction）項目，以檢查固定因子之間是否存在交互作用效應，即它們的聯合影響是否有額外的影響，進而建立統計模型，並探索它們之間的關係和影響。

C. **均差平方和（Sum of Squares）**：用來解釋因子變數和誤差之間的變異性，包含了因子變數對於依變數的解釋能力。

　❖ **類型 I（Type I Sum of Squares）**：用來解釋不同組別之間的變異性。

　❖ **類型 II（Type II Sum of Squares）**：用來解釋在考慮其他因子變數後，單個因子變數的變異性。

　❖ **類型 III（Type III Sum of Squares）**：在考慮其他因子變數和交互作用後，估計單個因子變數的變異性。

13.4.3 檢查統計技術假設

用於檢查進行分析所使用的統計技術是否符合相關的假設。

A. **同質性考驗（Homogeneity Test）**：指不同組別的變異數是否相同。同質性考驗的目的是檢查各組別之間的變異數是否類似。當不符合同質性假設時，可能會影響結果的準確性，需要採取適當的修正。

B. **殘差 Q-Q 圖（Residual Q-Q Plot）**：在檢查統計技術假設時，通過殘差 Q-Q 圖可以評估模型的殘差（residuals）是否符合常態分佈。殘差是指實際觀測值與預測值之間的差異，而 Q-Q 圖是一種圖形工具，用於比較殘差的分佈與常態分佈之間的差異。

13.4.4 比較

用於進行多組間比較的工具。當進行變異數分析後，若結果顯示至少有兩個組別之間存在顯著差異，研究者可以使用此介面進一步比較不同組別之間的差異，進一步探索各組別間的特殊關係。

A. **因子（Factor）**：可指定某個因子水準作為參考組，然後與其他因子水準進行比較。

B. **信賴區間（Confidence Interval）**：指估計統計數據的範圍，表示結果具有一定信賴水準的可信程度，通常設為 95%。（詳細說明請詳閱附錄-1）

13.4.5 事後比較檢定

　　用於進行多重比較的工具，當因子變異數分析的結果顯示至少有兩個組別之間存在顯著差異時，研究者可以使用事後比較檢定進一步比較不同組別間的差異，找出具體哪些組別之間存在顯著差異。

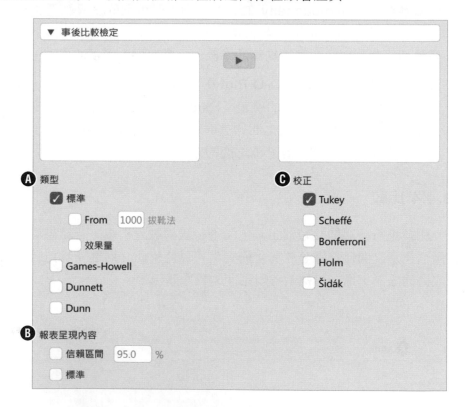

A. **類型（Type）**：用於選擇所要使用的事後比較方法的類型。

　　❖ 標準（Standard）：用於選擇是否要對事後比較進行校正。多重比較會增加整體額外誤差的可能性，所以校正是為了修正這些額外誤差，提供更可靠的結果。

- From 拔靴法：是一種非參數化的事後比較方法，特別適用於處理樣本數不等或非常態分配的情況。它使用拔靴法來生成多個樣本，並對這些樣本進行比較，以得出組別間的差異。（詳細說明請詳閱附錄-2）

- 效果量（Effect Size）：用於選擇計算效果量的方法，效果量用於評估組別間的差異程度。

❖ Games-Howell：是一種非參數化的事後比較方法，適用於樣本數不等的情況下進行校正。它考慮了組別間的變異數差異，提供更保守的結果。

❖ Dunnett：是一種多重比較方法，適用於對照組和其他組別進行比較。它的目的是檢測其他組別相對於對照組的差異，而不是對所有組別進行兩兩比較。

❖ Dunn：是一種非參數化的事後比較方法，適用於小樣本和非常態分配的情況。它使用兩兩比較的中位數差異來檢測組別間的差異。

B. **報表呈現內容**：使可以清楚地了解不同組別間的比較結果。

❖ 信賴區間（Confidence intervals）：指估計統計數據的範圍，表示結果具有一定信賴水準的可信程度，通常設為 95%。（詳細說明請詳閱附錄-1）

❖ 標準：指進行多重比較時所使用的校正方法。

C. **校正（Correction）**：用於選擇是否要對進行多重比較的結果進行校正，以降低多重比較所帶來的額外誤差。在變異數分析中，多重比較可能增加額外誤差的風險，透過校正方法確保在進行多重比較時仍能保持統計顯著性的控制，避免因多次比較而產生虛假的結果。

❖ Tukey：也稱為 Tukey's HSD，是一種廣泛使用的多重比較校正方法，適用於等樣本數的組別，用於比較所有組別之間的平均值差異，提供保守但有效的結果。

❖ Scheffe：是一種保守的多重比較校正方法，適用於樣本數不等的情況下進行校正，考慮了組別間的變異數差異，提供更保守的結果。

❖ Bonferroni：是一種嚴格的多重比較校正方法，將顯著性水準除以進行比較的所有組合數量，提供非常保守的結果，適用於控制多重比較的類型 I 錯誤。

❖ Holm：是一種控制多重比較的類型 I 錯誤的方法，依次調整每個比較的顯著性水準，以確保在控制整體類型 I 錯誤的前提下，獲得最大的統計功效。

❖ Sidak：是一種控制多重比較的類型 I 錯誤的方法，提供比 Bonferroni 更有效的校正方法，通常用於對少數比較進行校正。

13.4.6 描述統計圖

用於視覺化不同組別間的數據分佈和描述性統計量的圖形。

A. **因子（Factor）**：指定要在圖形中呈現的響應變數（因子），即影響結果變數的不同組別。這允許以響應變數的角度來觀察結果變數在不同組別之間的差異。

B. **橫軸（X-axis）**：可以設定圖形的橫軸變數，即顯示在圖形底部的變數。這有助於將不同組別對應到適當的位置，使得圖形更加清晰和易讀。

C. 分別畫線（Separate lines）：每個組別的平均數會用線條連接，以便直覺地比較不同組別間的差異。這些連接線可以幫助觀察趨勢和差異的變化。

D. 分別畫圖（Separate plots）：每個組別的平均數將以單獨的圖形呈現，使得比較更為清晰。這對於組別數量較多的情況下，可以避免圖形的混亂，讓比較更加直覺。

E. 呈現（Show）：用於指定要呈現的資料在圖表中的表現方式。

❖ 顯示錯誤（Display errors）：圖形會呈現平均數的誤差條，以顯示不同組別之間的變異情況。

■ 信賴區間（Confidence intervals）：指估計統計數據的範圍，表示結果具有一定信賴水準的可信程度，通常設為 95%。（詳細說明請詳閱附錄-1）

■ 標準誤（Standard errors）：圖形會呈現平均數的標準誤，用於評估平均數的精確度。標準誤反映了樣本平均數與母體平均數之間的差異，這對於了解結果的準確程度很有幫助。

13.4.7 雲雨圖

用於比較不同組別間的數據分佈和中心趨勢。

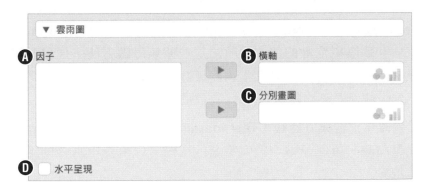

A. 因子（Factor）：可以指定要在雲雨圖中呈現的響應變數（因子），即影響結果變數的不同組別。

B. 橫軸（X-axis）：可以設定雲雨圖的橫軸變數，即顯示在圖形底部的變數。

C. 分別畫圖（Separate plots）：每個組別的數據將以單獨的圖形呈現，使得比較更為清晰。

D. 水平呈現（Horizontal presentation）：圖形將以水平方向呈現，使得觀察不同組別之間的差異更容易。

13.4.8 邊際平均數

用於顯示各組別的平均數和相應的信賴區間。

A. From 拔靴法（From bootstrapping）：使用拔靴法（bootstrapping）來估計邊際平均數的值。拔靴法是一種無母數方法，通過反覆從原始數據中取樣，生成多個樣本，然後計算每個樣本的邊際平均數，最終得到一個邊際平均數的分佈。（詳細說明請詳閱附錄-2）

B. 將邊際平均數與 0 比較（Test marginal means against zero）：勾選此選項時，將邊際平均數與零進行比較，以檢查組別之間是否存在顯著差異。

❖ 信賴區間調整

■ 無（None）：當將邊際平均數與 0 比較時，不對信賴區間進行調整。

- Bonferroni：對信賴區間進行 Bonferroni 調整，以控制多重比較的類型 I 錯誤率。

- Sidak：對信賴區間進行 Sidak 調整，以控制多重比較的類型 I 錯誤率。

13.4.9 簡單主要效果

用於進一步探索變異數分析的結果。當在多因子設計中，且其他因子保持不變時，僅比較一個特定因子在各個水平間的平均值差異。

A. 因子（Factor）：指的是變異數分析的主要自變量（獨立變量），即影響結果變量的操控因子。

B. 簡單效果因子（Simple effect factor）：指在一個因子（主要效果因子）的水平上，另一個因子對結果變量的影響。

C. 調節因子 1（Moderator Moderator 1）：指影響兩個變數之間關係強度或方向的變數。在進行簡單主要效果分析時，可以指定第一個調節因子。以能夠研究在特定調節因子的不同水平下，主要效果因子對結果變量的影響是否存在差異。

D. 調節因子 2（Moderator Moderator 2）：與調節因子 1 類似，透過指定第二個調節因子，使研究者可以考慮多個調節因子對主要效果因子和結果變量之間關係的影響。

13.4.10 無母數

用於進行非參數性的單因子變異數分析。

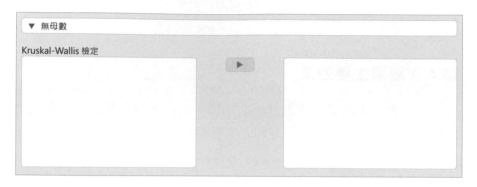

❖ Kruskal-Wallis 檢定：是一種非參數統計方法，用於比較三個或三個以上獨立樣本的中位數是否相等。它是一種替代性方法，當數據不滿足常態性或方差齊性的假設時，無法使用傳統的變異數分析。具體來說，Kruskal-Wallis 檢定針對單一因子（主要效果因子）的各個水平進行非參數性的比較。將該因子的每個水平視為一個獨立的組，然後使用 Kruskal-Wallis 檢定來檢查這些組之間是否存在中位數的差異。

13.5 統計分析實作

本節範例使用了 JASP 學習資料館中 ANOVA 的 Viagra 數據。此數據名為「威而鋼」，提供了男性在服用不同劑量威而鋼後的性欲（以及他們伴侶的性欲）。

研究目的有兩個主要方面：

1. 比較不同威而鋼藥劑量組別之間的性欲平均水平是否有顯著差異。

2. 探討參與者的性欲和其伴侶的性欲之間是否存在相關性。

數據資料中的變數及說明如下：

- dose：不同威而鋼藥劑量的水平，為 Placebo（安慰劑）- 編號 1、Low Dose（低劑量）- 編號 2、High Dose（高劑量）- 編號 3，共計三種。
- lidibo：參與者在一周內量測的性欲水平。
- Partner Libido：參與者伴侶在一周內量測的性欲水平。

範例實作

13

STEP **1**　點擊選單 > 開啟 > 學習資料館 > 3.ANOVA > Viagra，使開啟範例的數據樣本。

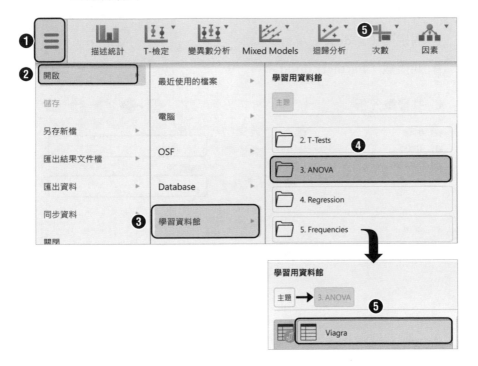

STEP **2**　於上方常用分析模組中點擊「變異數分析 > 共變數分析」按鈕。

STEP **3**　依此範例研究目的，將左側的指定變數移至右側欄位中，設定如下：

- 依變數：libido。
- 固定因子：dose。
- 共變數：PartnerLibido。

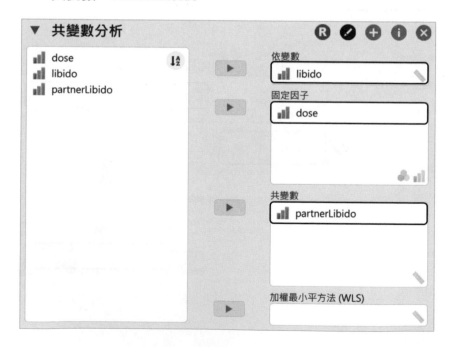

STEP **4**　在顯示標籤中需「勾選」的項目如下：

■ 描述統計數。

■ 效果量估計值以及η^2效果量、η^2淨效果量。

13

STEP **5**　展開「檢查統計技術假設」頁籤，「勾選」同質性考驗、殘差 Q-Q 圖。

STEP **6**　展開「比較」頁籤，並將比較因子指定為「簡單」。

STEP **7**　展開「事後比較檢定」標籤，需「勾選」與「取消勾選」項目如下：

■ 勾選：類型項目中的效果量，以及校正項目中的 Scheffe。

■ 取消勾選：校正項目中的 Tukey。

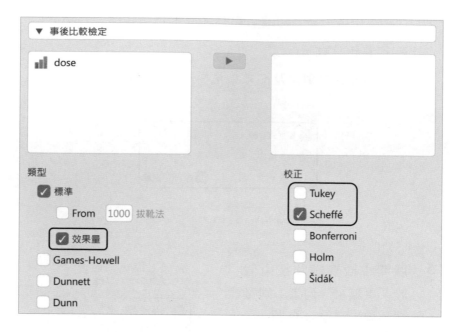

STEP**8**　展開「描述統計圖」頁籤，將 dose 變數拖曳至右側的橫軸欄位中。

STEP**9**　接續，於呈現項目中，「勾選」顯示錯誤以及信賴區間 95%兩選項。

實作結論

於右側報表視窗中可獲得共變數分析的相關結果。在受共變數分析表中得知 dose 不同的劑量對於 libido 男性的性欲是否產生影響，其 p 值為 0.027（小於 0.05），故具有顯著性影響，另，Partner Libido 女性的性欲對於 libido 男性，其 p 值為 0.035（小於 0.05），也具有顯著性影響。因此，不論響應變數或共變數對於依變數（男性性慾）均有顯著性的影響。

共變數分析 ▼

共變數分析 - libido

個案	離均差平方和	自由度	離均差平方平均值	F	p值	η²	η²ₚ
dose	25.185	2	12.593	4.142	0.027	0.227	0.242
partnerLibido	15.076	1	15.076	4.959	0.035	0.136	0.160
Residuals	79.047	26	3.040				

附註 三類離均差平方和

在描述性統計部分，以威而鋼的劑量數量來做為描述性統計。

Descriptives ▼

描述統計 - libido ▼

dose	樣本數	平均數	標準差	標準誤	Coefficient of variation
1	9	3.222	1.787	0.596	0.555
2	8	4.875	1.458	0.515	0.299
3	13	4.846	2.115	0.587	0.436

從描述性統計圖中可明顯得知 2（Low Dose（低劑量））與 3（High Dose（高劑量））都會影響到男性的性欲。

Descriptives plots

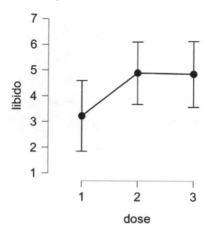

在 Levene 變異數同質檢定表中得知該 p 值為 0.019（小於 0.05），表示具有顯著性的影響效果。也就是說彼此間具有異質性（藥劑量與男女性之間是完全不同的東西），故才可進行同質性檢定分析。

統計技術假設檢查 ▼

(Levene)變異數同質檢定 ▼

F	自由度1	自由度2	p值
4.618	2.000	27.000	0.019

在 Simple Contrast-dose 表中可得知 2（Low Dose（低劑量））的數量對於 1（Placebo（安慰劑）），其 p 值為 0.045（小於 0.05），故具有顯著性的差異，表示兩者是完全不一樣的東西；另 3（High Dose（高劑量））的數量對於 1（Placebo（安慰劑）），其 p 值 0.10（小於 0.05），也具有顯著性的差異。從兩欄位可證明兩者是完全不一樣的東西。

比較表

Simple Contrast - dose

Comparison	估計	標準誤	自由度	t	p值
2 - 1	1.786	0.849	26	2.102	0.045
3 - 1	2.225	0.803	26	2.771	0.010

14

多變量變異數分析
（MANOVA）

14.1 統計方法簡介

多變量變異數分析（Multivariate Analysis of Variance，簡稱 MANOVA）用於比較兩個或多個組別在多個連續型依變數上的平均值是否有顯著差異。MANOVA 可以視為單變量變異數分析（ANOVA）的擴展，而 ANOVA 只能檢驗單個依變數的差異。

在 MANOVA 中，依變數通常是相關聯的，這意味著它們之間存在一定的關係。相比之下，ANOVA 中的依變數通常是獨立的，彼此之間沒有關聯。因此，MANOVA 更適合應用於多個相關的依變數。

14.2 檢定步驟

MANOVA 的目標是確定組別變量（響應變數）是否對多個依變數產生統計上的顯著影響。在進行 MANOVA 時，首先須檢驗組別變量對所有依變數的聯合影響是否存在統計上的顯著性，其多變量變異數分析的基本假設包括：

1. **樣本獨立性**：不同組別之間的樣本是獨立抽樣的。

2. **多變量常態性**：不同組別之間的多個變數在母體層面上是多變量常態分配的。

3. **多變量同質性**：不同組別之間的多個變數在母體層面上的變異數是相等的。

4. **無完全共線性**：多個響應變數之間不存在完全共線性，即它們不是完全線性相關的。

　　待 MANOVA 結果顯示組別變量對於依變數集合存在顯著影響，才可以進一步進行後續分析以確定哪些依變數在不同組別間存在顯著差異，故多變量變異數分析的檢定步驟如下：

1. **假設檢定**：建立兩個對立的假設，即虛無假設（H0）和對立假設（H1）。H0 聲稱所有組別在所有依變數上的平均值相等，而 H1 聲稱至少有一個組別在至少一個依變數上的平均值不同。通過統計檢定，我們評估這兩個假設的真實性。

2. **數據收集**：收集不同組別的數據以及多個依變數的數據。

3. **數據準備**：整理數據，建立數據格式，確保數據能夠進行分析。

4. **常態性檢驗**：對每個組別和依變數的數據進行常態分配檢定，確保數據符合多變量變異數分析的假設，此為確保統計結果準確性的一個重要步驟。

5. **數據檢視**：透過繪製數據的分佈圖、箱型圖等方式，對數據進行視覺檢查，確保數據沒有明顯的異常值或錯誤，這有助於了解數據的特徵。

6. **進行分析**：計算統計量，包括組間變異數、組內變異數、Wilk's Lambda 等。這些統計量將幫助評估不同組別之間是否存在統計上的顯著差異。

7. **解釋結果**：根據分析的結果來解釋是否存在統計上的顯著差異。Wilk's Lambda 值越接近 1，表示組別之間的平均值越相似；越接近 0，表示組別之間的平均值越不相似。

8. **事後檢定**：如果發現統計上的顯著差異，進行事後檢定來比較不同組別之間的差異。事後檢定方法有助於確定哪些組別之間存在顯著差異，以獲得更詳細的結果。

9. **解釋結果**：根據分析的結果和事後檢定的結果，得出最終結論，確定哪些組別之間在哪些依變數上存在顯著差異。

14.3 使用時機

列舉多變量變異數分析（**MANOVA**）中常見的情境及案例：

1. **教育研究**：研究者想了解私立學校和公立學校的學生在數學、語文和科學成績上是否有顯著差異，以確定學校類型是否對學業成績產生影響。

2. **醫學研究**：研究者希望評估不同抗生素治療對感染患者的體溫、白血球計數和血壓等多個生理指標是否有顯著影響。

3. **社會學研究**：研究者想探究不同年齡組別的人在幸福感、社會支持和人際關係等多個心理特徵上是否有顯著差異。

4. **市場研究**：研究者希望瞭解不同年齡和收入組別的消費者在購買量、消費喜好和品牌忠誠度等多個消費行為上是否有顯著差異。

5. **環境科學研究**：研究者想比較城市和農村地區在空氣品質、水質和土壤污染等多個環境指標上是否有顯著差異。

14.4 介面說明

14.4.1 基本介紹

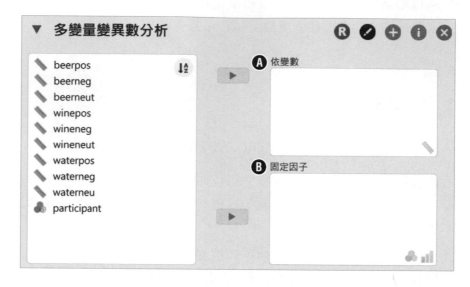

A. **依變數**（Dependent Variables）：指想要比較的多個相關的連續變數。依變數也可以稱為「依變量」或「反應變數」，它們是你想要衡量和比較的主要變數。

B. **固定因子**（Fixed Factors）：指想要比較的組別變數。固定因子通常是類別型變數，代表不同的組別或處理條件。

14.4.2 模型

用於設定和檢視多變量變異數分析模型的介面。

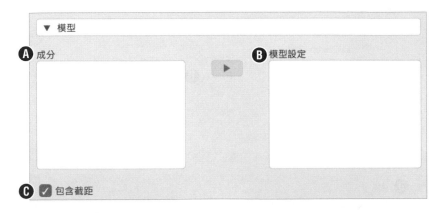

A. **成分（Factors）**：指的是想要探討的響應變數或分組變數。這些響應變數可能是類別型的（例如性別、教育程度等）或連續型的（例如年齡、收入等）。

B. **模型設定（Model Specification）**：可根據研究問題和假設，設定不同的模型。可以指定多個依變數（多個相關聯的響應變數）和一個或多個固定因子（影響依變數的預測變數），以及也可設定交互作用（Interaction）項目，以檢查固定因子之間是否存在交互作用效應，即它們的聯合影響是否有額外的影響，進而建立統計模型，並探索它們之間的關係和影響。

C. **包含截距（Include Intercept）**：截距是在 MANOVA 模型中的一個預設項目，表示在所有條件都為零（或參考類別）時，預測的依變數的平均值，在解釋和比較不同組別之間的效應時起到重要的作用。

14.4.3 其他設定

提供了一些進階的設定選項，這些選項可以影響多變量變異數分析的結果和顯示。

A. 考驗（Test Statistic）：用來評估固定因子對於多個相關聯的響應變數之間是否存在統計上的顯著差異。

❖ Pillai：Pillai's trace 是常用的考驗方法之一，它是一個綜合考量多個響應變數的檢定統計量。Pillai's trace 的值介於 0 和 1 之間，越接近 1 表示固定因子對於多個響應變數的影響越顯著。

❖ Wilks：Wilks' lambda 是另一種常用的考驗方法，它也是用來評估多個響應變數的綜合檢定統計量。Wilks' lambda 的值介於 0 和 1 之間，越接近 0 表示固定因子對於多個響應變數的影響越顯著。

❖ Hotelling-Lawely：Hotelling-Lawley trace 是一個考量多個響應變數的線性組合的檢定統計量。它的值越大表示固定因子對於多個響應變數的影響越顯著。

❖ Roy：Roy's greatest root 是一個考量最大特徵根值的檢定統計量。它評估固定因子對於多個響應變數的聯合影響。

B. 呈現（Display）：允許選擇是否顯示 MANOVA 的結果。

❖ 變異數分析表（ANOVA table）：它提供了固定因子的效應和統計顯著性的相關訊息。此表格會顯示固定因子的效應大小（Effect Size）、自由度（Degrees of Freedom）、均方（Mean Square）、F 值（F Value）和 p 值（p-value）。F 值（用來評估固定因子的效應是否統計上顯著，越大表示固定因子對於響應變數的影響越大）和 p 值（< 0.05）兩者用來評估固定因子對於多個響應變數的影響是否統計上顯著。

❖ Vovk-Sellke 最大 p 值比率（Vovk-Sellke maximum p ratio）：指用於計算觀察到的多個 p 值中的最大值，然後將其與單個假設檢定的顯著性水平進行比較，以控制整體類型 I 錯誤率，確保統計推斷具有一定的保證。（詳細說明請詳閱附錄-3）

C. **檢查統計技術假設（Check Assumptions for Statistical Techniques）**：允許對 MANOVA 進行統計技術假設的檢查。

❖ 共變數矩陣同質性（Homogeneity of Covariance Matrices）：指用於檢查 MANOVA 中多個響應變數的共變數矩陣是否相同。如果響應變數的共變數矩陣不同，可能會影響 MANOVA 的結果和解釋。勾選了此選項後，JASP 會進行 Levene 檢驗等統計檢定，以評估共變數矩陣的同質性。

❖ 多變量常態分配（Multivariate Normality）：指用於檢查 MANOVA 中多個響應變數是否呈現多變量常態分配。多變量常態分配假設要求響應變數的數據呈現常態分配，並且響應變數之間的組合也呈現常態分配。勾選了此選項後，JASP 會進行多變量常態性檢驗，例如多變量 Shapiro-Wilk 檢驗等，以評估響應變數是否滿足多變量常態分配假設。

14

14.5 統計分析實作

本節範例引用了 JASP 學習資料館中 ANOVA 的 Tooth Growth 數據。此數據名為「牙齒生長」，提供了 60 隻豚鼠的成牙本質細胞（負責牙齒生長的 sllec）的長度。在這個研究中，每隻豚鼠在每天均會接受三種不同劑量的維生素 C 中的其中一種（0.5 毫克/天、1 毫克/天和 2 毫克/天），並且還會使用兩種不同的補充劑之一，以計算牙齒的成長率。

在此數據中，筆者手動增加了名為「bite（咬合力）」的變數及內容，以便同時計算咬合力。

此研究目的為主要評估虛無假設的充分性，也就是證明以下兩點：（1）補充劑類型和（2）維生素 C 劑量，均不會影響牙齒本質細胞的長度以及咬合力。

數據資料中的變數及說明如下：

- len：成牙本質細胞的長度。
- supp：補充劑類型（OJ = 橙汁，VC = 抗壞血酸）。
- dose：維生素 C 的劑量（500 = 0.5 毫克/天，1000 = 1 毫克/天，2000 = 2 毫克/天）。
- bite：咬合磅數。

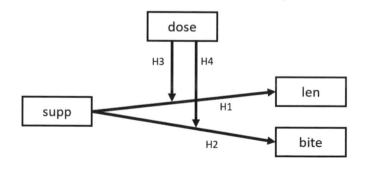

範例實作

STEP**1** 點擊選單 > 開啟 > 電腦 > 瀏覽本機檔案 > Tooth Growth.csv，使開啟範例的數據樣本。

■ 檔案路徑：ch14 > Tooth Growth.csv

STEP**2** 於上方常用分析模組中點擊「變異數分析 > 多變量變異數分析」按鈕。

STEP **3**　由於本範例的 bite 變數屬於連續名目，因此在數據視窗中需先點擊 bite 標題旁的次序圖示，並重新選擇為「連續」名目。

STEP **4**　將左側的 len 與 bite 兩變數移至右側的依變數欄位中；左側的 supp 與 dose 兩變數則移至右側的固定因子欄位中。

STEP **5**　展開「其他設定」頁籤，須勾選的項目如下：

■ 檢查統計技術假設：共變數矩陣同質性、多變量常態分配。

■ 呈現：變異數分析表。

14

實作結論

於右側報表視窗中可獲得多變量變異數分析的相關結果。在 MANOVA：Pillai Test 表中可得知 dose 與 supp 兩響應變數的 p 值均小於 0.05，表示兩者也具有顯著性的影響效果，與此也證明兩者相乘後勢必對於牙齒成長與咬合力會有正向且顯著性的效果。

另得知 dose 與 supp 兩者交叉相乘後的 p 值為 0.036（小於 0.05），也證明具有顯著性的影響效果。因此，抗壞血酸及橙汁及試劑交互作用對於牙體成長及咬合具有顯著影響效果。

多變量變異數分析 ▼

MANOVA: Pillai Test ▼

Cases	df	Approx. F	Trace$_{Pillai}$	Num df	Den df	p
(Intercept)	1	1060.565	0.976	2	53.000	< .001
supp	1	7.669	0.224	2	53.000	0.001
dose	2	23.725	0.935	4	108.000	< .001
supp ∗ dose	2	2.666	0.180	4	108.000	0.036
Residuals	54					

在 ANOVA：len 表中得知 dose 與 supp 兩者交叉相乘後的 p 值為 0.022（小於 0.05），證明具有顯著性的影響效果；因此，dose 與 supp 兩者交互作用對於牙體成長具有顯著影響。

但在 ANOVA：bite 表中，dose 對於咬合力 p 為 0.01 對於咬合力具有顯著影響，supp 對於咬合力 p 為 0.550（小於 0.05），不具有顯著影響。dose 與 supp 兩者交互作用後的 p 值為 0.284（未小於 0.05），故對於咬合力不會有顯著性的影響效果。也就是說，不論何種藥劑與維生素 C 的劑量，對咬合力均不會有明顯影響。

變異數分析 ▼

ANOVA: len ▼

Cases	Sum of Squares	df	Mean Square	F	p
(Intercept)	21236.491	1	21236.491	1610.393	< .001
supp	205.350	1	205.350	15.572	< .001
dose	2426.434	2	1213.217	92.000	< .001
supp * dose	108.319	2	54.160	4.107	0.022
Residuals	712.106	54	13.187		

ANOVA: bite

Cases	Sum of Squares	df	Mean Square	F	p
(Intercept)	874.017	1	874.017	386.543	< .001
supp	0.817	1	0.817	0.361	0.550
dose	34.233	2	17.117	7.570	0.001
supp * dose	5.833	2	2.917	1.290	0.284
Residuals	122.100	54	2.261		

在 Box's M-test for Homogeneity of Covariance Matrices 表中其 p 值為 0.463（未小於 0.05），表示說牙齒的成長速度對咬合力並未有顯著性的差異，故不會在對牙齒成長與咬合力進行區分。

統計技術假設檢查 ▼

Box's M-test for Homogeneity of Covariance Matrices ▼

χ^2	df	p
14.836	15	0.463

15.1 統計方法簡介

主成分分析（Principal Component Analysis，PCA）不是直接尋找潛在的共變數（即潛在因素），而是通過對原始變數進行線性轉換，得到一組新的不相關的主成分。這些主成分是原始變數的線性組合，它們被選擇為使得它們能夠解釋原始變數的大部分變異性。

因此其目的是將高維度的數據轉換為低維度的表示，同時保留盡可能多的數據變異性。這些主成分是按照解釋原始變數的變異性從高到低排列的，因此，前幾個主成分通常能夠解釋原始變數絕大部分的變異性，而後面的主成分則包含著較少的變異性。

15.2 檢定步驟

主成分分析產生的主成分是互相獨立的，這意味著它們之間沒有共變異性。在主成分分析中，並不關心變數之間的相關性，而是尋找最能夠解釋原始變數變異性的主成分，故主成分分析的檢定步驟如下：

1. **數據標準化**：對原始資料進行標準化處理，以確保不同變數具有相同的尺度。這樣做可以避免因為變數的不同尺度而對主成分分析的結果產生影響。

2. **共變異數矩陣或相關矩陣**：將標準化後的數據計算成協方差矩陣（如果特徵變數為連續型）或相關矩陣（如果特徵變數為類別型或順序型）。這個步驟揭示了變數之間的相互關係，即它們是否呈現正向或負向相關。

3. **計算特徵值和特徵向量**：對協方差矩陣或相關矩陣進行特徵值分解或奇異值分解，得到特徵值和特徵向量。特徵值代表每個主成分所解釋的變異量，特徵向量則是主成分的方向。

4. **特徵值排序**：將特徵值按照大小進行排序，通常按照特徵值的遞減順序排列。藉此，可以知道哪些主成分解釋了最多的變異性。

5. **選擇主成分**：根據特徵值排序的結果，選擇要保留的主成分數量。通常會選擇特徵值大於 1 或根據 Kaiser 準則（保留特徵值大於 1 的主成分）進行選擇。

6. **計算主成分**：將原始資料投影到所選擇的主成分上，得到新的主成分得分。這些得分是新的變數，可以用來代表原始資料。

7. **解釋變異**：計算每個主成分所解釋的變異量，以評估主成分對原始資料變異的貢獻。特徵值越大，表明對應的主成分保留了更多的數據變異量。

8. **視覺化和分析**：對降階後的數據進行視覺化和分析，以便更好地理解數據的結構和特徵。這些降階後的主成分可以幫助簡化數據，發現潛在的模式或者群組，從而更好地理解數據的內在結構。

15.3 使用時機

列舉主成分分析中常見的情境及案例：

1. **特徵提取與數據壓縮**：圖像處理。將圖像轉換為主成分，用於圖像壓縮，例如將高解析度圖像轉換為低解析度來節省存儲空間。

2. **偵測共線性和降低多重共線性**：經濟學。在經濟學中，使用 PCA 可以降低多個相關經濟指標之間的共線性，從而更好地進行經濟模型分析。

3. **數據視覺化**：社會科學。在調查研究中，使用 PCA 可以將多變量的問卷調查數據轉換為主成分，以便在二維或三維空間中進行視覺化展示。

4. **噪音過濾和數據清理**：地球科學。在地球科學中，使用 PCA 可以過濾掉噪音，從而更好地理解地球氣候變化模式。

5. **特徵選擇與降階**：機器學習。在機器學習中，使用 PCA 可以將高維度的特徵轉換為低維度的主成分，從而降低計算成本並提高模型性能。

15.4 介面說明

15.4.1 基本介面

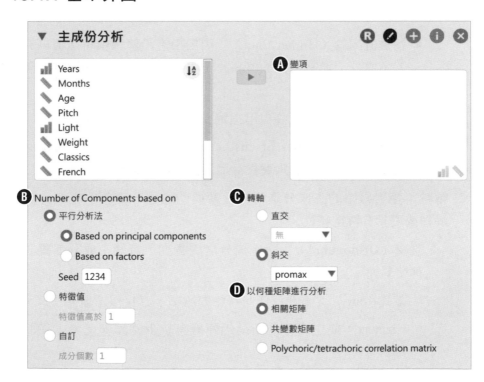

A. 變項（Variables）：指在主成分分析中使用的原始變數。

B. Number of Components based on（基於成分數）：用於指定選擇主成分數量的標準。可以基於特徵值或解釋的變異量來選擇主成分的數量。

❖ 平行分析法（Parallel Analysis）：是一種用於決定保留主成分數量的統計方法，它通過比較實際數據和隨機數據的特徵值來確定主成分的數量。

■ Based on principal（基於主要成分）：用於指定在平行分析法中使用主要成分的特徵值來決定主成分的數量。

■ Based on factors（基於因子）：指定在平行分析法中使用因子的特徵值來決定主成分的數量。

■ Seed：指平行分析法中用於生成隨機數據的種子值。

❖ 特徵值（Eigenvalues）：表示每個主成分所解釋的變異量大小。特徵值越大，意味著相應主成分解釋的變異量越多。

■ 特徵值高於（Higher than）：用於指定希望保留特徵值高於多少的主成分。通常，特徵值高於 1 表示保留那些能夠解釋大部分變異性的主成分。

❖ 自訂（Custom）：允許自己指定要保留的主成分數量。

■ 成分個數（Number of custom components）：輸入希望保留的主成分數量，使能夠更靈活地選擇主成分的數量。

C. 轉軸：指對原始的主成分進行線性轉換的過程，使新的主成分更容易解釋或更具有特定特性。

❖ 直交（Orthogonal）：指主成分之間獨立，每個主成分都獨立地解釋變異性。

■ 無（None）：不進行任何轉軸的選項，直接保留原始主成分。

■ varimax：使主成分的負荷矩陣擁有較少的非零元素，從而更容易解釋。

- quartimax：旨在將每個主成分的因子負荷量平方均值最大化，從而產生較少的主成分，但它們的負荷值更集中。

- bentlerT：使用了一個特定的目標函數，以最小化轉軸後的負荷矩陣與原始負荷矩陣之間的差異。

- equamax：用於旋轉後的主成分之間相互獨立的情況。

- geominT：結合了直交和斜交特性的轉軸方法，它在某些情況下可能比其他轉軸方法更適用。

❖ 斜交（Oblique）：指在轉軸過程中允許新的主成分之間存在一定交互作用，其目的是使得新的主成分更容易解釋並更符合數據的實際特徵。

- promax：它通常用於多變量分析中，將主成分之間的相關性最大化。

- oblimin：它在斜交的 promax 方法的基礎上增加了對主成分之間相關性的限制，以提高解釋的穩健性。

- simplimax：旨在使主成分之間的相關性達到平衡，以便更好地解釋數據。

- bentlerQ：基於 Q 矩陣來進行主成分轉換的，並通常適用於較大樣本量的情況。

- biquartimin：在斜交的 bentlerQ 方法的基礎上進行改進，以更好地適應特定數據結構。

- cluster：適用於存在分組結構的數據，並可根據不同分組進行主成分轉換。

- geominQ：在斜交的 bentlerQ 方法的基礎上進行改進，以更好地解釋數據。

D. 以何種矩陣進行分析：指在進行分析時使用的數據矩陣的類型。

❖ 相關矩陣（Correlation Matrix）：用於處理原始變數之間的相關性，使得主成分分析基於變數之間的相關程度。相關矩陣主要適用於變數之間測量尺度相同或相似的情況，例如連續變數之間的相關性。

❖ 共變數矩陣（Covariance Matrix）：它將主成分分析應用於原始變數的共變異性，並考慮變數之間的變異異質性。共變數矩陣適用於變數之間測量尺度不同但存在共變異性的情況，例如，不同變數之間的變異程度不同。

❖ Polychoric/tetrachoric correlation matrix：用於處理順序型或二分型的項目，例如，評分尺度或是二元變數。Polychoric 矩陣用於處理順序型項目，即根據項目的順序等級計算相關性；而 tetrachoric 矩陣則用於處理二元型項目，即處理僅有兩個水準的二元變數之間的相關性。

15.4.2 報表設定

提供了許多相關定義，讓研究者可以自訂分析結果的報表內容。

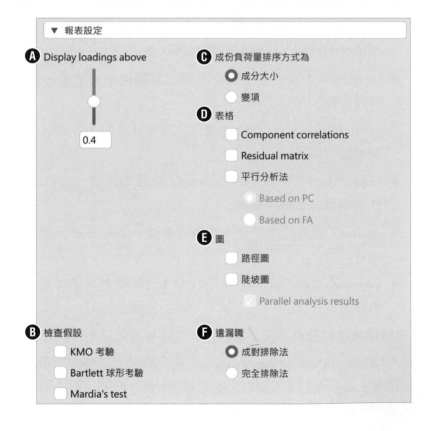

A. isplay loadings above：允許在報表中指定成分負荷量的閾值。只有當成分負荷量大於指定的閾值時，它們才會在報表中顯示出來。

B. **檢查假設**：在進行主成分分析之前進行假設檢驗。

 ❖ KMO 考驗：用於評估數據的適合性，測量數據的可獲得性和適合性，確定是否適合進行主成分分析。

 ❖ Bartlett 球形考驗：用於檢驗變數之間是否存在相關性，並確定數據是否適合用主成分分析進行降階處理。

 ❖ Mardia's test：用於檢驗數據是否滿足多變量常態分配的統計方法。

C. **成分負荷量排序方式為**：也稱為「因素負荷量排序方式為」，指定在報表中顯示成分負荷量的排序方式。

 ❖ 成分大小：按成分負荷量的大小降序排列，將最具貢獻的成分排在前面。

 ❖ 變項：按變項的字母順序排序，將變項按字母順序排列，無論其貢獻大小，方便查閱或比較不同變項之間的成分負荷量。

D. **表格**：用於指定按表格中的順序排序。

 ❖ Component correlations：在報表中顯示成分之間的相關性。

 ❖ Residual matrix：顯示共變異數矩陣的殘差。

 ❖ 平行分析法：用於執行平行分析法，以幫助確定保留多少主成分。

  ■ Based on PC：基於主成分的平行分析。

  ■ Based on FA：基於因子分析的平行分析。

E. **圖**：包含相關的圖形，用於視覺化分析結果。

 ❖ 路徑圖：顯示每個變數與主成分之間的關係，以及主成分之間的相關性。

 ❖ 陡坡圖：用於評估特徵值大小的圖表。

■ Parallel analysis results（平行分析結果）：是一種常用的方法，用於確定主成分的數量。它通過與隨機生成的數據進行比較來確定主成分的特徵值是否顯著。

F. **遺漏值**：允許處理原始數據中某些變數缺少的遺漏值。

❖ 成對排除法：是一種處理遺漏值的方法，它將包含遺漏值的樣本從分析中完全排除。

❖ 完全排除法：是另一種處理遺漏值的方法，它將含有任何遺漏值的變數完全排除。

15.5 統計分析實作

本小節範例使用了 JASP 學習資料館中 Factor 的 G Factor 數據。此數據提供了 Charles Spearman 學校的學生成績以及知覺辨別測驗的分數。

此研究主要目的是檢查考慮了年齡後的 7 個變量（音調、燈光、體重、平時成績、法語、英語和數學）殘差的變異數分析結構是否可以用一個因素來解釋。這意味著研究者想要確定這些變量是否共享一個共同的因素，即是否存在一個潛在的因素（可能是智力因素或 G 因素），可以解釋這些變量之間的變異性。

數據資料中的變數及說明如下：

● **Years（年）**：學生年齡（以年為單位）。

● **Months（月數）**：學生年齡中除了年數以外的月數（例如，第一個學生是 10 歲零 9 個月）。

● **Age（年齡）**：學生年齡（十進制）。

● **Pitch（音調）**：音調辨別測試中的得分。

● **Light（燈光）**：光辨別測試中的得分。

● **Weight（體重）**：體重辨別測試的得分。

● **Classics（平時成績）**：在學校的平時成績。

- French（**法語**）：在學校的法語成績。

- English（**英語**）：在學校的英語成績。

- Mathematics（**數學**）：在學校的數學成績。

- Residuals [variable] - [variable] 在 Age 上回歸後的殘差。

範例實作

STEP **1**　　點擊選單 > 開啟 > 學習資料館 > 6.Factor > G Factor，使開啟範例的數據樣本。

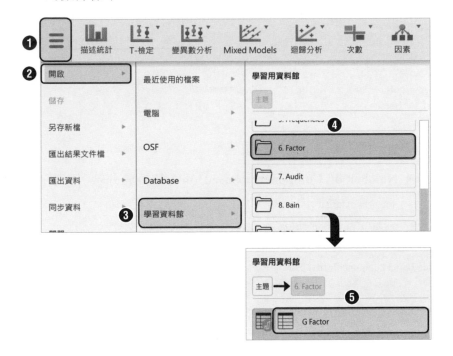

STEP **2**　　於上方常用分析模組中點擊「因素 > 主成份分析」按鈕。

STEP **3**　將左側的 Residuals Pitch、Residuals Light、Residuals Weight、Residuals Classics、Residuals French、Residuals English、Residuals Mathematics 等七個變數的平均值變數（全部變數相加值/各別變數）移至右側的依變數欄位中。

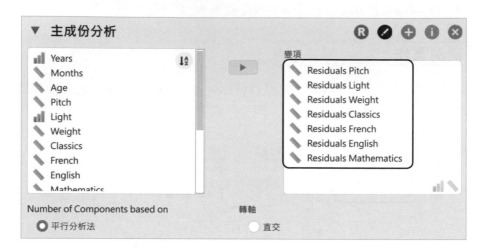

STEP **4**　接續，需「勾選」的項目如下：

- Number of Components based on（基於成分數）：特徵值以及將特徵值高於值設為 1。

- 轉軸：直交並選擇 varimax（最大方差法）。

STEP **5** 展開「報表設定」頁籤，需「勾選」的項目如下：

■ 表格：Component correlations（成分相關性）。

■ 圖：路徑圖、陡坡圖以及 Parallel analysis results（並行分析結果）。

■ 檢查假設：KMO 考驗、Bartlett 球形考驗。

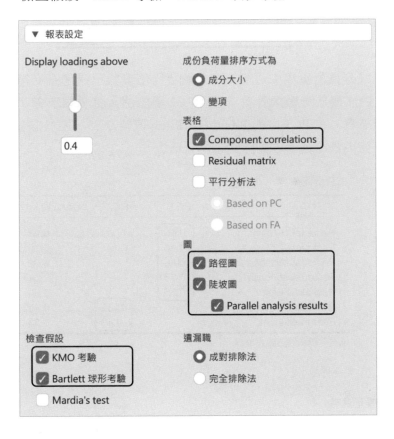

15

實作結論

於報表視窗中可獲得因素分析的相關結果。在卡方檢定表中得知 p 值為 0.05（未小於 0.05），其證明影響效果並不顯著。

卡方檢定

	值	自由度	p值
Model	15.51	8	0.05

從成分負荷量表中可得知，七個平均值變數已透過直交轉軸將其分為兩類（PC1 屬於分數類計有 5 個；PC2 屬於個人特徵類計有 2 個）。從整體數據來看，在 PC1 中的 Residuals Pitch 值為 0.55，由於該值小於 0.6 因此在研究中會進行手動刪除而不納入研究。

成分負荷量 ▼

	PC1	PC2	殘差/獨特性
Residuals French	0.95		0.08
Residuals Classics	0.94		0.10
Residuals Mathematics	0.86		0.22
Residuals English	0.75		0.34
Residuals Pitch	0.55		0.69
Residuals Weight		0.81	0.35
Residuals Light		0.80	0.35

附註 轉軸法為varimax

補充說明

KMO 值愈大時，表示變數間的共同因素愈多，愈適合進行因素分析，其準則如下：

KMO 值	0.9 以上	0.8 以上	0.7 以上	0.6 以上	0.5 以上	0.5 以下
FA 適合性	極適合	適合	尚可	勉強可	不適合	非常不適合

從路徑圖中可以看到經由成份負荷量而將七個因子分為兩類的結果。

路徑圖

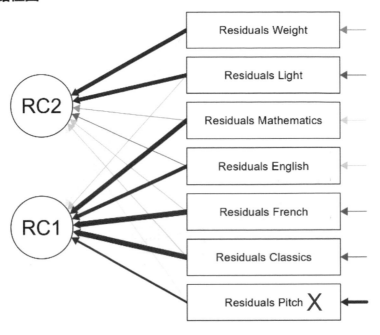

Kaiser-Meyer-Olkin Test（KMO）主要用於信度分析，從該表得知 Residuals Pitch 與 Residuals Weight 兩變數的值並未大於 0.6（免強合適），由於兩者效果並不顯著，因此在研究中會手動進行刪除。

Kaiser-Meyer-Olkin Test ▼

	MSA
整體MSA	0.67
Residuals Pitch	0.57 X
Residuals Light	0.65
Residuals Weight	0.23 X
Residuals Classics	0.76
Residuals French	0.62
Residuals English	0.86
Residuals Mathematics	0.74

　　在陡坡圖中，大於 1 以上的特徵值會予以接受；小於 1 以下的並不會納入採用，但有時離特徵值差一點點的也可考慮納入。

陡坡圖

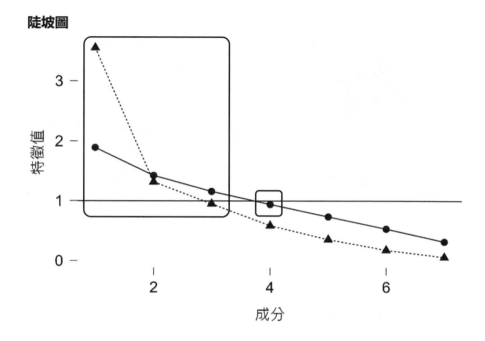

16

探索性因素分析

16.1 統計方法簡介

　　探索性因素分析（Exploratory Factor Analysis，EFA）是用於探索潛在變數結構。在因素分析中，假設觀察到的變數（也稱為指標）是由一組潛在因素（也稱為構念）所解釋的。這些潛在因素無法直接被觀察到，但可以通過變數之間的相關性來間接衡量。

　　探索性因素分析的主要目標是發現這些潛在因素，而不需要預先假設因素數目或確定因素與變數之間的關係。這與傳統的驗證性因素分析不同，後者需要預先假設潛在因素結構並進行模型驗證。藉此，通常進行數據的降階處理，將大量相關的變數簡化為較少的潛在因素，從而揭示數據中的結構和模式。這有助於更好地理解變數之間的關係，並找出背後的結構。

16.2 檢定步驟

　　探索性因素分析是一種常用的降階技術，用於探索多個觀測變數之間的潛在結構或因素，故探索性因素分析的檢定步驟如下：

1. **數據準備**：收集和整理數據，這些數據包含了多個觀測變數的測量數據。

2. **確定因素數**：在進行探索性因素分析之前，需要決定應該提取多少個因素。

3. **建立模型**：在進行探索性因素分析時，選擇合適的因素提取方法和旋轉方法。因素提取方法包括主成分分析（PCA）和最大概似法（ML）等，它們用於識別潛在因素結構。

4. **估計因素結構**：在建立了探索性因素分析模型後，需要通過該模型來估計因素的結構和對應的因素負荷量。因素負荷量表示了原始變數與潛在因素之間的關係強度，可以理解為原始變數對應因素的權重。

5. **解釋結果**：對因素結構和因素負荷量進行解釋。通常絕對值大於 0.3 或 0.4 的因素負荷量所對應的變數可以被視為與因素有關聯

6. **驗證模型**：使用統計指標來評估因素分析模型的配適度和解釋性，例如共變異數矩陣的可解釋變異量、因素負荷量的解釋方差等。

7. **結果應用**：根據因素分析的結果，可以將原始變數降階到潛在因素空間中，實現數據的降階和分析。

16.3 使用時機

列舉探索性因素分析中常見的情境及案例：

1. **心理學研究**：探索人格特質結構。使用 EFA 分析一份問卷調查數據，以確定個體的人格特質（例如情緒穩定性、外向性、開放性等）是否由幾個潛在因素組成。

2. **教育領域**：學習行為分析。在教育研究中，EFA 可用於分析學生學術成績和學習行為的測量，以確定學習行為的潛在因素，例如學習動機、學習策略和學習環境等。

3. **市場研究**：消費者行為分析。一家公司使用 EFA 來分析消費者對其產品的評價，以確定不同的產品特徵是否可以歸納為幾個潛在因素，例如價格、品質和設計等。

4. **社會科學研究**：社會問題分析。社會學家使用 EFA 來探索社區中不同族裔之間的關係，以確定種族和文化因素在社會問題中的潛在作用。

5. **醫學研究**：健康評估。在流行病學研究中，EFA 可用於分析疾病風險因素的數據，以確定這些風險因素的因素結構，例如生活方式、遺傳因素和環境因素等。

16.4 介面說明

16.4.1 基本介面

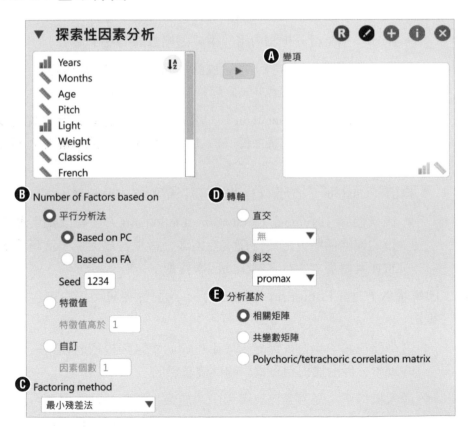

A. 變項（Variables）：指在主成分分析中使用的原始變數。

B. Number of Components based on（基於成分數）：用於指定選擇主成分數量的標準。可以基於特徵值或解釋的變異量來選擇主成分的數量。

❖ 平行分析法（Parallel Analysis）：是一種用於決定保留主成分數量的統計方法，它通過比較實際數據和隨機數據的特徵值來確定主成分的數量。

  ■ Based on principal（基於主要成分）：用於指定在平行分析法中使用主要成分的特徵值來決定主成分的數量。

  ■ Based on factors（基於因子）：指定在平行分析法中使用因子的特徵值來決定主成分的數量。

  ■ Seed：指平行分析法中用於生成隨機數據的種子值。

❖ 特徵值（Eigenvalues）：表示每個主成分所解釋的變異量大小。特徵值越大，意味著相應主成分解釋的變異量越多。

  ■ 特徵值高於（Higher than）：用於指定希望保留特徵值高於多少的主成分。通常，特徵值高於 1 表示保留那些能夠解釋大部分變異性的主成分。

❖ 自訂（Custom）：允許自己指定要保留的主成分數量。

  ■ 因素個數（Number of custom components）：可以輸入希望保留的因素個數。這使得探索性因素分析更具靈活性，讓研究者可根據具體需求進行客制化的因素提取。

C. 因素提取方法（Factoring method）：用於從變量中提取潛在因素的算法。

❖ 最小殘差法：旨在找到能夠最小化原始變量與提取的因素之間殘差的因素，從而捕捉到變量間的共變異數。

❖ 最大概似法：在因素提取過程中基於最大概似估計的原則，評估模型與實際觀測數據之間的擬合程度，從而找到能夠最好地解釋數據變異性的因素。

❖ 主軸因素法：旨在找到一組主軸，使得投影後的因素之間相互不相關，從而得到獨立的潛在因素。

❖ 最小平方法：在因素提取過程中基於最小平方法的原則，尋找能夠最小化觀測變量之間平方差異的因素，以捕捉變量間的共變異數。

❖ 加權最小平方法（WLS）：在因素提取過程中將觀測變量進行加權處理，以更好地適應不同變量之間的差異性。

❖ 廣義最小平方法（GLS）：考慮到數據的非獨立性和變量之間的相關性，從而更準確地提取潛在因素。

❖ 最小卡方法：通常應用於非常態數據，它尋找能夠最小化變量間卡方距離的因素。

❖ 最小秩序法：基於秩序統計，用於處理非參數數據或順序型數據，以找到能夠最佳解釋數據排序特性的因素。

D. **轉軸**：指對原始的主成分進行線性轉換的過程，使新的主成分更容易解釋或更具有特定特性。

❖ 直交（Orthogonal）：指主成分之間沒有相互獨立，每個主成分都獨立地解釋變異性。

■ 無（None）：不進行任何轉軸的選項，直接保留原始主成分。

■ varimax：使主成分的負荷矩陣擁有較少的非零元素，從而更容易解釋。

■ quartimax：旨在將每個主成分的負荷矩陣平均值最大化，從而產生較少的主成分，但它們的負荷值更集中。

■ bentlerT：使用了一個特定的目標函數，以最小化轉軸後的負荷矩陣與原始負荷矩陣之間的差異。

■ equamax：用於旋轉後的主成分之間相互獨立的情況。

■ geominT：結合了直交和斜交特性的轉軸方法，它在某些情況下可能比其他轉軸方法更適用。

❖ 斜交（Oblique）：指在轉軸過程中允許新的主成分之間存在一定的交互作用，其目的是使得新的主成分更容易解釋並更符合數據的實際特徵。

■ promax：它通常用於多變量分析中，將主成分之間的相關性最大化。

■ oblimin：它在斜交的 promax 方法的基礎上增加了對主成分之間相關性的限制，以提高解釋的穩健性。

■ simplimax：旨在使主成分之間的相關性達到平衡，以便更好地解釋數據。

■ bentlerQ：基於 Q 矩陣來進行主成分轉換的，並通常適用於較大樣本量的情況。

■ biquartimin：在斜交的 bentlerQ 方法的基礎上進行改進，以更好地適應特定數據結構。

■ cluster：適用於存在分組結構的數據，並可根據不同分組進行主成分轉換。

■ geominQ：在斜交的 bentlerQ 方法的基礎上進行改進，以更好地解釋數據。

E. **分析基於**：指在進行探索性因素分析時所使用的數據矩陣的類型。

❖ 相關矩陣（Correlation Matrix）：用於處理原始變數之間的相關性，使得主成分分析基於變數之間的相關程度。相關矩陣主要適用於變數之間測量尺度相同或相似的情況，例如連續變數之間的相關性。

❖ 共變數矩陣（Covariance Matrix）：它將主成分分析應用於原始變數的共變異性，並考慮變數之間的變異異質性。共變數矩陣適用於變數之間測量尺度不同但存在共變異性的情況，例如，不同變數之間的變異程度不同。

❖ Polychoric/tetrachoric correlation matrix：用於處理順序型或二分型的項目，例如，評分尺度或是二元變數。Polychoric 矩陣用於處理順序型項目，即根據項目的順序等級計算相關性；而 tetrachoric

矩陣則用於處理二元型項目，即處理僅有兩個水準的二元變數之間的相關性。

16.4.2 報表設定

提供了許多相關定義，讓研究者可以自訂分析結果的報表內容。

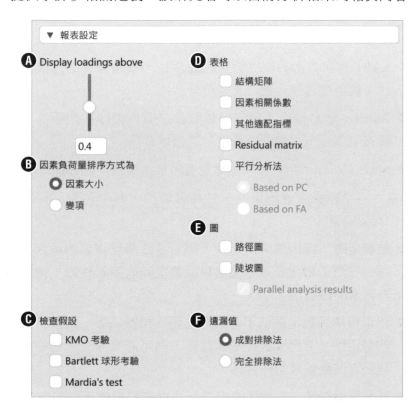

A. Display loadings above：允許在報表中指定成分負荷量的閾值。只有當成分負荷量大於指定的閾值時，它們才會在報表中顯示出來。

B. **因素負荷量的排序方爲**：可以更清楚看出每個變量對哪些因子負荷最強，從而更好地解釋因子含義。

　❖ 因素大小：此排序方式會根據每個提取出來的因子（Factor）的特徵值（Eigenvalue）大小來排序。特徵值數值越大表示這個因子解釋原始變量的變異量越大。此排序方式，在負荷矩陣中較前面的因

子會是解釋更多變異的主要因子，這有助於首先解釋和命名對原始數據解釋力度最大的因子。

❖ 變項：此方式則是按照原始變量的順序來排列因子負荷量。第一個變量對各因子的負荷量會排在第一行，以此類推。此排列保留了原始變量順序，有助於查看每個變量與不同因子的關聯性，但不能直觀反映出每個因子的重要性大小。

C. **檢查假設**：在進行主成分分析之前進行假設檢驗。

❖ KMO 考驗：用於評估數據的適合性，測量數據的可獲得性和適合性，確定是否適合進行主成分分析。

❖ Bartlett 球形檢定：用於檢驗變數之間是否存在相關性，並確定數據是否適合用主成分分析進行降階處理。

❖ Mardia's test：用於檢驗數據是否滿足多變量常態分配的統計方法。

D. **表格**：這是指探索性因素分析的結果報表，其中包含了探索性因素分析的相關結果。

❖ 結構矩陣：指因素負荷矩陣，顯示了每個變量與每個因素之間的關係。它們的數值表示了變量與因素之間的關聯程度，可解釋為變量在因素中的權重。

❖ 因素相關係數：顯示了各因素之間的相關係數，用於了解因素之間的相關性。若因素彼此相關較高，則可能意味著它們在解釋數據變異時有重疊或類似的含義。

❖ 其他配適指標：其他衡量模型配適程度的指標，例如 KMO 值、巴特利特球形檢定等。

❖ Residual matrix：顯示共變異數矩陣的殘差。

❖ 平行分析法：用於執行平行分析法，以幫助確定保留多少主成分。

■ Based on PC：基於主成分的平行分析。

■ Based on FA：基於因子分析的平行分析。

E. **圖**：包含相關的圖形，用於視覺化分析結果。

❖ 路徑圖：顯示每個變數與主成分之間的關係，以及主成分之間的相關性。

❖ 陡坡圖：用於評估特徵值大小的圖表。

■ Parallel analysis results（平行分析結果）：是一種常用的方法，用於確定主成分的數量。它通過與隨機生成的數據進行比較來確定主成分的特徵值是否顯著。

F. **遺漏值**：允許處理原始數據中某些變數缺少的遺漏值。

❖ 成對排除法：是一種處理遺漏值的方法，它將包含遺漏值的樣本從分析中完全排除。

❖ 完全排除法：是另一種處理遺漏值的方法，它將含有任何遺漏值的變數完全排除。

16.5 統計分析實作

本節範例使用了 JASP 學習資料館中 Factor 的 G Factor 數據。此數據提供了 Charles Spearman 學校的學生成績以及知覺辨別測驗的分數。

此研究主要目的是檢查考慮了年齡後的 7 個變量（音調、燈光、體重、平時成績、法語、英語和數學）殘差的變異數分析結構是否可以用一個因素來解釋。這意味著研究者想要確定這些變量是否共享一個共同的因素，即是否存在一個潛在的因素（可能是智力因素或 G 因素），可以解釋這些變量之間的變異性。

數據資料中的變數及說明如下：

● **Years（年）**：學生年齡（以年為單位）。

● **Months（月數）**：學生年齡中除了年數以外的月數（例如，第一個學生是 10 歲零 9 個月）。

- Age（年齡）：學生年齡（十進制）。

- Pitch（音調）：音調辨別測試中的得分。

- Light（燈光）：光辨別測試中的得分。

- Weight（體重）：體重辨別測試的得分。

- Classics（平時成績）：在學校的平時成績。

- French（法語）：在學校的法語成績。

- English（英語）：在學校的英語成績。

- Mathematics（數學）：在學校的數學成績。

- Residuals [variable] - [variable] 在 Age 上迴歸後的殘差。

範例實作

STEP **1**　點擊選單 > 開啟 > 學習資料館 > 6.Factor > G Factor，使開啟範例的數據樣本。

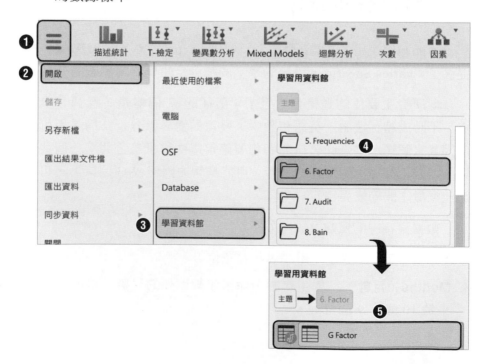

STEP **2** 於上方常用分析模組中點擊「因素 > 探索性因素分析」按鈕。

STEP **3** 將左側的 Residuals Pitch、Residuals Light、Residuals Weight、Residuals Classics、Residuals French、Residuals English、Residuals Mathematics 等七個平均值變數（全部變數相加值/各別變數）移至右側的依變數欄位中。

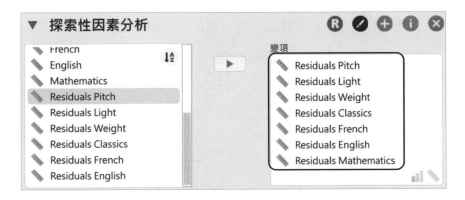

STEP **4** 接續，需「勾選」的項目如下：

■ Number of Components based on（基於成分數）：特徵值，並將特徵值高於值設為 1。

■ 轉軸：直交並選擇 varimax（最大方差法）。

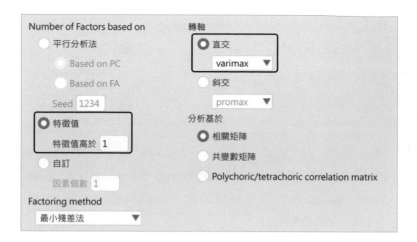

STEP **5**　展開「報表設定」頁籤，需「勾選」的項目如下：

■ 表格：結構矩陣、因素相關係數、其他配適指標。

■ 圖：路徑圖、陡坡圖以及 Parallel analysis results（並行分析結果）。

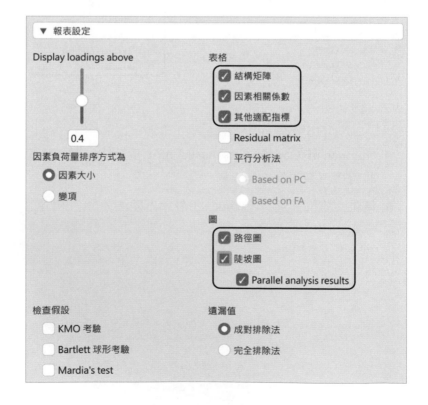

16

實作結論

　　於右側報表視窗中可獲得探索性因素分析的相關結果。在卡方檢定表中得知 p 值為 0.44（並未小於 0.05），因此證明影響效果並不顯著。

卡方檢定 ▼

	值	自由度	p值
Model	7.96	8	0.44

　　從因素負荷量表中得知，七個平均值變數已透過直交轉軸將其分為兩類（因素 1 屬於分數類計有 5 個；因素 2 屬於個人特徵類計有 2 個）。從整體數據來看，在因素 1 中的 Residuals Pitch 值為 0.43（值小於 0.6），因此在研究中會進行手動刪除而不納入研究，另外在因素 2 中的 Residuals Pitch 該值為 0.51，由於離建議的值 0.6 只差一點點，故考慮納入研究中。

因素負荷量

	因素 1	因素 2	殘差/獨特性
Residuals French	1.00		−0.01
Residuals Classics	0.94		0.09
Residuals Mathematics	0.80		0.29
Residuals English	0.67		0.43
Residuals Pitch	0.43		0.81
Residuals Weight		0.62	0.61
Residuals Light		0.51	0.73

附註 轉軸法為varimax

　　從因素負荷量（結構矩陣）表中得知，已將七的變數分為兩類。在因素 1 中的 Residuals Pitch 其因素負荷量小於 0.6 一般而言會將其刪除，另外在因素 2 中的 Residuals Pitch 該值為 0.51，由於離建議的值 0.6 只差一點點，故考慮納入研究中。

因素負荷量(結構矩陣) ▼

	因素 1	因素 2
Residuals Pitch	0.43 X	
Residuals Light		0.51
Residuals Weight		0.62
Residuals Classics	0.94	
Residuals French	1.00	
Residuals English	0.67	
Residuals Mathematics	0.80	

附註 轉軸法為varimax

　　　在因素特徵表中通常查看轉軸後的因素負荷量,當中 Factor 1 在轉軸後的累積值為 0.45,由於小於 0.5,故得知轉軸後的因素負荷量不具有因素間的共線性問題。

因素特徵

	Eigenvalues	未轉軸解				轉軸解		
		因素負荷量平均數總和	可解釋變異量之百分比	累積		因素負荷量平均數總和	可解釋變異量之百分比	累積
Factor 1	3.55	3.32	0.47	0.47		3.17	0.45	0.45
Factor 2	1.31	0.74	0.11	0.58		0.87	0.12	0.58

　　　在因素相關表中,得知對角線之數值均為 1 且 Factor 1 與 Factor 2 及 Factor 2 與 Factor 1 間的數值均為 0,故證明因子間是獨立的。

因素相關 ▼

	Factor 1	Factor 2
Factor 1	1.00	0.00
Factor 2	0.00	1.00

　　　從路徑圖中可以看到經由因素負荷量而將七個因子分為兩類的結果,同時 Residuals Pitch 也會於研究中手動進行刪除。

路徑圖

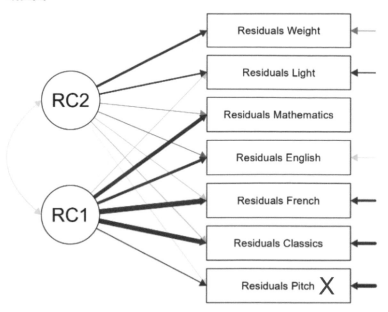

在陡坡圖中，大於 1 以上的特徵值會予以接受；小於 1 以下的並不會納入採用，但有時離特徵值差一點點的也可考慮納入。

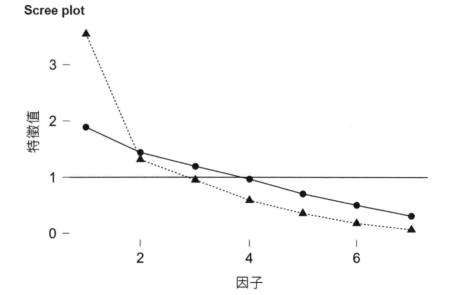

驗證性因素分析

17.1 統計方法簡介

驗證性因素分析（Confirmatory Factor Analysis，CFA）旨在檢驗研究者建立的理論模型是否與實際觀測資料相符。與探索性因素分析不同，驗證性因素分析不僅僅是探索資料的潛在結構，而是著重於驗證事先提出的潛在因素結構模型。

其主要通過比較模型預測的共變異矩陣與實際觀測的共變異矩陣之間的差異來進行模型檢驗。研究者希望驗證的理論模型應該能夠合理地解釋觀測資料，即理論模型所預測的共變異矩陣應該與實際觀測資料的共變異矩陣相匹配。

驗證性因素分析在量測工具的開發、效度驗證和理論構建等方面具有重要的應用價值。它可以幫助研究者檢驗自己對於潛在因素結構的假設是否成立，從而確保所使用的量測工具具有良好的效度和信度。

17.2 檢定步驟

驗證性因素分析基於假說檢定的原理，透過比較理論模型和實際數據之間的差異來判斷模型的適合程度，故驗證性因素分析的檢定步驟如下：

1. **建立假說模型**：研究者需要根據理論或先前的研究提出假說模型，其中包括潛在因素之間的相關性和與觀測變數之間的關係。這個理論模型是研究者希望驗證的，它描述了潛在因素之間的關係結構。

2. **收集觀測資料**：研究者收集相關的觀測資料，這些資料通常是問卷調查、測試結果或觀察數據等。

3. **評估模型配適度**：比較理論模型預測的變異量和實際觀測資料的變異量之間的差異。常用的模型配適度指標包括 χ^2 統計量、比較適合指標（CFI）、增量適合指標（IFI）、根均方誤差逼近指標（RMSEA）等。這些指標用於衡量理論模型對實際數據的解釋程度，當這些指標達到一定標準時，表明理論模型與實際數據較好地相符。

4. **進行模型修正**：如果模型配適度不佳，研究者可以進行模型修正，根據實際觀測資料和預測結果之間的差異來調整模型參數。

5. **解釋結果**：根據驗證性因素分析的結果來解釋潛在因素之間的關係，並確定模型是否能夠合理地解釋觀測資料。

17.3 使用時機

列舉驗證性因素分析中常見的情境及案例：

1. **測量工具效度驗證**：教育研究中的學習風格問卷。研究者假設學習風格問卷涵蓋多個潛在因素，如視覺學習、聽覺學習等。驗證性因素分析可用於驗證這些潛在因素的建構效度。

2. **社會調查問卷分析**：市場研究中的消費者滿意度問卷。研究者假設消費者滿意度包含多個構面，如產品品質、服務態度等。驗證性因素分析可用於驗證這些構面是否合理。

3. **教育評估工具效度檢驗**：教學效果評估問卷。研究者假設教學效果評估問卷包含多個潛在因素，如知識掌握、學習動機等。驗證性因素分析可用於驗證這些潛在因素的建構效度。

4. **醫學及健康研究**：心理健康評估問卷。研究者假設心理健康評估問卷包含多個構面，如抑鬱、焦慮等。驗證性因素分析可用於驗證這些構面是否合理。

5. **區域與環境研究**：城市居民對環境滿意度調查。研究者假設環境滿意度調查包含多個構面，如空氣品質、綠地設施等。驗證性因素分析可用於驗證這些構面是否與調查項目相符。

17.4 介面說明

17.4.1 基本介面

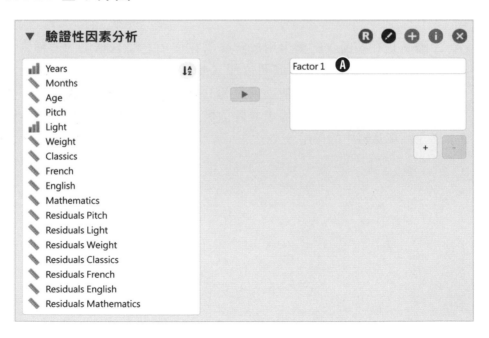

A. Factor：代表因素或潛在變項。在 CFA 中，假設觀察變項背後存在著潛在的因素，這些因素無法直接觀察到，但可以透過觀察變項的變異來反映。在此欄位中可將多個觀察變項分組到幾個因素中，並且用因素之間的相關性來描述這些因素之間的關係。

17.4.2 二階因素

用來設定和驗證模型中是否存在二階因素的部分。在此可以指定一階因素和二階因素之間的關係，例如將一階因素歸納為特定的二階因素，或者直接將一階因素與二階因素相關聯。

A. 二階：是在多層次結構中用於解釋潛在變項之間的關係的一種方法。一階因素代表著低階的構面，而二階因素則代表著更高階的抽象構念，它們統整和解釋一階因素之間的共變異數。在此，可指定一階因素和二階因素之間的關係，並評估模型是否適合資料，以確定二階因素在解釋資料中的作用。

17.4.3 模式設定

用於指定驗證性因素分析的模型結構和設置相關參數。

A. **模式設定（Model Specification）**：指在驗證性因素分析中要建立的具體模型設定，包括定義潛在變項之間的關係和因素之間的相關性等。

❖ 平均數結構（Mean Structures Included）：指是否在模型中包含潛在變項的平均數結構。平均數結構用於探討潛在變項的得分是否有顯著差異，即檢驗在不同群體間潛在變項得分的平均值是否不同。

❖ 假設因素間無關（Assumed Factor Indepedence）：指是否假設潛在變項之間沒有相互關聯，即它們之間是獨立的。該設定通常用於簡化模型，如果研究者有理由相信潛在變項之間無相關性，可以選擇此設定。

B. **模型鑑別（Model Identification）**：指確定模型是否可以唯一地估計模型參數。在驗證性因素分析中，模型鑑別是一個重要的問題，因為如果模型無法鑑別，則無法進行參數估計和模型配適。

❖ 因素變異數（Factor Variances）：指的是設定潛在變項之間的變異數，即潛在變項的變異數。在模型鑑別中，潛在變項的變異數必須被設定，以確保模型是可鑑別的。

❖ 標識變數（Identification Variables）：用於解決模型鑑別問題，它們在驗證性因素分析中用於確定模型的唯一性。設定標識變數有助於確保模型具有唯一的解。

❖ 效果編碼（Effect Coding）：是一種將類別變數轉換為數值變數的方法，用於將資料轉換為驗證性因素分析模型可接受的形式。這樣做有助於確定模型是否可鑑別。

C. 殘差共變數（Residual Covariances）：允許在驗證性因素分析模型中將共變異考慮進去，進而提高模型的配適度。

17.4.4 其他分析報表

提供了額外的資訊和結果，用於更全面地評估模型配適程度和模型的解釋力。

● 其他配適指標（Other Fit Indices）：用於評估驗證性因素分析模型的配適程度，提供了多個角度來衡量模型配適。這些指標通常是檢驗模型與觀測資料的配適程度，並與理論模型進行比較。常見的其他配適指標包括「比較適合指標（CFI）」、「增量適合指標（IFI）」、「調整比較適合指標（TLI）」等。

- Kaiser-Meyer-Olkin（KMO）test：用於評估因素分析是否適合的統計檢定。它測量了觀測變項之間的共變異程度，值介於 0 和 1 之間，越接近 1 表示觀測變項之間的共變異性越適合因素分析。

- Bartlett's test of sphericity：用於檢查觀測變項之間是否具有共變異性。

- R 平方（解釋變異量）：R 平方表示因素分析模型解釋了觀測變項變異的比例，越高表示模型解釋變異越好。

- Average variance extracted（AVE）：用於評估潛在變項對觀測變項的解釋程度，AVE 的值越大表示潛在變項對觀測變項的解釋越好。

- Heterotrait-monotrait ratio（HTMT）：用於評估潛在變項之間的異構性和單構性，HTMT 的值越接近 1 表示潛在變項之間的相關性越高。

- Reliability：用於評估潛在變項的可靠性，表示觀測變項對於量測潛在變項的精確性。

- 模式隱含之共變數矩陣：顯示了因素分析模型中潛在變項之間的共變異矩陣。

- 殘差共變數矩陣：顯示了因素分析模型中觀測變項之間的共變異矩陣。

- 修正指標：用於改善模型配適度的評估。

  ❖ 切分標準：可自訂用於修正配適指標的切分標準。

- 顯示 lavaan 語法：可以顯示生成模型的 lavaan 語法，讓研究者能夠更好地理解和分享模型的建立過程。

17.4.5 多群體驗證性因素分析

是一種進階的驗證性因素分析方法，用於比較不同群體之間的因素結構是否相同或類似。

A. **分群變項（Grouping Variable）**：用於將資料集中的觀測值分成不同的群組的變項。您可以選擇一個變項作為分群變項，根據該變項的值將資料分成不同的群組。若選擇「no choice」，則表示所有觀測值都被視為同一個群組，不進行分群比較。

B. **恆等性考驗（Configural Invariance Test）**：用於檢測不同群組之間是否滿足恆等性的統計檢定，即潛在變項之間的結構是否在不同群組中保持一致。

❖ **因素型態（Model type）**：指定進行恆等性考驗的因素型態。

❖ **量尺（Metric）**：指定潛在變項的量尺。

❖ **純量（Scalar）**：用於指定在恆等性考驗中是否考慮潛在變項的純量（scalar）部分。

❖ **嚴格的（Strict）**：用於指定恆等性考驗是否要求嚴格恆等性，即將潛在變項的因素負荷和閾值都設為相等。

17.4.6 圖形

提供了視覺化工具，幫助理解和解釋驗證性因素分析的結果。

A. **圖形（Graphs）**：允許選擇要顯示的圖形。可以選擇顯示模式圖、不配適圖以及其他與參數估計相關的圖形。

❖ **不配適圖（Misfit Plot）**：用於顯示模型不配適的情況，評估模型的配適度。

❖ **模式圖（Pattern Matrix Plot）**：顯示變項和因素之間的相關性，有助於了解變項與潛在因素的關聯。

  ■ **Show parameter estimates**：用於控制是否在圖形中顯示參數估計值，如因素負荷、閾值等參數。

    □ **標準化（Standardized）**：用於控制是否在圖形中顯示參數估計值的標準化版本。

    □ **Font size**：用於調整參數估計值顯示的字型大小，讓圖形更易於閱讀。

  ■ **顯示平均數（Means）**：用於控制是否在圖形中顯示變項的平均數，使其了解變項的平均水準。

  ■ **Show variances**：用於控制是否在圖形中顯示變項的變異數，幫助了解變項的變異程度。

  ■ **Rotate plot**：用於控制是否對模式圖進行旋轉，使因素的解釋更加清晰和可解釋。

17

17.4.7 進階

提供了更多高級的設定和分析選項，讓研究者可以更加精準地控制模型的建立和評估。

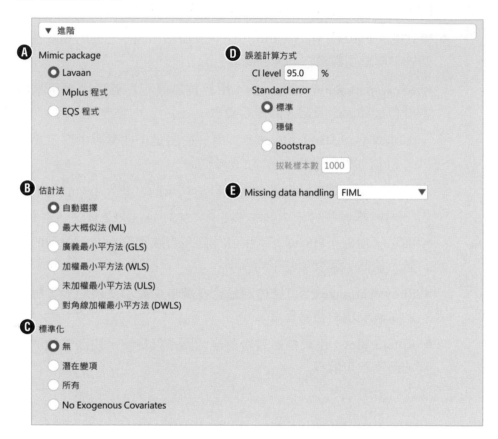

A. Mimic package：是 R 語言中的一個套件，專用於進行模擬建模。

❖ Lavaan：R 語言中常用的統計套件，專門用於結構方程模型（SEM）和驗證性因素分析（CFA）的建模和估計。

❖ Mplus 程式：是獨立的統計軟體，專門用於 SEM 和 CFA 的分析。

❖ EQS 程式：是專門用於 SEM 和 CFA 的軟體，它提供了豐富的功能和統計方法，可以進行各種不同結構方程模型的分析。

B. **估計法**：指在進行驗證性因素分析時，採用哪種方法來估計模型的參數。

❖ 自動選擇：會根據數據的特性自動選擇最適合的估計法，以獲得最佳結果。

❖ 最大概似法（ML）：假設數據來自多變量常態分佈，尋求使模型預測值與實際觀測值之間的差異最小化的參數估計值。

❖ 廣義最小平方法（GLS）：基於協方差矩陣的估計方法，適用於非常態數據和不完全數據。

❖ 加權最小平方法（WLS）：根據變項的可信度估計值調整估計參數的方法，適用於變項可信度不同的情況。

❖ 未加權最小平方法（ULS）：不考慮變項可信度的最小平方法，適用於變項可信度相同的情況。

❖ 對角線加權最小平方法（DWLS）：特殊的 WLS 方法，對協方差矩陣的對角線進行加權，用於處理非常態數據。

C. **標準化（Standardized）**：用於指定是否在 CFA 模型中標準化變數。

❖ 無（None）：不對變數進行標準化，使用原始的原始值進行模型的參數估計。

❖ 潛在變項（Latent variables）：用於指定 CFA 模型中是否包含潛在變項。潛在變項是指不能直接觀察到的變數，而是通過多個觀察變項的組合來衡量的變數。

❖ 所有（All）：用於指定 CFA 模型中是否包含所有變數和潛在變項之間的路徑。如果選擇「所有」，則模型將包含所有可能的路徑。

❖ No Exogenous Covariates：用於指定 CFA 模型中是否包含外生變數。外生變項是指在模型中被視為獨立於其他變數的變數。如果選擇此選項，則模型將不包含外生變數。

D. **誤差計算方式**：用於指定如何計算觀測變數的誤差。

❖ 信賴區間（CI kevek）：用於計算信賴區間的方法。（詳細說明請詳閱附錄-1）

❖ 標準誤（Standard error）：用於指定估計標準的計算方法。

■ 標準：指定使用普通的標準誤，即傳統的標準誤估計方法。

■ 穩健：用於指定使用穩健估計方法，考慮到參數估計的異常值和非常態性，使估計更具穩定性。

■ 拔靴法（Bootstrap）：用於指定使用 Bootstrap 方法來計算標準誤，可以更好地處理小樣本和非常態數據。（詳細說明請詳閱附錄-2）

E. **缺失數據處理（Missing data handling）**：也稱為「遺漏值處理」，用於處理數據中的遺漏值，即在數據集中某些變數有缺漏值的情況。

❖ FIML（Full Information Maximum Likelihood）：是一種最大概似法，能夠利用所有可用的數據來估計模型的參數，包括那些有遺漏值的數據。這是最常用的遺漏數據處理方法，因為它可以最大限度地利用所有可用訊息。

❖ Listwise deletion：是一種刪除法，它會刪除包含遺漏值的樣本，只使用完整數據的樣本進行分析。這意味著遺漏值的樣本將被完全排除在分析之外，可能會造成訊息損失。

❖ Parirwise：是一種刪除法，它會根據每個變數之間的遺漏值情況來進行分析。對於每一對變數，只使用含有完整數據的樣本，但這樣做可能會產生不同的樣本大小。

❖ Two-stage：一種兩階段的方法，首先使用 FIML 方法估計模型的初步參數，然後再使用其他方法（如最小平方法）對遺漏值進行估計，從而得到完整的數據集。

❖ Robust two-stage：一種穩健的兩階段方法，用於處理數據中的極端值和遺漏值。

17.5 統計分析實作

　　本節範例使用了 JASP 學習資料館中 Factor 的 Mental Ability 數據。此數據名為「心理能力」，數據包含來自兩所不同學校（Pasteur and Grant-White）的七年級和八年級學生在心理能力測驗上的成績。原始數據中有 26 個測驗分數，但在 JASP 軟體所提供的範例中，作者僅使用了 9 個廣泛使用的變數。

　　由於驗證性因素是在已知的樣本數之下進行分類，因此筆者將其 9 個變數所代表的意思分成 3 類，分別為如下：

1. **知覺能力**：代表一些與知覺方面相關的測驗分數。

2. **理解能力**：代表一些與理解方面相關的測驗分數。

3. **成長速度**：代表一些與學生在心理能力方面成長速度相關的測驗分數。

　　數據資料中的變數及說明如下：

- id：每個受測者或樣本的唯一識別碼或標識。
- sex：性別。
- Ageyr：年齡，年份部分。
- Agemo：年齡，月份部分。
- school：就讀學校。
- grade：年級。
- x1-Visual perception：視覺知覺（知覺能力）。
- x2-Cubes：立方體（知覺能力）。
- x3-Lozenges：菱形（知覺能力）。
- x4-Paragraph comprehension：段落理解（理解能力）。
- x5-Sentence completion：句子完成（理解能力）。
- x6-Word meaning：單詞含義（理解能力）。
- x7-Speeded addition：加法計算（成長速度）。

- x8-Speeded counting of dots：點的計數計算（成長速度）。
- x9-Speeded discrimination straight and curved capitals：直線和曲線大寫字母辨識計算（成長速度）。

範例實作

STEP 1　點擊選單 > 開啟 > 學習資料館 > 6.Factor > Mental Ability，使開啟範例的數據樣本。

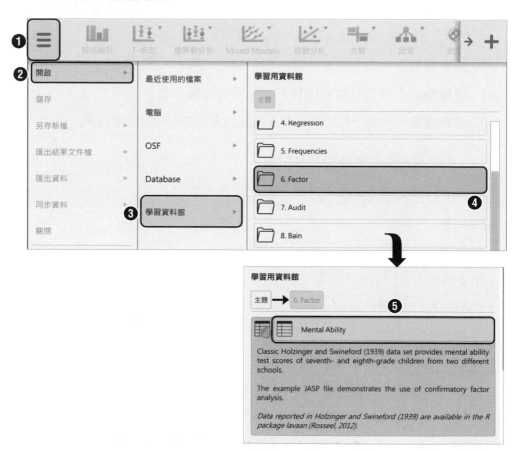

STEP **2** 於上方常用分析模組中點擊「因素 > 驗證性因素分析」按鈕。

STEP **3** 將左側的 x1、x2、x3 三個變數移至右側的 Factor 1 欄位中。

STEP **4**　點擊 Factor 1 欄位下的 ⊕ 按鈕以增加第 2 個 Factor 2。

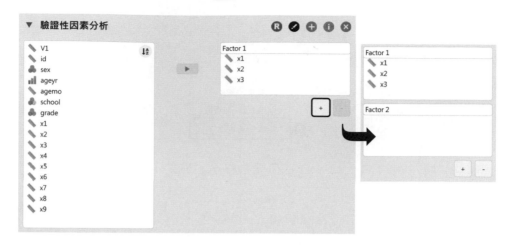

STEP **5**　依 Step3 至 Step4 步驟,將左側的 x4、x5、x6 三個變數移至右側的 Factor 2 欄位中,以及將左側的 x7、x8、x9 三個變數移至右側的 Factor 3 欄位中。

STEP**6** 由於本研究一開始時已先將 9 個變數依其屬性分為三類，此時將右側欄位的 Factor 標題名稱進行修改，修改如下：

■ Factor 1：知覺能力。

■ Factor 2：理解能力。

■ Factor 3：成長速度。

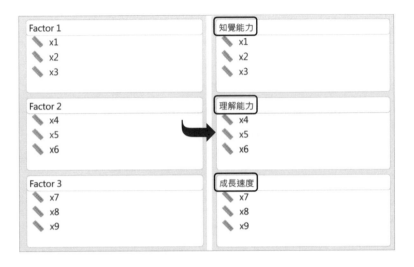

STEP**7** 展開「其他分析報表」頁籤，需「勾選」的項目如下：

■ 其他配適指標。

■ R 平方（解釋變異量）。

■ Average variance extracted（AVE）：平均方差萃取（AVE）。

■ Heterotrait-monotrait ratio（HTMT）：異特性-同特性比（HTMT）。

■ Reliability：信度。

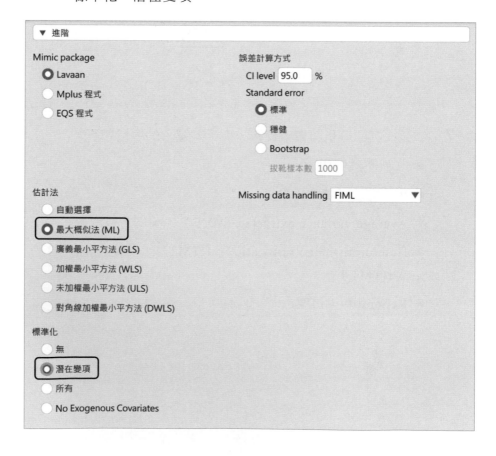

STEP **8**　展開「進階」頁籤，需「勾選」的項目如下：

　　■ 估計法：最大概似法（ML）。

　　■ 標準化：潛在變項。

實作結論

　　於報表視窗中可獲得驗證性因素分析的相關結果。在模型配適度部分已將 9 種變數匯入，因此在卡方檢驗表中的基準模型來進行查驗，得知 X^2 的值大於 10，故屬於合格。

模型適配度 ▼

卡方檢驗 ▼

模型	X²	自由度	p值
基準模型	918.85	36	
因素模型	85.31	24	< .001

　　在配適指標表中，比較配適指標（CFI）是主要查證的指標之一，從表中得知 CFI 值為 0.93，故已合乎配適標準。

補充說明

　　CFI 是指一個衡量模型配適程度的指標，它比較建立的 CFA 模型與比較簡單的模型（如全樣本平均模型）之間的配適情況。藉此，CFI 值介於 0 和 1 之間，值越接近 1 表示模型與數據的配適程度越好，一般認為 CFI 值大於 0.95 表示模型配適良好。

其他適配指標 ▼

適配指標

指標	值
比較適配指標 (CFI)	0.93
Tucker-Lewis Index (TLI)	0.90
非常態適配指標 (NNFI)	0.90
常態適配指標 (NFI)	0.91
簡約常態適配指標 (PFI)	0.60
相對適配指標 (RFI)	0.86
增加適配指標 (IFI)	0.93
相對非中心適配指標 (RNI)	0.93

表 17-1　測量模型配適度指標檢核表

統計檢定量		標準值
配適度指標	比較配適指標（CFI）	大於 0.9
	Tucker-Lewis Index（TLI）	大於 0.9
	非常態配適指標（NNFI）	大於 0.9
	常態配適指標（NFI）	大於 0.9
	簡約常態配適指標（PFI）	大於 0.5
	相對配適指標（RFI）	大於 0.9
	增加配適指標（IFI）	大於 0.9
	相對非中心配適指標（RNI）	大於 0.9

R 平方主要作為解釋變異量，也就是 X1~X9 用來解釋依變數的能力有多少，第一個為 0.6，也就是 60%，第二個為 0.18，也就是 18%，以該表結果來看其解釋能力並不高。

R平方 ▼

	R^2
x1	0.60
x2	0.18
x3	0.34
x4	0.73
x5	0.73
x6	0.70
x7	0.32
x8	0.52
x9	0.44

在因素負荷量表中主要查看估計量的值，當該值大於 0.6 以上則會進行保留；反之則刪除。從因素負荷量表中得知 X2 變數的估計值為 0.5（未大於 0.6），故將手動進行刪除。

參數估計值 ▼

因素負荷量 ▼

因子	指標	估計	標準誤	z 值	p值	95% 信賴區間		標準化解 (lv)
						Lower	Upper	
知覺能力	x1	0.90	0.08	10.81	< .001	0.74	1.06	0.90
	x2	0.50 ✕	0.08	6.16	< .001	0.34	0.66	0.50
	x3	0.66	0.08	8.46	< .001	0.50	0.81	0.66
理解能力	x4	0.99	0.06	17.46	< .001	0.88	1.10	0.99
	x5	1.10	0.06	17.60	< .001	0.98	1.22	1.10
	x6	0.92	0.05	17.05	< .001	0.81	1.02	0.92
成長速度	x7	0.62	0.07	8.34	< .001	0.47	0.77	0.62
	x8	0.73	0.08	9.68	< .001	0.58	0.88	0.73
	x9	0.67	0.08	8.64	< .001	0.52	0.82	0.67

　　Average variance extracted（平均萃取量），主要用於查看信效度，在此以衡量信度為主。一般而言 AVE 值要大於 0.6 以上，但也可以下修到 0.5 左右。

> **補充說明**
>
> 　　平均變異抽取量（AVE）為潛在變項中所有的測量變項變異能夠解釋潛在變項的程度，亦即當 AVE 愈高，潛在變項被其測量變項變異解釋的程度愈高。過去學者建議 AVE 數值應高於 0.5 以上，但因 AVE 若要高於 0.5 以上，表示因素負荷量皆須高於 0.7 以上，考量數據資料的實際面向，亦可以 AVE 高於 0.36 以上為勉強接受之標準（Fornell & Larcker, 1981）。

Average variance extracted	
因子	AVE
知覺能力	0.37
理解能力	0.72
成長速度	0.42

　　在 Reliability 信度分析中一般而言 ω 與 α 兩者都會看，當中 3 種能力的 α 值均大於 0.6，故會接受。

補充說明

　　Cronbach's α 係數是由 Lee Cronbach 於 1951 所提出，到目前仍廣為社會科學界所使用。當 α 值大於等於 0.9，代表內部一致性信度很高（Excellent）；0.8–0.9 算好（Good）；0.7–0.8 可接受（Acceptable）；0.6–0.7 可疑的（Questionable）；0.5–0.6 較差（Poor）；0.5 以下不可接受（Unacceptable）。

Reliability

	Coefficient ω	Coefficient α
知覺能力	0.61	0.63
理解能力	0.89	0.88
成長速度	0.69	0.69
total	0.86	0.76

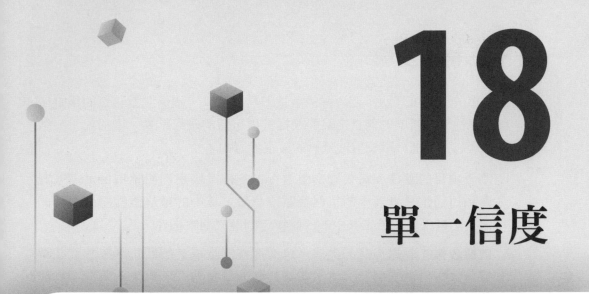

18

單一信度

18.1 統計簡介

單一信度分析（或稱內部一致性信度分析）是用來評估測量工具中各題目或項目之間的一致性和穩定性程度的統計方法。其主要目的是確定測量工具內部的各項目是否相互相關，以及這些項目是否在測量同一個概念或特質。

在研究中，測量工具通常由多個題目或問題組成，用來評估受測者的特定特質、態度或行為。單一信度分析通過計算這些題目之間的相關性，來衡量測量工具的信度。當測量工具內部的項目相互一致時，即各題目之間存在高度相關性，即可以說這個測量工具具有較高的信度，其測量結果較為穩定和可靠。

18.2 檢定步驟

　　單一信度可幫助研究者評估測量工具的品質，確保測量結果的穩定性和可靠性。高信度的測量工具能夠提供更可信的研究結果，增加對研究結論的信心，故進行單一信度分析的檢定步驟如下：

1. **測量項目的選擇**：需要確定要進行單一信度檢定的測量項目。這些測量項目通常是量表中的單個問題或測量工具中的單個觀察變量。每個測量項目代表測量工具中的一個特定問題或觀察指標。

2. **數據收集**：收集相關的數據，包括這些測量項目的觀測數據。這些數據可以來自調查問卷、測試成績或其他測量方式，取決於研究的具體情況。

3. **計算內部一致性**：使用適當的統計方法計算測量項目的內部一致性，即信度。最常見的計算方法之一是克倫巴赫 α 系數（Cronbach's alpha），它衡量測量項目之間的相關性和一致性。

4. **計算信度統計量**：根據所使用的信度計算方法，得到相應的信度統計量。克倫巴赫 α 系數的範圍通常是 0 到 1，越接近 1 表示內部一致性越高，即測量項目之間的相關性較強，信度較好。

5. **解釋結果**：根據計算得到的信度統計量，進行結果解釋。如果信度統計量較高，表示測量項目具有較好的內部一致性和信度，即各測量項目之間的相關性較強，測量工具較可靠且穩定，可以信賴其測量結果。反之，如果信度統計量較低，則需要重新考慮該測量項目的可靠性和有效性，並可能進行改進或重新設計測量工具。

18.3 使用時機

列舉單一信度分析中常見的情境及案例：

1. **問卷研究**：研究者進行一項關於幸福感的研究，使用一份包含多個問題的問卷來評估受測者的幸福感程度。

   (1) 評估問卷中各個問題之間的相關性，確保問卷能夠有效地測量幸福感。

   (2) 檢測問卷中是否有冗長或重複的問題，進行刪減以提高問卷的內部一致性。

2. **測驗評估**：一所學校進行學生的語文能力評估，使用一份包含多個題目的測驗來測量學生的語文能力。

   (1) 確定測驗中各題目之間的一致性，以確保測驗能夠準確評估學生的語文能力。

   (2) 評估測驗中是否有難度過高或過低的題目，進行調整以提高測驗的內部一致性。

3. **量表研究**：一個研究小組設計了一個測量焦慮程度的量表，包含多個描述焦慮程度的項目。

   (1) 評估量表中各項目之間的相關性，確保量表能夠準確測量受測者的焦慮程度。

   (2) 比較不同受測者群體在量表中各項目得分上的差異，以了解不同群體間焦慮程度的差異。

4. **評分準則**：一家企業設計了一個評分準則，用於評估員工的表現，準則包含多個評分項目。

   (1) 評估評分準則中各項目之間的相關性，確保準則能夠有效評估員工的表現。

   (2) 評估不同評分員對於同一員工的評分一致性，以確保評分結果的可靠性。

5. **訪談問題**：一個研究者進行了一系列訪談，用於了解受訪者對於某個主題的看法和觀點。

(1) 評估訪談中各個問題之間的相關性，確保問題能夠全面且一致地了解受訪者的觀點。

(2) 比較不同受訪者對於同一問題的回答一致性，以確保訪談結果的可靠性。

18.4 介面說明

18.4.1 基本介面

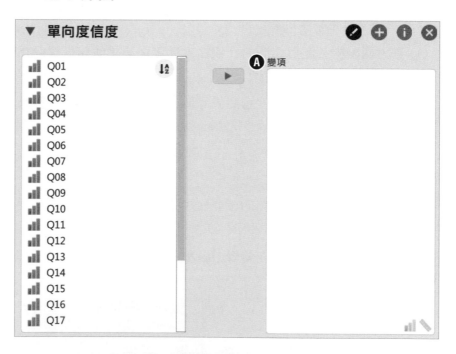

A. **變項**：指要進行信度分析的測量變量或問題項目。

18.4.2 分析

提供數種檢定方法用於進行測量工具內部一致性的評估。

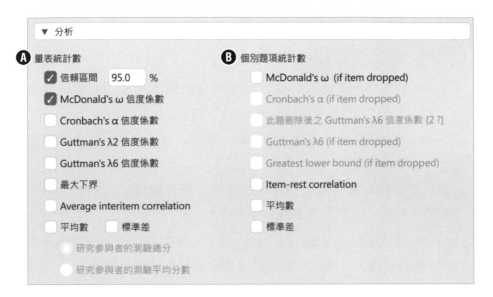

A. **量表統計數**：這是信度分析的總體統計指標，通常使用 Cronbach's alpha 或 McDonald's omega 來表示。

* ❖ 信賴區間（confidence interval，CI）：指估計統計數據的範圍，表示結果具有一定信賴水準的可信程度，通常設為 95%。（詳細說明請詳閱附錄-1）

* ❖ McDonald's ω信度係數：McDonald's omega 是一種信度係數，用於衡量測量變量的內部一致性，對於測量變量存在非均勻性時更為適用。

* ❖ Cronbach's α 信度係數：用於評估測量變量的內部一致性，是最常見且廣泛使用的信度指標之一。

* ❖ Guttman's λ2 信度係數：適用於二元項目的測量變量，例如是非題。

* ❖ Guttman's λ6 信度係數：適用於六點量表的測量變量。

* ❖ 最大下界：用於評估測量變量的內部一致性。它通常會提供較高的信度估計值，特別適用於非均勻測量變量。

❖ 平均項目間相關係數（Average interitem correlation）：是各個項目之間相關係數的平均值，用於評估測量變量的內部一致性。相關係數的平均值越高，表示測量工具的內部一致性越好。

❖ 平均數：各項目分數的平均值。

❖ 標準差：各項目分數的標準差。

■ 研究參與者的測驗總分：參與者在所有項目上的測驗總分的標準差。

■ 研究參與者的測驗平均分數：參與者在所有項目上的測驗平均分數的標準差。

B. **個別題項統計數**：是各個題項的描述性統計數據，用於評估每個單獨題項的特性，包括平均數和標準差。

❖ McDonald's ω（if item dropped）：用於評估刪除該題項後測量工具的信度，判斷該題項對整個測量工具信度的貢獻。

❖ Cronbach's α（if item dropped）：用於評估刪除該題項後測量工具的信度，並判斷該題項對整個測量工具信度的影響。

❖ 此題刪除後之 Guttman's λ6 信度係數：該數值提供了一種刪除該題項後測量工具的信度估計，並可與保留該題項時的信度值進行比較。

❖ Guttman's λ6（if item dropped）：當刪除該特定題項後重新計算，類似於前述。

❖ Greatest lower bound（if item dropped）：刪除該特定題項後重新計算的最大下界信度係數。

❖ Item-rest correlation：是各個題項與其餘題項總分之間的相關係數，用於評估該題項與其他題項的一致性。可幫助判斷該題項與其他題項之間的關聯程度。

❖ 平均數：該題項的平均分數。

❖ 標準差：該題項的分數的標準差。

18.4.3 反向計分題

可以指定哪些題項屬於反向計分題項，以便在計算信度時適當地處理這些題項的得分。

A. **常態衡量項目（Normal-Scaled Items）**：指的是量表中的正常計分題項，即評分越高表示該特質或行為越強烈。這些題項的得分是直接計入量表總分的，不需要進行額外的處理或轉換。

B. **反向計分題項（Reverse-Coded Items）**：指量表中的反向計分題項，即評分越高表示該特質或行為越弱或不存在。

18.4.4 進階選項

提供了更多詳細的設定，以進行更深入的信度分析。

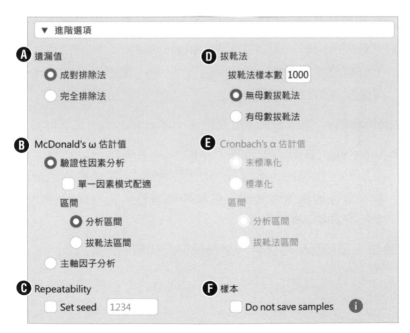

A. **遺漏值**：用於處理量表中存在的遺漏值。遺漏值是指在進行問卷調查或測試時，部分受測者未回答某些題目，導致該題的測量數據缺失。

❖ 成對排除法：當使用此選項時，若一個受測者的某個題目有遺漏值，則這個題目對應的所有其他題目也將被排除在信度分析之外。

❖ 完全排除法：當使用此選項時，只要有任何一個題目有遺漏值，整個受測者的數據行將被完全排除在信度分析之外。

B. **McDonald's ω估計值**：用於計算信度係數的 McDonald's ω 估計值，它是一種信度係數的估計方法，通常用於評估測量工具（例如問卷或測驗）的信度。

❖ 驗證性因素分析：用於在計算 McDonald's ω估計值時，使用驗證性因素分析來處理數據，以考慮潛在的隱性結構。

■ 單一因素模式配適：指是否應使用單一因素模式進行配適。單一因素模式指所有測量項目都屬於同一個因素或潛在變量，這個模式用於測量工具的整體信度。

❖ 區間：用於計算 McDonald's ω估計值的信賴區間。

■ 分析區間：指計算信賴區間時所使用的方法。

■ 拔靴法區間：指在計算信賴區間時是否使用拔靴法。

❖ 主軸因子分析：用於在計算 McDonald's ω估計值時，使用主軸因子分析來處理數據。主軸因子分析是一種因子分析方法，用於探索測量工具的潛在結構。。

C. **Repeatability**：指是否使用重復性（repeatability）方法來計算信度係數。

❖ Set seed：當使用重復性方法時，此選項允許設定種子值，以確保結果的可重復性。重復性方法用於評估信度係數的不確定性，通過多次重復抽樣來估計信度係數的變異性，這有助於提供更穩健的信度估計結果。

D. **拔靴法**：指是否使用拔靴法來計算信度係數的信賴區間。

❖ 拔靴法樣本數：用於指定進行拔靴法估計時的樣本數。對每個抽樣樣本計算信度係數，再通過這些抽樣樣本的信度係數值來估計信度係數的信賴區間。

❖ 無母數拔靴法：指是否使用無母數拔靴法來計算信度係數的信賴區間。無母數拔靴法是一種不依賴於分布假設的拔靴法。

❖ 有母數拔靴法：指是否使用有母數拔靴法來計算信度係數的信賴區間。有母數拔靴法是一種依賴於分布假設的拔靴法。

18

E. **Cronbach's α 估計值**：用於計算信度係數的 Cronbach's α 估計值。

❖ 未標準化：是否使用未標準化方法。未標準化的 Cronbach's α 估計值反映了測量項目的相關性，但不考慮它們的變異性。

❖ 標準化：是否使用標準化方法。標準化的 Cronbach's α 估計值考慮了測量項目的相關性和它們的變異性。

❖ 區間：用於計算 Cronbach's α 估計值的信賴區間。

　■ 分析區間：指計算信賴區間時所使用的方法。

　■ 拔靴法區間：指在計算信賴區間時是否使用拔靴法。

F. **樣本**：用於指定進行信度分析時所使用的樣本數。樣本數指的是參與信度分析的受測者數量。

❖ Do not save samples：指在進行拔靴法估計時是否保存拔靴樣本。若選擇「Do not save samples」，則不會保存拔靴樣本，反之則會保存。保存拔靴樣本可以用於進一步分析和後續處理。

18.5 統計分析實作

本節範例使用了 JASP 學習資料館中 13.Reliability 的 Fear of Statistics 數據。此數據名為「對統計的恐懼」，提供了 2571 位學生對 SPSS 焦慮問卷的回答。問卷中的所有項目都是使用 5 點李克特量表進行評估，其中 1 代表「強烈不同意」，5 代表「強烈同意」。

該分析引用於 Andy Field（2017）提出的探索性因素分析，因此在進行此範例分析時，已經確定了哪些項目屬於「統計恐懼」子量表。在這個背景下，本研究的目的是使用 Cronbach's alpha 和 Gutmann's lambda 6 兩種信度係數來評估「統計恐懼」子量表的內部一致性。透過這些信度係數的計算，可以得知這些項目是否在該量表內具有較高的一致性，以及測量結果是否可信賴。

數據資料中的變數及說明如下：

● Q01：統計數據讓我哭泣。

● Q03：標準差讓我興奮（此題為反向題）。

● Q04：我夢見皮爾遜用相關係數攻擊我。

● Q05：我不懂統計學。

● Q12：人們試圖告訴您 SPSS 使統計數據更容易理解，但事實並非如此。

● Q16：當提到集中趨勢時我會公開哭泣。

● Q20：想到特徵向量我就睡不著覺。

● Q21：我在羽絨被子中醒來，以為自己陷入了常態分佈。

範例實作

STEP**1** 點擊選單 > 開啟 > 學習資料館 > 13. Reliability > Fear of Statistics，
使開啟範例的數據樣本。

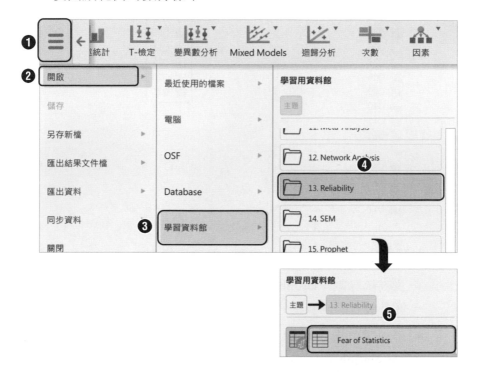

STEP**2** 於上方常用分析模組中點擊「信度
> 單向度信度」按鈕。

STEP**3** 將左側的 Q01、Q03、Q04、Q05、Q12、Q16、Q20、Q21 等八個
變數移至右側的變項欄位中。（其他題目也是可以選擇）

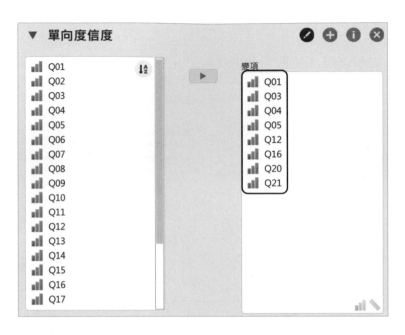

STEP **4**　展開「分析」頁籤，需「勾選」的項目如下：

■ 量表統計數：Cronbach's α 信度分析、平均數、標準差以及研究參與者的測驗總分。

■ 個別題項統計數：Cronbach's α（if item dropped）、Item-rest correlation（項目-休息相關性）、平均數、標準差。

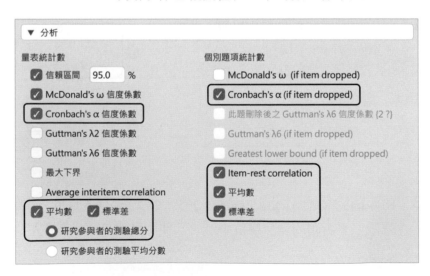

STEP **5**　展開「反向計分題」頁籤中,將左側 Normal-Scaled Items(正常比例的項目)欄位中的 Q3 移至右側反向計分題欄位中。

18

┌─────┐
│實作結論│
└─────┘

　　於報表視窗中可獲得信度分析的相關結果。從頻率派量表信度統計數表中得知點估計的 Cronbach's α 值為 0.82(以大於 0.7),表示此問卷具有信度。另外在頻率派個別題項信度統計數表中,通常會刪除 0.5 以下之題項,故 Q05 與 Q20 會予以刪除。

補充說明

　　α 是一種用於評估測量工具(例如問卷、測試或量表)內部一致性的統計指標。它的值介於 0 和 1 之間,通常用來衡量測量工具中所有測量項目(問題或觀察變量)之間的相關性或一致性。一般來說,Cronbach's α 值大於等於 0.70 被視為具有較好的內部一致性和信度。

- 9 以上:非常高的一致性。
- 0.8-0.9:高度的一致性。
- 0.7-0.8:中度的一致性。
- 0.6-0.7:邊界的一致性。
- 6 以下:較低的一致性。

單向度信度 ▼

頻率派量表信度統計數 ▼

估計	McDonald's ω	Cronbach's α	mean	sd
點估計	0.82	0.82	23.87	5.12
95% CI 下界	0.81	0.81	23.67	4.99
95% CI 上界	0.83	0.83	24.07	5.27

頻率派個別題項信度統計數

題項	若此題刪除 Cronbach's α	此題項-所有其他題項之相關	平均數	標準差
Q01	0.80	0.54	3.63	0.83
Q03	0.80	0.55	2.59	1.08
Q04	0.80	0.58	3.21	0.95
Q05	0.81	0.49 ✗	3.28	0.96
Q12	0.80	0.57	2.84	0.92
Q16	0.79	0.60	3.12	0.92
Q20	0.82	0.42 ✗	2.38	1.04
Q21	0.79	0.61	2.83	0.98

附註 以下題項反向計分：Q03

19

組內信度分析

19.1 統計簡介

　　組內信度分析是一種用於評估測量工具在同一時間點或不同時間點上對於相同樣本或相同受測者的穩定性和一致性的方法。這種分析的主要目的是確定測量工具的信度，以確保無論在不同情況下，測量結果都能產生一致的結果，從而增強研究的信心和可信度。

　　在進行組內信度分析時，需要特別注意兩次測量之間的時間間隔。選擇合適的時間間隔對於保證信度分析的有效性非常重要。若時間間隔太短，受測者可能還記得前次測量的答案，這可能導致測量結果的一致性增加，但這並不代表測量工具本身信度較高。而若時間間隔太長，受測者可能發生了變化，導致測量結果的一致性下降，同樣這並不一定反映測量工具信度的問題。因此，一般建議時間間隔應在幾天到數週之間，以確保測量結果的穩定性和可靠性。

19.2 檢定步驟

　　組內信度分析是確保測量工具在同一時間點或不同時間點上產生一致且可靠結果的重要步驟，有助於確保研究結果的可信性和準確性，故組內信度分析的檢定步驟如下：

1. **蒐集數據**：需要收集測量項目的評測數據或問卷回答。這些數據應該包含在不同時間或情境下多次進行的評測結果，以便進行組內信度分析。

2. **計算相關係數**：對於每個測量項目，在不同時間點或情境下，計算它們的相關係數。相關係數的值介於-1 和 1 之間，接近 1 表示兩次測量之間有很高的一致性，接近-1 表示兩次測量之間有反向一致性，接近 0 表示兩次測量之間無相關性。

3. **計算信度係數**：根據相關係數計算測量工具的信度係數。信度係數的值介於 0 和 1 之間，值越接近 1 表示測量工具具有較高的信度，測量結果較為穩定和可靠。

4. **進行統計檢定**：透過統計檢定來評估信度係數的統計顯著性。通常使用 T 檢定或方差分析等方法來檢定信度係數是否顯著不同於指定的信度值（例如 0.7 或 0.8）。如果信度係數顯著高於指定的信度值，則說明測量工具具有足夠的信度。

5. **判斷結果**：根據統計檢定的結果，可以判斷測量項目的組內信度是否達到一定標準。通常，若相關係數的 p 值顯著小於設定的顯著性水平（例如 0.05），則可以認為測量項目在組內具有顯著的一致性，並確保測量結果的可靠性。

19.3 使用時機

　　列舉組內信度分析中常見的情境及案例：

1. **測驗信度評估**：在教育領域中，常使用組內信度分析來評估學生的測驗或考試的信度。通過對同一批學生在不同時間進行相同測驗的重測，可以確定該測驗的信度，以確保測驗結果的穩定性。

2. **問卷信度評估**：在社會科學研究中，組內信度分析常用於評估問卷調查工具的信度。透過對同一受測者在不同時間或不同情境下填寫相同問卷的重測，可以確定問卷的信度，確保問卷結果的可靠性。

3. **生物醫學研究**：在醫學研究中，組內信度分析用於評估各種生物醫學測量工具的信度，例如生物指標、生理數據等。通過重複測量同一個受測者或樣本，可以確定測量工具的信度，確保研究結果的準確性。

4. **心理學研究**：在心理學研究中，組內信度分析常用於評估心理測量工具的信度，如人格測試、心理評估量表等。通過重複測量同一個受測者，可以確定測量工具的信度，確保研究結果的可靠性。

5. **認知研究**：在認知研究中，組內信度分析可用於評估不同測量工具的一致性。例如，對於評估同一認知能力的多個測量工具，通過重複測量同一個受測者，可以確定測量工具的信度，確保研究結果的一致性。

19.4 介面說明

組內信度分析旨在評估測量工具的信度，以確保其穩定性和可靠性。

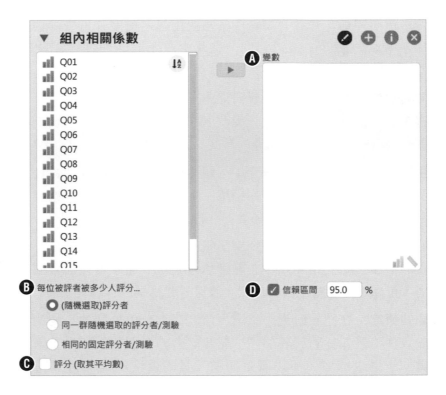

A. **變數**：指需要進行組內信度分析的測量變數，這可以是問卷中的問題或測驗中的題目。

B. **每位被評者被多少人評分**：指每個被測量者（受測者或被評者）受到幾個評分者評價或評分。這個數字決定了每個被測量者在信度分析中的資料點數量。

❖ （隨機選取）評分者：指評分者是隨機從研究樣本中選取的。這種設定可以模擬真實情況下評分者的多樣性，以更好地反映實際情況。

❖ 同一群隨機選取的評分者/測驗：指使用相同的群組評分者或相同的測驗內容對被測量者進行重複評分。這樣的設定可用於研究評分者間的一致性和測驗的穩定性。

❖ 相同的固定評分者/測驗：指使用相同的固定評分者或相同的測驗內容對被測量者進行重複評分。這個設定可用於測量測驗或評分者的內部一致性。

C. **評分（取其平均數）**：對於每位被測量者，多個評分者的評分可以取平均值，以獲得更穩定的測量值。這有助於減少因單一評分者或單一次測量所引起的隨機誤差，提高測量結果的可靠性。

D. **信賴區間（confidence interval，CI）**：指估計統計數據的範圍，表示結果具有一定信賴水準的可信程度，通常設為 95%。（詳細說明請詳閱附錄-1）

19.5 統計分析實作

　　本節範例使用了 JASP 學習資料館中 13.Reliability 的 Interrater Data from Shrout and Fleiss （1979）數據。此數據引用 Shrout 和 Fleiss （1979）的一篇關於 ICC（Intraclass Correlation Coefficient）的論文。這組數據包含了 4 位評分者對 6 個科目進行評分的結果。研究的目的是評估這 4 位評分者之間的一致性，也就是評分者的信度。

　　需值得注意的是，這個數據的樣本大小是未知的，意味著這裡沒有提供樣本的具體數量。

　　為了達成研究目的，假設所有科目都是由同一組固定評分者進行評分，即這 4 位評分者在所有科目上的評分都是相同的。因此，在進行信度分析時，使用組內相關係數來估計這 4 位評分者之間的一致性。組內相關係數用於評估同一組評分者對不同科目的評分一致性，以確定評分者是否在評分各科目時具有穩定且可靠的表現。

　　數據資料中的變數及說明如下：

- Rater.1：評估者 nr.1 的評級 1。
- Rater.2：評估者 nr.2 的評級 2。
- Rater.3：評估者編號 3 的評級 3。
- Rater.4：評估者 nr.4 的評級 4。

範例實作

STEP **1** 點擊選單 > 開啟 > 學習資料館 > 13. Reliability > Interrater Data from Shrout and Fleiss （1979），使開啟範例的數據樣本。

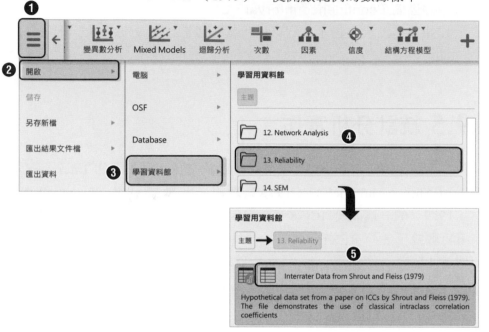

STEP **2** 於上方常用分析模組中點擊「信度 > 組內相關係數」按鈕。

STEP **3** 將左側的 Rater.1、Rater.2、Rater.3、Rater.4 四個變數移至右側的變數欄位中。此時在右側的報表視窗顯示已經將組內相關係數計算完成。

_{STEP}**4** 「勾選」評分（取其平均數）項目。

實作結論

於報表視窗中可獲得組內信度分析的相關結果。在組內相關係數表中得知點估計之值為 0.44，該值屬於中度組內相關。表示相關程度中等，兩次測量結果之間的一致性一般。

組內相關係數

組內相關係數

類型	點估計	95%信賴區間下界	95%信賴區間上界
ICC1,k	0.44	−0.88	0.91

附註 6 subjects and 4 raters/measurements. ICC type as referenced by Shrout & Fleiss (1979).

補充說明

　　ICC 的值介於 0 到 1 之間，且它的解釋類似於皮爾森相關係數，下列為常見的 ICC 點估計值解釋標準：。

- 0：表示兩次測量結果之間完全無關聯，即沒有一致性。
- 20：表示相關程度非常低，兩次測量結果之間的一致性非常差。
- 0.20-0.40：表示相關程度較低，兩次測量結果之間的一致性較差。
- 0.40-0.60：表示相關程度中等，兩次測量結果之間的一致性一般。
- 0.60-0.80：表示相關程度較高，兩次測量結果之間的一致性較好。
- 0.80-1.00：表示相關程度非常高，兩次測量結果之間的一致性非常好。

20

相關迴歸

20.1 統計方法簡介

　　相關迴歸分析指用於研究兩個或多個變數之間的相關關係。在此分析中，所關注的是一個主要的依變數與一個或多個響應變數之間的關係，並且試圖建立一個數學模型來描述這種關係。這些響應變數通常被認為可能是依變數的潛在影響因素。

　　相關迴歸分析的主要目的可以分為兩個方面：

1. **預測**：用來預測主要的依變數的值，基於已知的響應變數的值。透過建立數學模型，可以使用響應變數的數值來預測依變數的可能取值。

2. **解釋**：用於解釋主要的依變數與響應變數之間的關係。透過此分析，可以瞭解哪些響應變數對主要的依變數的影響是統計上顯著的，從而理解變數之間的相互作用。

　　因此，在相關迴歸分析中，研究者尋找最佳配適的數學模型，以描述主要的依變數和響應變數之間的關係。此模型可以是線性或非線性的，取決於數據的特性和問題的需求。

20.2 檢定步驟

　　相關迴歸分析用於研究變數之間的相關關係、預測和解釋主要的依變數的變異，故相關迴歸分析的檢定步驟如下：

1. **數據收集**：需要收集所需的數據，包括兩個或多個變數的觀測值。這些數據可以通過實驗、調查或觀察來獲得。

2. **資料檢查**：進行資料檢查，確保數據的完整性和準確性。如果發現遺漏值或異常值，需要進行處理或排除，以確保分析的可靠性。

3. **相關性分析**：計算變數之間的相關係數。相關係數用於衡量變數之間的線性相關性，其值介於-1 到 1 之間，正值表示正相關，負值表示負相關，接近 0 表示無相關。

4. **建立迴歸模型**：根據相關性分析的結果，選擇一個或多個預測變數來建立迴歸模型。迴歸模型描述了響應變數和依變數之間的關係。

5. **模型配適**：使用最小二乘法或其他迴歸分析方法來配適迴歸模型，求解模型的參數。

6. **模型評估**：評估迴歸模型的配適度和預測能力。常用的評估指標包括 R 方（決定係數）、調整 R 方、均方誤差等。R 方表示模型解釋變異性的比例，越接近 1 表示模型配適越好。

7. **參數檢定**：對模型中的迴歸係數進行假設檢定，確定是否存在統計顯著的預測關係。這一步驟用於確認哪些響應變數對於依變數的預測具有統計意義。

8. **結果解釋**：解釋迴歸模型的參數，瞭解變數之間的關係，並根據模型結果做出相關結論。

20.3 使用時機

列舉相關迴歸分析中常見的情境及案例：

1. **經濟學**：研究物價與消費者支出之間的相關關係。研究者收集不同地區的物價水平和消費者支出數據，進行相關迴歸分析，以探討兩者之間的相關性。

2. **社會學**：研究教育程度與職業選擇之間的相關關係。研究者調查不同教育程度的人們在不同職業中的分佈情況，進行相關迴歸分析，瞭解教育程度與職業選擇的相關性。

3. **心理學**：研究睡眠時間與注意力集中之間的相關關係。研究者收集參與者的睡眠時間和注意力測試結果，進行相關迴歸分析，瞭解兩者之間的相關性。

4. **生物醫學**：研究運動量與心血管健康之間的相關關係。研究者收集參與者的運動量和心血管健康指標數據，進行相關迴歸分析，瞭解兩者之間的相關性。

5. **教育研究**：研究教學方式與學生學業成績之間的相關關係。研究者對不同教學方式進行學生學業成績的調查，進行相關迴歸分析，瞭解不同教學方式對學業成績的影響。

20

20.4 介面說明

20.4.1 基本介面

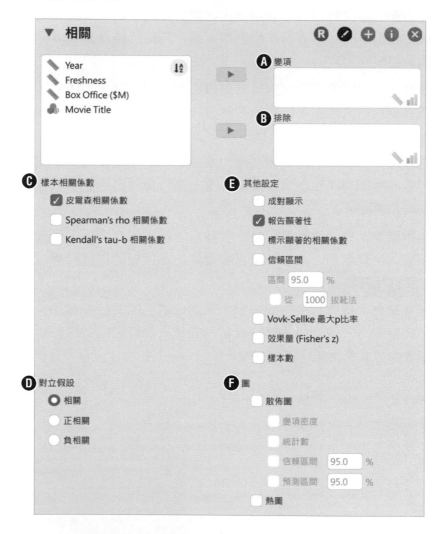

A. **變項**：可指定進行相關迴歸分析的依變數和響應變數。

B. **排除**：指在分析中排除不感興趣或不相關的變數的一個便利的選項。

C. **樣本相關係數**：選擇不同的樣本相關係數計算方法，用來衡量變數之間的相關程度。

❖ 皮爾森相關係數：計算變數之間的線性相關性的常用方法，通常用於處理連續變數之間的相關性。

❖ Spearman's rho 相關係數：計算變數之間的等級相關性的方法，通常適用於處理等級變數或非線性關係。

❖ Kendall's tau-b 相關係數：計算變數之間等級相關性的另一種方法，特別適用於處理小樣本數據或有結點資料。

D. **對立假設**：指定對立假設，即對相關係數的預測進行設定。

❖ 相關：預設的對立假設，即相關係數不等於零，也就是預測存在相關性。

❖ 正相關：表示假設相關係數為正值，也就是認為兩個變數之間存在正向相關性。

❖ 負相關：表示假設相關係數為負值，也就是認為兩個變數之間存在負向相關性。

E. **其他設定**：可以進一步設定相關迴歸分析的額外選項。

❖ 成對顯示：將會顯示變數之間的成對相關係數。對於觀察變數之間的相互關係非常有用，有助於瞭解變數之間的關聯性。

❖ 報告顯著性：將會顯示相關係數的顯著性水平。顯著性水平可以幫助判斷相關係數是否達到統計上的顯著程度，進而判斷變數之間是否存在真實的相關性。

❖ 標示顯著的相關係數：將特殊標記顯著的相關係數。這可以幫助更容易地識別哪些相關係數是統計上具有重要意義的。

❖ 信賴區間：（confidence interval，CI）：指估計統計數據的範圍，表示結果具有一定信賴水準的可信程度，通常設為 95%。（詳細說明請詳閱附錄-1）

■ 區間：指定信賴區間的信賴水準，通常表示為百分比。

■ 從 1000 拔靴法：指定執行拔靴法的樣本數。（詳細說明請詳閱附錄-2）

❖ Vovk-Sellke 最大 p 比率（Vovk-Sellke maximum p-ratio）：指用於計算觀察到的多個 p 值中的最大值，然後將其與單個假設檢定的顯著性水平進行比較，以控制整體類型 I 錯誤率，確保統計推斷具有一定的保證。（詳細說明請詳閱附錄-3）

❖ 效果量（Fisher's z）：將相關係數轉換為 Fisher's z 的一種方法，用於計算效果量。

❖ 樣本數：可以指定你的資料集中樣本的大小。這對於計算信賴區間和效果量等統計指標時是必需的，因為樣本大小會影響統計結果的可靠性。

F. 圖：提供多種視覺化選項，用於探索和呈現數據的相關性和迴歸模型的結果。

❖ 散佈圖：可以直覺地觀察兩個變數之間的關係。

■ 變項密度：在散佈圖上繪製變項的密度分布，可以幫助理解變數的分佈情況。

■ 統計數：在散佈圖上顯示相關係數和迴歸方程的相關統計數值。

■ 信賴區間：在散佈圖上繪製相關係數的信賴區間，用於估計相關係數的不確定性。

■ 預測區間：在散佈圖上繪製迴歸模型的預測區間，用於表示預測值的不確定性。

❖ 熱圖：以顏色熱圖的形式顯示相關矩陣，其中的每個格子代表不同變數之間的相關性。

20.4.2 檢查統計技術假設

用於檢查這些假設是否成立。

A. **多元常態**：用於檢查數據中變數的多元常態性，也就是所有變數之間的聯合分佈是否呈現常態分佈。

❖ Shapiro 檢驗：Shapiro-Wilk 檢驗是用於檢驗數據是否呈現常態分佈的統計檢驗方法。如果數據在 Shapiro 檢驗中通過常態分配檢定，則可以認為這些變數在多元空間中呈現常態分佈。

B. **成對常態性**：用於檢查迴歸模型中所有配對的觀測值的殘差是否呈現常態分佈。

❖ Shapiro 檢驗：用於檢驗迴歸模型中所有配對的觀測值的殘差是否符合成對常態性的 Shapiro-Wilk 檢驗。若在檢驗中發現殘差符合常態分佈，則可以確認成對常態性的假設成立。

20.4.3 設定

用於選擇適當的遺漏值處理方法，取決於數據的性質和遺漏值的原因。

❖ 遺漏值：這個選項用於設定遺漏值的處理方法。遺漏值是指在數據中缺失的觀測值或變數。在進行迴歸分析時，遺漏值的存在可能會影響結果的準確性，因此需要設定遺漏值的處理方式。

■ 成對排除法：當某些觀測值或變數出現遺漏時，該觀測值或變數將被完全從分析中排除，不參與迴歸分析。成對排除法的選項可以用於處理具有遺漏值的配對資料，確保分析的完整性和可信度。

■ 完全排除法：當某些觀測值或變數出現遺漏時，只有含有遺漏值的觀測值或變數將被排除，而其他含有完整數據的觀測值或變數仍會參與迴歸分析。

20.5 統計分析實作

本節範例使用了 JASP 學習資料館中 4. Regression 的 College Success 數據。此數據名為「大學成功」，提供了 224 名大學生的高中成績、SAT 成績和 GPA（成績平均點數）。其研究的目標是探索哪些變數能夠預測 GPA。

為了達到這個目標，研究需要執行以下步驟，（1）建立高中成績預測 GPA 的模型、（2）建立 SAT 分數預測 GPA 的模型、（3）建立高中成績和 SAT 分數預測 GPA 的模型。藉由上述三個模型的建立和比較，研究者可以瞭解不同變數對於預測學生 GPA 的貢獻，以及是否有些變數的組合能夠更好地預測 GPA。

數據資料中的變數及說明如下：

- id：參與者 ID。
- gpa：大學三個學期的成績平均點數 （GPA）。
- hsm：高中數學平均成績。
- hss：高中科學平均成績。
- hse：高中英語平均成績。
- satm：SAT 數學成績。
- satv：口頭知識的 SAT 分數。
- sex：性別（標籤不可用）

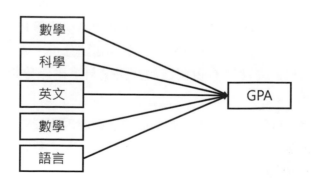

範例實作

STEP 1   點擊選單 > 開啟 > 學習資料館 > 4. Regression > College Success，
使開啟範例的數據樣本。

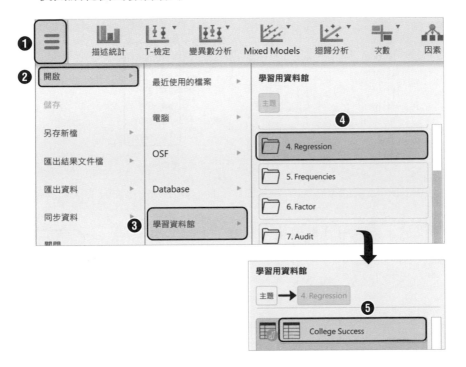

STEP 2   於上方常用分析模組中點擊「描述統計」按
鈕。

STEP **3**　　將左側的 gpa、hsm、hss、hse、satm、satv 等六個變數移至右側的
變項欄位中,藉此了解 6 個變數的描述統計結果。

STEP **4**　　於上方常用分析模組中點擊「迴歸分析 >
相關」按鈕。

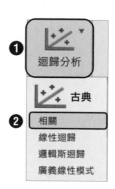

STEP **5**　　將左側的 gpa、hsm、hss、hse、satm、satv 等六個變數移至右側的
變項欄位中。

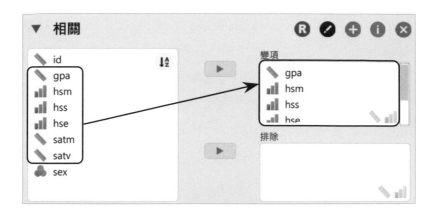

實作結論

　　於報表視窗中可獲得相關迴歸的相關結果。從皮爾森相關表得知對角線均為 1（由於是 1 所以顯示上會省略），也就是每個變數與自己的相關性是完美的正相關。

相關 ▼

皮爾森 相關

Variable		gpa	hsm	hss	hse	satm	satv
1. gpa	皮爾森r	—					
	p值	—					
2. hsm	皮爾森r	0.44	—				
	p值	< .001	—				
3. hss	皮爾森r	0.33	0.58	—			
	p值	< .001	< .001	—			
4. hse	皮爾森r	0.29	0.45	0.58	—		
	p值	< .001	< .001	< .001	—		
5. satm	皮爾森r	0.25	0.45	0.24	0.11	—	
	p值	< .001	< .001	< .001	0.11	—	
6. satv	皮爾森r	0.11	0.22	0.26	0.24	0.46	—
	p值	0.09	< .001	< .001	< .001	< .001	—

21.1 統計方法簡介

　　線性迴歸指用於探討兩個或多個變數之間的線性關係。在此方法中，希望通過配適一條或多條直線來描述響應變數和依變數之間的關係，以便進行預測或解釋未知數值的變數。

　　此方法的基本假設是響應變數和依變數之間存在一個線性關係，即依變數的變化可以由響應變數的變化通過一個線性函數來描述。這條直線的斜率表示響應變數對依變數的影響程度，而截距則表示當響應變數為零時，依變數的預測值。線性迴歸的目標是找到最佳的迴歸係數，使得這條直線能夠最好地配適觀察到的數據。

　　線性迴歸假設了響應變數和依變數之間是線性關係，這在應用時需謹慎考慮。如果數據呈現非線性關係，可能需要探索其他迴歸模型或非線性方法來進行分析，以確保模型的準確性和有效性。

21.2 檢定步驟

　　線性迴歸假設了響應變數和依變數之間是線性關係，故線性迴歸的檢定步驟如下：

1. **數據收集**：收集所需的數據，包括響應變數（解釋變數）和依變數（反應變數）的觀測值。這些數據可以通過實驗、調查或觀察等方式來獲得。

2. **資料檢查**：進行資料檢查，確保數據的完整性和準確性。如果發現遺漏值或異常值，需要進行處理或排除，以確保分析的可靠性。

3. **線性關係檢定**：進行線性關係檢定，通常使用散佈圖或相關係數來檢測響應變數和依變數之間的線性關係。如果響應變數和依變數呈現明顯的線性趨勢，則可以進行線性迴歸分析。

4. **建立迴歸模型**：根據線性關係檢定的結果，選擇適合的響應變數來建立線性迴歸模型。迴歸模型描述了響應變數和依變數之間的線性關係。

5. **模型配適**：使用最小二乘法或其他迴歸分析方法來配適迴歸模型，求解模型的迴歸係數。

6. **模型評估**：評估迴歸模型的配適度和預測能力。常用的評估指標包括 R 方（決定係數）、調整 R 方、均方誤差等。R 方表示模型解釋變異性的比例，越接近 1 表示模型配適越好。

7. **參數檢定**：對模型中的迴歸係數進行假設檢定，確定是否存在統計顯著的線性關係。這一步驟用於確認哪些響應變數對於依變數的預測具有統計意義。

8. **結果解釋**：解釋迴歸模型的參數，瞭解變數之間的線性關係，並根據模型結果做出相關結論。

21.3 使用時機

　　列舉線性迴歸中常見的情境及案例：

1. **經濟學**：研究不同經濟指標之間的關係。研究者希望了解 GDP 和失業率之間的關係，探討經濟成長和就業水平的相互影響。

2. **市場行銷**：探討市場銷售數據和廣告投入之間的關係。研究者分析廣告支出和產品銷售額之間的關係，評估廣告活動的效果。

3. **社會科學**：研究社會問題和因素之間的關係。研究者探討教育水平和收入水平之間的關係，評估教育對收入的影響。

4. **醫學研究**：研究醫學數據中不同因素對健康指標的影響。研究者探討飲食習慣對心臟病風險的影響，評估飲食與心血管健康的關係。

5. **工程和科學研究**：分析工程數據和科學實驗數據。研究者希望了解材料強度和溫度之間的關係，評估溫度對材料性能的影響。

21.4 介面說明

21.4.1 基本介面

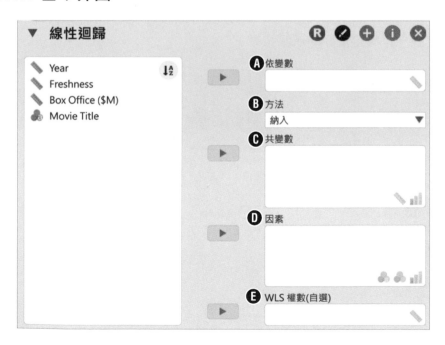

A. **依變數**：希望預測或解釋的主要變數，也被稱為「應變數」。

B. **方法**：在建立迴歸模型時使用的方法或策略。

　　❖ 納入：最基本的迴歸分析方法，只包括指定的響應變數。

　　❖ 向後：一種逐步回歸方法，它先將所有響應變數納入模型，然後逐步地刪除不顯著的響應變數。

　　❖ 向前：一種逐步回歸方法，它從空模型開始，然後逐步地增加顯著的響應變數。

　　❖ 逐步：一種結合了向前和向後的方法，同時考慮增加和刪除響應變數。

C. **共變數**：指在迴歸模型中納入的其他控制變數，這些變數可能會對依變數和響應變數之間的關係產生影響。有助於排除其他可能影響結果的因素，從而更準確地研究響應變數與依變數之間的關係。

D. **因素**：指在因素分析中使用的變數。用於尋找變數之間相關性的統計方法，有助於簡化變數集並提取主要的因素。

E. **WLS 權數（自選）**：代表加權最小平方法，是一種考慮不同變數間權重不同的迴歸分析方法。此方法可以改善變數間的異質性和非常態性，以獲得更好的迴歸結果。

21.4.2 模式

用以指定一個或多個依變數，並選擇相應的響應變數來建立迴歸模型。

A. 成分（Components）：模型中的可用成分數。

B. 模型項目（Model terms）：建立模型時所使用的變數，可以是依變數和響應變數，也可以包含交互作用項。

　❖ 增加至虛無模型：這是一個功能按鈕，用來將目前的模型設定轉換為虛無模型。虛無模型是一種特殊的迴歸模型，其中假設所有的響應變數對依變數都沒有影響，即所有迴歸係數都為零。進行迴歸分析時，研究者通常會比較目前的模型與虛無模型的配適程度，以評估響應變數對依變數的影響是否顯著。

C. **納入截距（Include intercept）**：在模型中當響應變數為 0 時，依變數的平均值。在大多數情況下，迴歸模型都需要包含截距，以充分描述變數之間的關係。

21.4.3 統計數

　　用於顯示迴歸模型的統計結果，使幫助了解模型的配適程度和變數之間的關係。

A. **係數（Coefficients）**：顯示了迴歸模型中各個響應變數的迴歸係數估計值。

❖ 估計值（Estimates）：顯示了迴歸模型中各個響應變數迴歸係數的估計值。

■ 來自 1000 拔靴法（From 1000 bootstraps）：指定執行拔靴法的樣本數。（詳細說明請詳閱附錄-2）

❖ 信賴區間（confidence interval，CI）：指估計統計數據的範圍，表示結果具有一定信賴水準的可信程度，通常設為 95%。（詳細說明請詳閱附錄-1）

❖ 共變數矩陣（Covariance Matrix）：顯示了迴歸模型中各個迴歸係數的共變異數矩陣。共變異數矩陣提供了各個參數之間的相關程度。

❖ Vovk-Sellke 最大 p-比率（Vovk-Sellke Maximum p-ratio）：用於計算觀察到的多個 p 值中的最大值，然後將其與單個假設檢定的顯著性水平進行比較，以控制整體類型 I 錯誤率，確保統計推斷具有一定的保證。（詳細說明請詳閱附錄-3）

❖ 模型配適度（Model Fit）：用於評估模型對資料的適合程度。

❖ R 平方改變數（R-squared Change）：指在加入響應變數後，模型 R 平方值的變化量。R 平方改變數可以用來評估每個響應變數對模型解釋力的貢獻。

❖ 描述統計（Descriptives）：顯示每個變數的描述統計數據，例如平均值、標準差等。

❖ 偏相關與淨相關（Partial and Semi-partial）：用於評估響應變數對依變數的部分影響的指標。偏相關考慮了其他響應變數的影響，淨相關則不考慮其他響應變數的影響。

❖ 共線性診斷（Collinearity Diagnostics）：用於評估模型中是否存在共線性問題的指標。共線性可能會導致迴歸係數估計不穩定或不可靠。共線性診斷的結果可以幫助確定模型中的變數是否存在相互關聯，並採取適當的措施來解決共線性問題。

B. **殘差（Residuals）**：指觀測值與迴歸模型預測值之間的差異。在迴歸分析中，研究者希望殘差盡可能地接近零，表示模型對資料的解釋能力越好。

❖ 統計數（Statistics）：顯示了與殘差相關的統計數值，例如平均值、標準差等，用來描述殘差的分佈情況。

❖ Durbin-Watson：用於檢驗殘差是否具有自相關，即是否存在殘差的序列相關性。該統計量的值介於 0 和 4 之間，越接近 2 表示殘差越獨立，越接近 0 或 4 表示殘差存在自相關。

❖ 個別資料診斷（Individual Data Diagnostics）：顯示了每個觀測值的個別資料診斷結果。這些指標用於評估個別觀測值對迴歸模型的影響。

　■ 標準化殘差（Standardized Residuals）：是殘差除以其標準差後得到的值，用於比較不同變數間的殘差大小。

　■ Cook's 距離（Cook's Distance）：用於評估個別觀測值對迴歸模型的影響程度。該指標表示如果移除該觀測值，模型對整體資料的配適程度會有多大變化。

　■ 所有（All）：可以選擇查看所有的統計數，包括殘差、標準化殘差、個別資料診斷等，以便全面了解迴歸模型的表現和個別觀測值的影響。

21.4.4 模式設定

A. **逐步回歸方法條件（Stepwise Regression Method Criteria）**：選擇逐步回歸方法的選擇標準。逐步回歸是一種進行變數選擇的方法，它根據特定標準來選擇進入模型或移除模型的變數。

❖ 使用 p 值（Use p-values）:根據變數的 p 值來進行變數選擇。p 值是統計檢定中用於評估變數對應的係數是否顯著的指標。

■ 納入 0.05（Enter at 0.05）：使用 p 值作為逐步回歸方法條件的一部分。如果一個變數的 p 值小於等於 0.05，則將其納入模型。

■ 移除 0.1 （Remove at 0.1）：使用 p 值作為逐步回歸方法條件的一部分。如果一個變數的 p 值大於 0.1，則將其從模型中移除。

❖ 使用 F 值（Use F-values）：根據變數的 F 值來進行變數選擇。F 值是用於評估整體模型的顯著性。

■ 納入 3.84 （Enter at 3.84）：如果整體模型的 F 值大於等於 3.84，則將變數納入模型。

■ 移除 2.71 （Remove at 2.71）：如果整體模型的 F 值小於 2.71，則將變數從模型中移除。

21.4.5 圖

圖表用於幫助檢查迴歸模型的合適性，特別是對於迴歸模型的殘差的分佈情況和殘差的隨機性進行評估。

21

A. **殘差圖（Residual Plots）**：整合了多個殘差圖表的圖形，用於檢查模型的殘差是否隨機分佈。

❖ 殘差 VS 依變數（Residuals vs. Dependent）：將模型的殘差（垂直軸）與依變數的觀測值（水平軸）進行比較，用於檢查殘差是否隨著依變數的變化而變化。

❖ 殘差 VS 共變數（Residuals vs. Covariate）：將模型的殘差（垂直軸）與響應變數的觀測值（水平軸）進行比較，用於檢查殘差是否隨著響應變數的變化而變化。

❖ 殘差 VS 預測值（Residuals vs. Covariate）：將模型的殘差（垂直軸）與響應變數的觀察值（水平軸）進行比較，用於檢查殘差是否隨著響應變數的變化而變化。

❖ 殘差直方圖（Histogram of Residuals）：顯示模型的殘差的分佈情況，用於檢查殘差是否近似於常態分配。

　■ 標準化殘差（Standardized Residuals）：顯示模型的標準化殘差的分佈情況，用於檢查殘差是否近似於常態分配。

❖ Q-Q 圖標準化殘差（Q-Q Plot of Standardized Residuals）：用於檢查標準化殘差是否與常態分配的理論分位數相符。

❖ 偏殘差圖（Partial Residuals Plot）：顯示模型的偏殘差的分佈情況，用於檢查模型中的多個變數對於依變數的獨立貢獻。

　　■ 信賴區間（Confidence Intervals）：顯示偏殘差的信賴區間，用於評估模型預測的準確性。

　　■ 預測區間（Prediction Intervals）：顯示偏殘差的預測區間，用於評估模型預測的準確性。

B. 其他圖：用於進一步評估迴歸模型的效果和邊際效果。

❖ 邊際效果圖（Marginal Effects Plot）：顯示依變數與一個或多個響應變數的邊際效果，即當某個響應變數變化時，對依變數的影響。

21.5 統計分析實作

　　本節範例使用了 JASP 學習資料館中 4. Regression 的 College Success 數據。此數據名為「大學成功」，提供了 224 名大學生的高中成績、SAT 成績和 GPA（成績平均點數）。其研究的目標是探索哪些變數能夠預測 GPA。

　　為了達到這個目標，研究需要執行以下步驟，（1）建立高中成績預測 GPA 的模型、（2）建立 SAT 分數預測 GPA 的模型、（3）建立高中成績和 SAT 分數預測 GPA 的模型。藉由上述三個模型的建立和比較，研究者可以瞭解不同變數對於預測學生 GPA 的貢獻，以及是否有些變數的組合能夠更好地預測 GPA。

　　數據資料中的變數及說明如下：

● id：參與者 ID。

● gpa：大學三個學期的成績平均點數 （GPA）。

● hsm：高中數學平均成績。

● hss：高中科學平均成績。

● hse：高中英語平均成績。

- satm：SAT 數學成績。

- satv：口頭知識的 SAT 分數。

- sex：性別（標籤不可用）

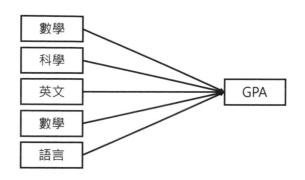

數學
科學
英文
數學
語言
GPA

範例實作

STEP **1**　點擊選單 > 開啟 > 學習資料館 > 4. Regression > College Success，
使開啟範例的數據樣本。

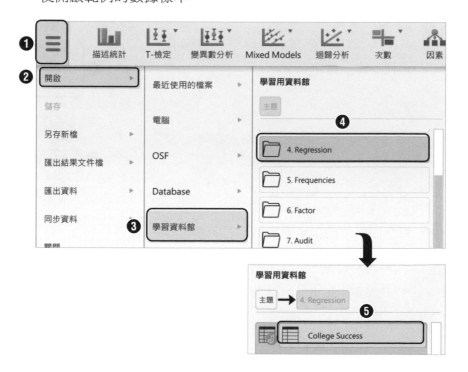

STEP **2** 於上方常用分析模組中點擊「描述統計」按鈕。

STEP **3** 將左側的 gpa、hsm、hss、hse、satm、satv 等六個變數移至右側的變項欄位中,藉此了解 6 個變數的描述性結果。

STEP **4** 於上方常用分析模組中點擊「迴歸分析 > 線性迴歸」按鈕。

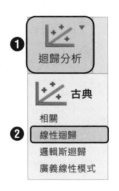

STEP **5** 將左側欄位的指定變數移至右側欄位中,如下:

- 依變數:gpa。
- 共變數:hsm、hss、hse。

21

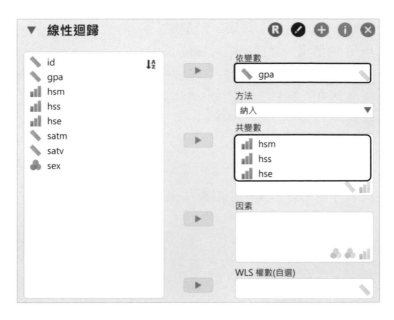

STEP **6** 展開「統計數」頁籤，須勾選的項目如下：

■ 係數：R 平方改變數、描述統計、共線性診斷。

■ 殘差：統計數、Durbin-Watson。

STEP **7**　展開「模式設定」頁籤，勾選使用 p 值選項，並確認納入欄位值為 0.05 表示 p 小於 0.05，移除欄位值為 0.1 表示 p 大於 0.1 時則移除。

STEP **8**　於上方常用分析模組中點擊「迴歸分析 > 線性迴歸」按鈕。

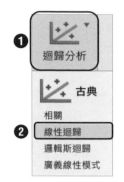

STEP **9**　依據此研究，將左側欄位內的指定變項移至右側的變項中，各欄位須設定的變項如下：

- 依變數：gpa。

- 共變數：hsm、hss、hse、satm、satv。

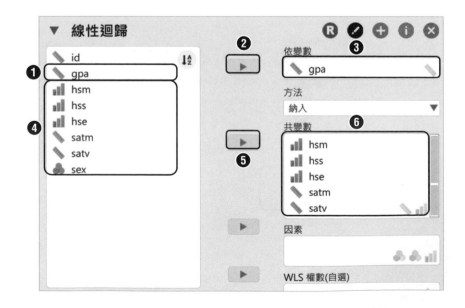

STEP.**10** 展開「統計數」頁籤，須勾選的項目如下：

- 係數：R 平方改變數、描述統計。

- 殘差：統計數、Durbin-Watson。

實作結論

於報表視窗中可獲得線性迴歸的相關結果。在 Model Summary-gpa 表中，H_1 的 Adjusted R^2 值為 0.194，表示解釋依變數的變異量為 0.194。

線性迴歸 ▼

Model Summary - gpa

模型	R	R^2	Adjusted R^2	RMSE	R^2 Change	F Change	df1	df2	p值	Durbin-Watson Autocorrelation	統計	p值
H_0	0.000	0.000	0.000	0.779	0.000		0	223		0.167	1.661	0.011
H_1	0.460	0.211	0.193	0.700	0.211	11.691	5	218	< .001	0.116	1.765	0.073

在 ANOVA 表中，H_1 的 p 值小於 0.01，表示 3 個共變數對於 gpa 依變數的解釋變異量是具有顯著性的影響效果。此時，若想得知影響多少的話可查看相關係數 Coefficients 表。

ANOVA ▼

模型		Sum of Squares	自由度	離均差平方平均值	F	p值
H_1	Regression	28.644	5	5.729	11.691	< .001
	Residual	106.819	218	0.490		
	Total	135.463	223			

附註 The intercept model is omitted, as no meaningful information can be shown.

在 Coefficients 表中，Unstandardized（未標準化的相關係數）值為 hsm（0.169）＋ hss（0.034）＋ hse（0.045）＋ intercept（0.590，殘差項）四者加總後的值，其值等於 gpa。

另外，透過 p 值欄位可以得知 hsm、hss、hse 三者是否對於 gpa 是否具有顯著且具有影響效果，當中只有 hsm 的 p 值小於 0.01，也就是說只有 hsm 有顯著的影響效果，另兩變數則沒有（未小於 0.05）。

Coefficients

模型		Unstandardized	標準誤	Standardized	t	p值	Collinearity Statistics	
							Tolerance	VIF
H_0	(Intercept)	2.635	0.052		50.604	< .001		
H_1	(Intercept)	0.590	0.294		2.005	0.046		
	hsm	0.169	0.035	0.354	4.749	< .001	0.649	1.540
	hss	0.034	0.038	0.075	0.914	0.362	0.539	1.855
	hse	0.045	0.039	0.087	1.166	0.245	0.645	1.550

22

邏輯斯迴歸

22.1 統計方法簡介

邏輯斯迴歸（Logistic Regression）是一種非線性迴歸方法，用於預測和解釋二元或多元的二值型或有序型結果。與傳統的線性迴歸不同，邏輯斯迴歸適用於依變數為二元型或有序型的情況，例如預測是否患病、成功或失敗、評價為好或壞等結果。

邏輯斯迴歸的基本原理是將線性迴歸模型的輸出（即預測值）轉換為介於 0 和 1 之間的機率值，這樣便可以將預測值解釋為某個事件發生的機率。當預測值大於等於 0.5 時，被分類為 1（例如事件發生），而當預測值小於 0.5 時，被分類為 0（例如事件不發生）。

因此，透過邏輯斯迴歸，研究者可以探索並解釋各個預測變數對於特定事件發生的影響程度，並用機率形式呈現預測結果。這使得邏輯斯迴歸在許多二元或有序型的問題中成為一個重要且廣泛應用的統計方法。

22.2 檢定步驟

　　邏輯斯迴歸是一種廣泛應用於分類問題的統計方法，用於預測二元或多元類別的響應變數，故邏輯斯迴歸的檢定步驟如下：

1. **數據準備**：收集和整理數據，包括一個或多個二元或多元的響應變數，以及一組預測變數（響應變數）。確保數據的完整性，處理遺漏值和異常值，以確保數據的可靠性。

2. **建立模型**：根據研究問題和數據特徵，選擇合適的預測變數來建立邏輯斯迴歸模型。

3. **模型參數估計**：使用最大概似法（MLE）或其他方法估計模型的參數。MLE 的目標是找到最有可能產生觀察到的數據的模型參數，使得模型的預測結果與實際觀察值最為接近。

4. **模型評估**：評估邏輯斯迴歸模型的配適度和預測能力。常用的評估指標包括 AUC-ROC 曲線、混淆矩陣、準確率、召回率等。這些指標能夠評估模型的分類性能和預測的準確性。

5. **參數檢定**：對模型中的參數進行假設檢定，確定是否存在統計顯著的預測變數。

6. **解釋結果**：解釋模型參數的意義和影響。可以使用指數化參數估計結果來解釋預測變數對於響應變數的影響。

22.3 使用時機

　　列舉邏輯斯迴歸中常見的情境及案例：

1. **醫學研究**：預測疾病發生。研究者希望根據患者的生活習慣、家族病史等響應變數，預測患者是否會罹患某種疾病，例如預測糖尿病的發生。

2. **行銷學**：顧客購買意願。研究者希望根據顧客的消費習慣、網路行為等響應變數，預測顧客是否會購買某個產品或服務，例如預測網路使用者購買商品的意願。

3. **社會學**：投票行為分析。研究者希望根據選民的背景、政治立場等響應變數，預測選民在選舉中的投票行為，例如預測選民支持哪個政黨的候選人。

4. **金融學**：信用風險評估。研究者希望根據借款人的信用記錄、收入狀況等響應變數，預測借款人還款能力，例如預測個人貸款的還款風險。

5. **教育學**：學業成績預測。研究者希望根據學生的學習成績、參與活動等響應變數，預測學生在期末考試中的成績，例如預測學生數學科的考試成績。

22.4 介面說明

22.4.1 基本介面

A. **依變數**：希望預測或解釋的主要變數，也被稱為「應變數」。在此依變數通常是二元的（有兩個可能的取值，例如「是」或「否」），用於預測二元結果的機率，例如預測某事件發生的機率。

B. **方法**：指定進行邏輯斯迴歸分析的方法。

   ❖ 輸入法：允許手動選擇要包含在模型中的變數，這可以是響應變數或共變數。可以根據理論或實證研究的需求選擇變數。

   ❖ 向後消去法：是一種逐步選擇的方法，它從包含所有變數的完整模型開始，然後逐步刪除不顯著的變數，直到只剩下顯著的變數。這有助於建立更簡潔且有效的模型。

   ❖ 向前選取法：是一種逐步選擇的方法，它從只包含截距的空模型開始，然後逐步添加顯著的變數，直到再添加變數時不再顯著。這有助於逐步構建具有顯著預測能力的模型。

   ❖ 逐步選取法：結合了向前選取法和向後消去法，它在每一步中同時考慮添加和刪除變數，以找到最佳模型。這有助於在多個響應變數中找到最具解釋能力的變數組合。

C. **共變數（爲連續變數的預測變數）**：用於預測依變數。這些變數是指連續的數值，如年齡、得分等，用於預測二元結果。

D. **因子（爲類別/次序變數的預測變數）**：用於預測依變數。這些變數是指具有類別或次序的變數，如性別、教育程度等，也可以用於預測二元結果。

22.4.2 模型

指定依變數（二元或多元）、響應變數和可能的交互作用，以建立邏輯斯迴歸模型。

A. 成分（Components）：模型中的可用成分數。

B. 模型項目（Model terms）：建立模型時所使用的變數，可以是依變數和響應變數，也可以包含交互作用項。

❖ 增加至虛無模型：這是一個功能按鈕，用來將目前的模型設定轉換為虛無模型。虛無模型是一種特殊的迴歸模型，其中假設所有的響應變數對依變數都沒有影響，即所有迴歸係數都為零。進行迴歸分析時，研究者通常會比較目前的模型與虛無模型的配適程度，以評估響應變數對依變數的影響是否顯著。

C. 納入截距（Include intercept）：在模型中當響應變數為 0 時，依變數的平均值。在大多數情況下，迴歸模型都需要包含截距，以充分描述變數之間的關係。

22.4.3 統計數

可以查看與邏輯斯迴歸模型相關的各種統計指標，幫助評估模型的配適度和效能。

A. **描述統計**：提供了所有響應變數和依變數的描述性統計數據。

　　❖ 因子描述統計：在邏輯斯迴歸模型中使用了類別或次序變數作為響應變數（因子），則此部分會提供這些因子的描述性統計數據。對於類別變數，這些統計數據通常包括各類別的頻數和百分比；對於次序變數，則可能包括項目的中位數、分位數等。

B. **係數**：每個響應變數的係數估計值。係數的正負號和大小表明了響應變數對於依變數的影響程度。

　　❖ 估計值：當響應變數取不同的值時，對應的依變數發生的機率。對於邏輯斯迴歸，依變數通常是二元變數，估計值表示依變數為 1 的機率。

- 從 1000 拔靴法：利用指定次數的拔靴法計算得到的估計值的信賴區間。（詳細說明請詳閱附錄-2）
- 標準化係數：將所有響應變數和依變數都進行標準化後得到的係數值。標準化係數可以用來比較不同響應變數對依變數的影響力，因為它們消除了變數之間的量級差異。
- 勝算比：響應變數的勝算比估計值，表示當響應變數增加一個單位時，對應的勝算比的變化量。勝算比是一種衡量兩組之間差異的指標，它表示兩組中成功的機率之比。
  - □ 信賴區間：是勝算比估計值的信賴區間，用於評估估計值的準確性和穩定性。
  - □ 勝率比尺規：是勝算比估計值的比尺規，用於評估響應變數對勝算比的影響程度。
- 穩健標準誤：通過穩健迴歸方法得到的係數估計值的標準誤。穩健迴歸是一種對於資料中可能存在異常值或極端值具有魯棒性的迴歸方法。
- Vovk-Sellke 最大 p-比率：（Vovk-Sellke maximum p-ratio）：指用於計算觀察到的多個 p 值中的最大值，然後將其與單個假設檢定的顯著性水平進行比較，以控制整體類型 I 錯誤率，確保統計推斷具有一定的保證。（詳細說明請詳閱附錄-3）

❖ 多元共線性診斷指標：用於評估模型中是否存在多元共線性問題的相關統計指標，如變異膨脹因子（VIF）等。多元共線性可能導致模型中的係數估計不穩定或不可解釋。這些指標可以幫助您檢查模型的穩定性和可靠性。

C. 殘差：這是模型中每個觀測值的殘差，表示觀測值的實際值與預測值之間的差異。殘差是評估模型配適效果的重要指標，若殘差較小，表示模型較好地配適資料。

❖ 個別資料診斷：（Individual Data Diagnostics）：顯示了每個觀測值的個別資料診斷結果。這些指標用於評估個別觀測值對迴歸模型的影響。

■ 標準殘差（Standardized Residuals）：是殘差除以其標準差後得到的值，用於比較不同變數間的殘差大小。

■ Cook's 距離（Cook's Distance）：用於評估個別觀測值對迴歸模型的影響程度。該指標表示如果移除該觀測值，模型對整體資料的配適程度會有多大變化。

■ 全選：可以選擇查看所有的統計數，包括殘差、標準化殘差、個別資料診斷等，以便全面了解迴歸模型的表現和個別觀測值的影響。

D. **效能診斷**：提供了評估模型預測能力的相關統計指標。

❖ 混淆矩陣：用於評估分類模型預測效能的矩陣，包括真陽性、真陰性、偽陽性和偽陰性等。通過混淆矩陣，可以計算出其他效能指標，如敏感度、明確度、精確度等。

E. **效能指標**：用於評估邏輯斯迴歸模型的預測能力和分類效果。

❖ 準確度（Accuracy）：表示模型預測正確的觀測值在總體觀測值中所佔的比例。

❖ AUC（Area Under the Curve）：是 ROC 曲線下的面積，用於評估模型的分類能力。AUC 值越接近 1，表示模型的分類效果越好。

❖ 敏感度/召回率（Sensitivity/Recall）：表示在實際為陽性的觀測值中，模型成功預測為陽性的比例。也就是模型能夠正確地檢測到真實陽性的能力。

❖ 特異度（Specificity）：表示在實際為陰性的觀測值中，模型成功預測為陰性的比例。也就是模型能夠正確地排除真實陰性的能力。

❖ 精確度（Precision）：表示在模型預測為陽性的觀測值中，實際為陽性的比例。也就是模型預測為陽性的準確性。

❖ F 度量（F-measure）：結合了準確率和敏感度的指標，用於評估模型的平衡預測能力。F 度量值越高，表示模型在準確率和敏感度之間取得較好的平衡。

❖ Brier 分數：衡量模型預測的平均均方誤差，Brier 分數越小，表示模型預測能力越好。

❖ H 度量（H-measure）：結合了 AUC、準確度和 Brier 分數的指標，用於綜合評估模型的預測能力。H 度量可為多指標下的綜合評價提供參考。

22.4.4 圖

用於顯示邏輯斯迴歸模型的相關圖形，幫助進行模型的檢視和評估。

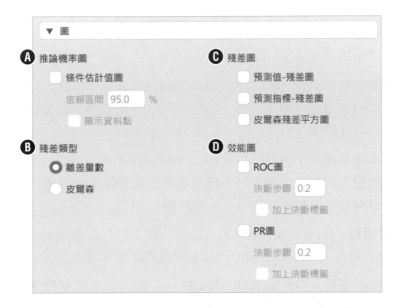

A. **推論機率圖**（Inference Probability Plot）：是一個折線圖，顯示了不同預測指標值下的推論機率。

❖ 條件估計值圖（Conditional Estimate Plot）：顯示了每個預測指標值下的條件估計值。條件估計值是模型對於每個預測指標值的條件預測值，此圖形可以幫助觀察模型在不同預測指標值下的預測變化。

■ 信賴區間（Confidence Interval）：顯示了每個預測指標值下的條件估計值的信賴區間。信賴區間是對於條件估計值的不確定性的估計，此圖形可以幫助觀察預測值的可信程度。（詳細說明請詳閱附錄-1）

- ■ 顯示資料點（Show Data Points）：選擇是否顯示每個預測指標值下的資料點，此圖形可以幫助觀察資料點在模型預測下的分佈情況。

B. **殘差圖（Residuals Plot）**：這是散佈圖，顯示了模型的殘差與預測值之間的關係。殘差是模型預測值和實際觀測值之間的差異，此圖形可以幫助觀察模型是否存在預測誤差的情況。

- ❖ 預測值-殘差圖（Predicted-Residuals Plot）：顯示了模型預測值與殘差之間的關係。此圖形可以幫助觀察模型預測值和殘差是否呈現特定的分佈情況。

- ❖ 預測指標-殘差圖（Predictor-Residuals Plot）：顯示了每個預測指標值與殘差之間的關係。此圖形可以幫助觀察預測指標值和殘差是否存在關聯。

- ❖ 皮爾森殘差平方圖（Pearson Residuals Plot）：這是散佈圖，顯示了模型的皮爾森殘差平方與預測值之間的關係。此圖形可以幫助觀察殘差平方和預測值是否存在關聯。

C. **殘差類型（Residual Type）**：這是一個下拉式選單，可以選擇不同的殘差計算方式，不同的殘差計算方式可能影響模型的評估結果。

- ❖ 離差量數（Deviance Residuals）：顯示了離差量數殘差與預測值之間的關係。此圖形可以幫助觀察離差量數殘差和預測值是否存在關聯。

- ❖ 皮爾森殘差（Pearson Residuals）：顯示了模型的皮爾森殘差與預測值之間的關係。此圖形可以幫助觀察皮爾森殘差和預測值是否存在關聯。

D. **效能圖（Performance Plot）**：是一個包含多個效能指標的圖形，用於評估模型的分類效能。

- ❖ ROC 圖（ROC Plot）：顯示了在不同分類閾值下，真陽率（敏感度）與假陽率之間的關係曲線。這個曲線能夠幫助你評估模型的分類能力和選擇適當的閾值。

- 決斷步驟（Decision Cutoff）：它標示了不同閾值下的決斷步驟點。決斷步驟點是根據不同閾值選擇的分類結果，該點可以幫助找到最佳的分類閾值。

- 加上決斷標籤（Add Decision Labels）：可以選擇是否在 ROC 圖上標示決斷標籤。決斷標籤是指決定分類結果的閾值，標示在 ROC 圖上可以幫助更直覺地理解模型的分類效果。

❖ PR 圖（Precision-Recall Plot）：顯示了在不同閾值下，樣本及母體之間的關係曲線。PR 圖通常用於處理不平衡數據集，特別是當非常態分配樣本比常態分配樣本多時。

- 決斷步驟（Decision Cutoff）：它標示了不同閾值下的決斷步驟點，該點可以幫助找到最佳的分類閾值。

- 加上決斷標籤（Add Decision Labels）：可以選擇是否在 PR 圖上標示決斷標籤，這樣可以更清楚地顯示最佳的分類閾值。

22.5 統計分析實作

　　本節範例使用了 JASP 學習資料館中 4. Regression 的 Titanic 數據。此數據名為「泰坦尼克號」，提供了泰坦尼克號上 1,313 名乘客的年齡、艙位等級和生存狀況。

　　研究的目的是探索乘客年齡和艙位等級對於預測乘客是否倖存的影響程度。

　　數據資料中的變數及說明如下：

- Name：乘客的姓名。
- PClass：乘客的艙位等級（1 等、2 等、3 等）。
- Age：乘客的年齡。

- Sex：乘客的性別（女、男）。

- Survived：乘客是否倖存的指示變數（0 = 死亡，1 = 倖存）。

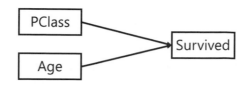

範例實作

STEP 1　點擊選單 > 開啟 > 學習資料館 > 4. Regression > Titanic，使開啟範
例的數據樣本。

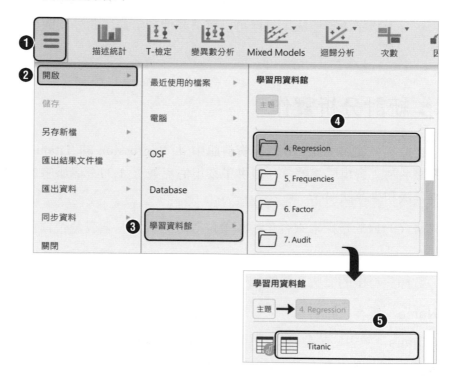

STEP **2** 於上方常用分析模組中點擊「迴歸分析 > 邏輯斯迴歸」按鈕。

STEP **3** 將左側欄位的指定變數移至右側欄位中，如下：

- 依變數：Survived。
- 共變數（為連續變數的預測變數）：Age。
- 因子（為類別/次序變數的預測變數）：PClass。

STEP **4**　展開「統計數」頁籤，並「勾選」因子描述統計項目。

▼ 統計數

描述統計　　　　　　　　　　　　效能診斷
☑ 因子描述統計　　　　　　　　　☐ 混淆矩陣

係數　　　　　　　　　　　　　　效能指標
☑ 估計值　　　　　　　　　　　　☐ 準確度
☐ 從 5000 拔靴法　　　　　　　　☐ AUC
☐ 標準化係數　　　　　　　　　　☐ 敏感度/查全率

STEP **5**　展開「圖」頁籤，須勾選的項目如下：

- 推論機率圖：條件估計值圖。
- 效能圖：ROC 圖。

▼ 圖

推論機率圖　　　　　　　　　　　殘差圖
☑ 條件估計值圖　　　　　　　　　☐ 預測值-殘差圖
　信賴區間 95.0 ％　　　　　　　☐ 預測指標-殘差圖
☐ 顯示資料點　　　　　　　　　　☐ 皮爾森殘差平方圖

殘差類型　　　　　　　　　　　　效能圖
◉ 離差量數　　　　　　　　　　　☑ ROC圖
◯ 皮爾森　　　　　　　　　　　　　決斷步驟 0.2
　　　　　　　　　　　　　　　　　☐ 加上決斷標籤
　　　　　　　　　　　　　　　　☐ PR圖

實作結論

　　於報表視窗中可獲得邏輯斯迴歸的相關結果。從係數表中以查看年齡、船艙位置對於生存下來是否有所影響，得知三個變數的估計值均為負，且 p 值均小於 0.001，因此可說明年齡越小則生存的機率越高；在第 2 與第 3 船艙的人其生存機率也高。

係數 ▼

| | 估計 | 標準誤 | z | Wald Test | | |
				Wald Statistic	自由度	p值
(截距)	2.034	0.307	6.627	43.918	1	< .001
Age	−0.039	0.007	−5.882	34.602	1	< .001
PClass (2nd)	−1.146	0.220	−5.202	27.062	1	< .001
PClass (3rd)	−2.232	0.229	−9.745	94.962	1	< .001

附註 Survived 水準 '1' 編碼為第1類 。

從 Age 圖中可以驗證，年齡越小者則生存機率越高；反之隨著年齡的增高其生存機率逐漸下降。

Estimates plots ▼

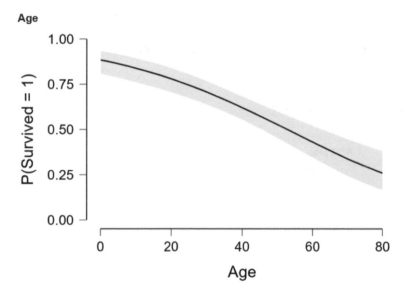

在 PClass 圖中可驗證在第一船艙所獲救的機率最高；其次為第 2 船艙；最後則是第 3 船艙。

PClass

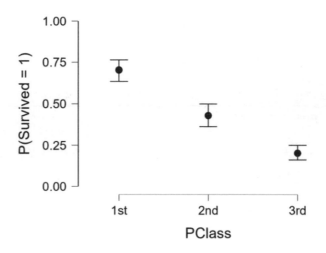

在 ROC 圖中 1.00 表示完全生存；0.00 表示死亡。此圖中共有 6 個區塊來判斷生存的機率。

Performance plots ▼

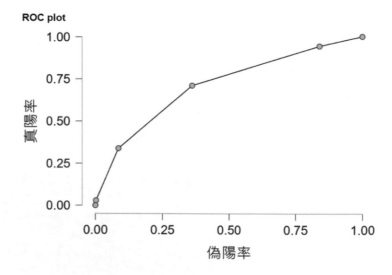

23

廣義線性模型

23.1 統計方法簡介

廣義線性模型（Generalized Linear Model，GLM）用於描述和預測依變數與多個響應變數之間的關係。與線性迴歸模型不同，廣義線性模型允許依變數是非連續型的，例如二元型（例如成功/失敗）或計數型（例如計數事件發生次數）。因此，廣義線性模型擁有更大的彈性，可以處理更廣泛的數據類型。

在廣義線性模型中，依變數的分佈可以屬於不同的機率分佈，如常見的二元型（伯努利分佈）、多項式型（多項式分佈）、計數型（卜瓦松分布）等。這些不同的分佈對應於不同的響應變數型態，並需要對模型進行適當的設定。

此外，在廣義線性模型中，還引入了一個鏈接函數（Link Function），用於將線性預測變數和響應變數之間的關係進行轉換，使得預測變數的線性組合映射到響應變數的特定機率空間內。

因此，廣義線性模型是一個統一的框架，允許處理多種不同型態的依變數和響應變數，通過合適的鏈接函數，將線性預測變數轉換為特定機率空間內的響應，從而進行有效的統計建模和預測。

23.2 檢定步驟

　　廣義線性模型用於描述和預測依變數與多個響應變數之間的關係,故廣義線性模型的檢定步驟如下:

1. **數據準備**:收集並整理數據,包括依變數和預測變數的觀測值。確保數據的完整性,處理遺漏值和異常值,以確保數據的可靠性。

2. **模型設定**:根據研究問題和數據特徵,設定廣義線性模型的結構。

3. **參數估計**:使用最大概似法(MLE)或其他適當的方法,估計模型中的參數。MLE 的目標是找到最有可能解釋觀測數據的模型參數。這一步驟用於尋找最能解釋觀測數據的模型參數值,使得模型與實際觀測值最為一致。

4. **模型評估**:評估廣義線性模型的配適度和統計顯著性。

5. **解釋結果**:解釋模型參數的意義和影響,特別是當模型中包含多個預測變數時,了解它們對依變數的影響程度。

23.3 使用時機

　　列舉廣義線性模型(GLM)中常見的情境及案例:

1. **醫學研究**:研究新藥的效果對於患者病情的影響。研究者評估一種新藥物對於癌症患者存活率的影響,並比較其與標準治療方法的效果。

2. **環境科學**:研究土地利用變化對於水資源的影響。研究者評估農業活動對於地區水源的影響,以及土地規劃對於水資源保護的效果。

3. **社會科學**:探討經濟因素對於社會現象的影響。研究者分析失業率和犯罪率之間的關係,以瞭解經濟變化對於社會安全的影響。

4. **金融學**:評估公司財務因素對於股票價格的影響。研究者分析公司的盈利、資產和債務等財務指標對於股票價格的解釋力。

5. **教育研究**：研究教學方法對學生學習成績的影響。研究者評估不同教學方法（如傳統講授和問題導向學習）對學生數學成績的影響。

23.4 介面說明

23.4.1 基本介面

A. **依變數**：希望進行預測或解釋的主要變數，也稱為「被解釋變數」或「目標變數」。在 GLM 中，這是模型所預測的變數。

B. **共變數**：是影響依變數的其他連續性預測變數。在 GLM 中，這些變數將以連續變數的形式納入模型中，並用於調整其他因素對依變數的影響。它們也被稱為「響應變數」或「解釋變數」。

C. **因子**：是影響依變數的類別性預測變數。在 GLM 中，這些變數通常被轉換成虛擬變數來表示不同的類別。它們可以是名義性（無順序）或有序的，用於探討類別之間的差異對依變數的影響。

D. **權重**：指定每個觀測值的權重，以反映觀測值在總體中的重要性。這些權重可以用於解決不均衡樣本或有重複觀測的情況。

E. **Offset**：用於指定對數連接函數中的固定偏移值的變數，通常用於處理頻率數據。它允許你在建模時加入已知的固定效應，用於校正模型的預測。

F. **家族**：用於指定依變數的機率分佈，這決定了模型中的誤差項的性質。

❖ **Bernoulli**：用於二元依變數的分析，代表二元機率分佈，通常用於二元分類問題，如是/否或成功/失敗。

❖ **二項式**：用於二元依變數的分析，但比 Bernoulli 家族更適用於多次重複試驗的情況。它描述的是在 n 次試驗中成功 k 次的機率。在二項式家族中，依變數的取值是非負整數。

❖ **高斯**：也稱為「常態分佈」，適用於連續型依變數，是最常見的統計分佈之一。在迴歸分析中，它用於建模連續型數值的依變數。高斯家族的依變數在整個實數範圍內取值。

❖ **Gamma**：適用於右偏（偏於正數）的連續型數值。它通常用於正數的數值資料，例如收入、花費等。在 Gamma 家族中，依變數的取值是正實數。

❖ **Inverse Gaussian**：適用於右偏的連續型數值，但相比於 Gamma 分佈，Inverse Gaussian 分佈的尾部更長，更適用於描述極端值。在 Inverse Gaussian 家族中，依變數的取值是正實數。

❖ **卜瓦松**：用於計數型的依變數，用於建模計數資料，例如事件的發生次數。在卜瓦松家族中，依變數的取值是非負整數。

❖ **其他**：允許在家族中選擇其他的機率分佈，以滿足特定的研究需求。

G. **Link**：用於連結預測變數和依變數之間的關係的函數，將線性預測轉換為機率或其他適當的尺度，以滿足不同家族（機率分佈）的模型要求。

❖ 對數機率：最常見的 Link 函數之一，通常用於 Bernoulli 和二項式家族，用於建模機率。對於 Bernoulli 家族，對數機率 Link 將線性預測轉換為二元依變數發生的對數機率。對於二項式家族，對數機率 Link 將線性預測轉換為成功次數的對數機率。

❖ 多元機率比：也稱為「多元機率比」，適用於多項式家族，用於建模多類別或多水平的類別變數。它將線性預測轉換為各類別的機率，使得各類別之間的機率比相等。

❖ Cauchit：用於高斯家族和 Inverse Gaussian 家族，用於建模連續型數值的依變數。Cauchit 函數將線性預測轉換為 Cauchy 分佈的累積分佈函數。

❖ Complementary LogLog：用於卜瓦松家族，用於建模計數型的依變數。Complementary LogLog 函數將線性預測轉換為依變數發生次數的對數。

❖ 對數：用於 Gamma 家族和 Inverse Gaussian 家族，用於建模右偏連續型數值的依變數。對數 Link 將線性預測轉換為依變數的對數。

23.4.2 模型

　　用以指定一個或多個依變數，並選擇相應的響應變數來建立迴歸模型。

A. 成分（Components）：模型中的可用成分數。

B. **模型項目（Model terms）**：建立模型時所使用的變數，可以是依變數和響應變數，也可以包含交互作用項。

❖ 增加至虛無模型：這是一個功能按鈕，用來將目前的模型設定轉換為虛無模型。虛無模型是一種特殊的迴歸模型，其中假設所有的響應變數對依變數都沒有影響，即所有迴歸係數都為零。進行迴歸分析時，研究者通常會比較目前的模型與虛無模型的配適程度，以評估響應變數對依變數的影響是否顯著。

C. **納入截距（Include intercept）**：在模型中當響應變數為 0 時，依變數的平均值。在大多數情況下，迴歸模型都需要包含截距，以充分描述變數之間的關係。

23.4.3 統計數

提供了關於模型配適度和係數的統計資訊。

A. **模型配適度**：關於建立的廣義線性模型的配適度測量指標，用於評估模型對數據的配適程度。

❖ 離差量數配適度考驗：用來評估你的廣義線性模型對於二項分佈資料的配適度的統計檢驗。它比較了你的模型與完美配適模型的差異，用於評估模型是否適合配適該二項分佈資料。

❖ 皮爾森配適度考驗：用來評估廣義線性模型對於卜瓦松分布資料的配適度，並判斷模型是否足夠適合配適度資料。

B. **係數**：查看所建立的廣義線性模型之各個響應變數的係數。係數表示響應變數對於依變數的影響程度。

❖ 估計值：指每個響應變數係數的估計值，它表示每個響應變數對於
　依變數的預測影響。從估計值中可得知該響應變數的單位變動對依
　變數的預測有多大的影響。

❖ 信賴區間：每個響應變數係數的信賴區間，它表示係數估計值的不
　確定性範圍。（詳細說明請詳閱附錄-1）

23.4.4 診斷

用於顯示迴歸模型的診斷結果，這些結果幫助使用者評估模型的合適
性和是否滿足迴歸模型的假設。

A. 殘差分析：用於檢查模型的配適性，即模型是否能夠適當地解釋數據
　中的變異性。

❖ 偏差殘差：是殘差與預測值之間的差異，用於評估模型對於資料的配適程度。如果模型對於資料的配適良好，偏差殘差應該呈現隨機分佈。

■ 殘差 VS 擬合（配適）：將模型的偏差殘差（Bias Residuals）與配適（Fitted Values）進行了關聯。偏差殘差是實際觀測值和預測值之間的差異，它用於評估模型對數據的整體配適情況。該圖形中，可以檢查模型對於不同配適值的預測精確度，並判斷是否存在模式性誤差。

■ 殘差 VS 預測變數：顯示了模型的偏差殘差與預測變數之間的關係。它用於檢查模型對於不同預測變數值的預測精確度，並進一步評估模型是否滿足線性性假設和同方差性假設。

■ Q-Q 圖（Quantile-Quantile Plot）：用於檢查殘差是否符合常態分佈假設的圖形。在偏差殘差的 Q-Q 圖中，理想情況下，殘差應該在一條直線上均勻分佈。如果殘差點偏離直線，則可能表明模型的殘差不符合常態分佈假設。

❖ 皮爾森殘差：是對於高斯家族模型的殘差，用於評估模型的配適性。如果模型符合高斯分佈假設，則皮爾森殘差應該呈現隨機的、均勻的分佈。

■ 殘差 VS 擬合（配適）：將模型的皮爾森殘差（Pearson Residuals）與配適值（Fitted Values）進行了關聯。皮爾森殘差是觀測值的標準化殘差，它用於評估模型對數據的整體配適情況。在該圖形中，可以檢查模型對於不同配適的預測精確度，並判斷是否存在模式性誤差。

■ 殘差 VS 預測變數：顯示了模型的皮爾森殘差與預測變數之間的關係。它用於檢查模型對於不同預測變數值的預測精確度，並進一步評估模型是否滿足線性性假設和同方差性假設。

■ Q-Q 圖（Quantile-Quantile Plot）：用於檢查殘差是否符合常態分佈假設的圖形。在皮爾森殘差的 Q-Q 圖中，理想情況下，殘差應該在一條直線上均勻分佈。如果殘差點偏離直線，則可能表明模型的殘差不符合常態分佈假設。

❖ 四分位數殘差：是對於卜瓦松家族模型的殘差，用於評估模型的配適性。如果模型對於資料的配適良好，則四分位數殘差應該呈現隨機分佈。

■ 殘差 VS 擬合（配適）：將模型的四分位數殘差（Quartile Residuals）與配適值（Fitted Values）進行關聯。四分位數殘差是觀測值的一種標準化殘差，用來評估模型對數據的整體配適情況。在該圖形中，可以檢查模型對於不同配適值的預測精確度，並判斷是否存在模式性誤差。

■ 殘差 VS 預測變數：顯示了模型的四分位數殘差與預測變數之間的關係。它用於檢查模型對於不同預測變數值的預測精確度，並進一步評估模型是否滿足線性性假設和同方差性假設。

■ Q-Q 圖（Quantile-Quantile Plot）：用於檢查殘差是否符合常態分佈假設的圖形。在四分位數殘差的 Q-Q 圖中，理想情況下，殘差應該在一條直線上均勻分佈。如果殘差點偏離直線，則可能表明模型的殘差不符合常態分佈假設。

❖ 其他圖：提供了其他可能的殘差圖，用於進一步評估模型的配適和假設。

■ 部分殘差圖（Partial Residuals Plot）：用於檢查模型的線性性假設。這個圖形顯示了部分殘差與每個預測變數的關係，並將其他預測變數的影響排除在外。部分殘差是調整了其他預測變數影響後的殘差，用於評估單個預測變數對應變數的線性關係。如果在部分殘差圖中看到預測變數對應變數存在非線性關係，則可能需要進行模型改進或添加交互作用項。

■ 工作反應 VS 線性預測變數：用於檢查模型的連結函數（Link Function）是否選擇得當。它將工作反應（Working Response）與線性預測變數進行關聯。工作反應是經過配適連結函數後的反應變數，用於符合廣義線性模型的統計假設。如果工作反應與線性預測變數之間存在非線性關係，則可能需要調整連結函數或重新選擇家族與連結函數。

B. **顯示離群值**：也稱為「離均值」，提供了檢查離均值的功能，讓研究者可以識別是否有不正常的觀測值對模型配適的影響。

✧ 標準化四分位數殘差：標準化四分位數殘差是指殘差與四分位數的標準差之比。頂標表示高於一定標準差閾值的殘差，可能代表極端的離群值，影響模型的配適結果。

✧ 標準化離差量殘差：標準化離差量殘差是指殘差與離差量的標準差之比。高標表示高於一定標準差閾值的殘差，也可能代表極端的離群值，對模型的配適結果產生影響。

✧ t 標準化離差量數殘差：t 標準化離差量數殘差是指殘差與標準誤的比值。高標表示高於一定 t 值閾值的殘差，也可能代表極端的離群值，對模型的配適結果產生影響。

C. **顯示所有影響的數值**：提供了檢查觀測值對迴歸模型配適影響的功能。

✧ DFBETAS：代表刪除該觀測值後對迴歸係數的影響。這是一個評估單一觀測值對迴歸係數的影響程度的指標。如果某個觀測值對於模型的係數具有很大的影響，其 DFBETAS 值將較大。

✧ DFFITS：代表刪除該觀測值後對模型配適值的影響。這是一個評估單一觀測值對整個模型配適的影響程度的指標。如果某個觀測值對於整個模型的配適具有很大的影響，其 DFFITS 值將較大。

✧ 共變數比率：是一個評估共線性的指標。共線性是指模型中的預測變數之間存在高度相關性，這可能導致估計的迴歸係數不穩定。共變數比率表示在某個觀測值上，每個迴歸係數變動 1 個標準差時，其他所有迴歸係數變動的標準差的比率。

✧ Cook's 距離：是一個評估單一觀測值對整個模型配適的影響程度的指標。Cook's 距離較大的觀測值對模型的配適有較大的影響。

✧ 槓桿量：用來評估某個觀測值對於整個模型的配適的影響程度。槓桿量較大的觀測值對於模型的配適有較大的影響。

D. **多元共線性**：指在迴歸模型中，兩個或多個預測變數之間存在高度相關性。這可能導致模型中的預測變數之間出現重複解釋或相互干擾，使得迴歸係數估計不可靠或難以解釋。

❖ 容忍度：是檢測多元共線性的一個指標，它反映了每個預測變數與其他預測變數之間的相關程度。容忍度越低，表示該變數與其他變數之間存在較高的相關性，可能出現多元共線性的問題。一般來說，容忍度小於 0.2 或 0.1 可能表示存在嚴重的多元共線性。

❖ 變異數膨脹因子（VIF）：是容忍度的倒數，用於提供更直觀的解釋。VIF 越大，表示該變數與其他變數之間存在較高的相關性，可能導致多元共線性的問題。一般來說，VIF 大於 5 或 10 可能表示存在多元共線性。

23.4.5 邊際估計平均值和對比分析

用於檢驗變數之間的因果關係和模型配適程度。

A. **模型變數**：列出可進行邊際估計的變數。

B. **選擇變數**：選擇要進行對比分析的變數以比較不同水平之間的效果。

C. 信賴區間（confidence interval，CI）：指估計統計數據的範圍，表示結果具有一定信賴水準的可信程度，通常設為 95%。（詳細說明請詳閱附錄-1）

D. 比較邊際均值：顯示出選擇的不同水平之間的邊際均值估計和信賴區間。這能幫助快速地瞭解不同組別之間是否有顯著差異，以及這些差異的範圍。

E. 指定比較：允許手動指定要進行對比的組合。

❖ 調整 p 值：在進行多重比較時，可能會面臨類型 I 誤差（即錯誤地拒絕了虛無假設）。為了解決這個問題，需要對檢定結果中的 p 值進行修正，以確保整個分析中的類型 I 誤差率保持在合理的水平。調整 p 值的方法是在進行多重比較時對原始 p 值進行修正，以降低整體誤差率。

- Holm：是一種對多重比較進行 p 值修正的方法。它按照嚴格的順序進行逐步修正，保證每一個 p 值都是依據相應的順序而進行比較的。藉此有效地控制整體誤差率。

- 多變數：是一種對多重比較進行 p 值修正的方法。它適用於所有的對比組合，對 p 值進行整體性的調整，藉此有效地控制整體誤差率的方法。

- Scheffe：是一種保守的對多重比較進行 p 值修正的方法。通常用於檢測多個組合之間的差異，它提供了較為保守的 p 值修正，以確保整體誤差率不會過高。

- Tukey：是一種對多重比較進行 p 值修正的方法，適用於對多個組合之間的平均值進行比較。它也能有效地控制整體誤差率。

- 無：不對 p 值進行修正，直接使用原始的未修正 p 值。

- Bonferroni：是一種對多重比較進行 p 值修正的方法。它是一種較為保守的方法，適用於對多個組合進行比較，可以有效地降低整體誤差率。

- Hommel：是一種對多重比較進行 p 值修正的方法，它根據具體的比較情況進行適應性的調整，提供了較靈活的 p 值修正策略。

F. **平均值+/-的共變數值 1SD**：用於計算連續預測變數的邊際效應。當選擇此選項時，JASP 會計算出在預測變數的平均值加減 1 個標準差的情況下，對依變數的平均預測值進行估計。一般而言，將預測變數設定為平均值加減 1 個標準差可以幫助瞭解預測變數對依變數的影響在其數值變異性範圍內的變化。

G. **使用回應量表**：適用於處理順序或類別型的預測變數。在回應量表中，可以指定不同預測變數水平之間的對比，並且 JASP 將會自動計算和顯示這些對比的結果。回應量表提供了一種方便的方式來比較預測變數的不同水平之間的效果，特別適用於研究中涉及類別型變數或有序變數的情況。透過此對比，可以探索不同預測變數水平之間是否存在顯著差異，以及這些差異的大小。

23.4.6 進階選項

❖ **分析可重複（Replicates Analysis）**：也稱為「重複性分析」，用於指定對數據集進行幾次分析。通常，在進行統計分析時，將數據集分成訓練集和測試集可以更好地評估模型的泛化能力和預測能力。通過選擇「分析可重複」，可以指定進行幾次重複的分析，每次分析都會隨機選取不同的訓練集和測試集，從而獲得更加穩健和可靠的結果。

■ **設置隨機種子（Set Seed）**：用於確保實驗的可重現性。確保在相同隨機種子下每次分析的結果都是相同的。這對於研究的可重複性和結果的穩定性至關重要。通常情況下，如果希望每次執行分析時得到相同的結果，可以設置相同的隨機因子。這在研究中有助於驗證和比較不同模型或參數設定的效果。

23.5 統計分析實作

本節範例使用了 JASP 學習資料館中 4. Regression 的 Turbines 數據。此數據名為「渦輪機」，提供了在指定運行的小時數後，渦輪機葉輪產生裂縫的數量和比例。

研究的目的是探索在渦輪機運行的小時數後，是否可以預測渦輪機產生裂縫的風險（比例），以及如何預測這種裂縫的風險。

數據資料中的變數及說明如下：

- Hours：渦輪機葉輪運行的小時數。
- Turbines：在指定小時數內運行的渦輪機葉輪數量。
- Fissures：出現裂縫的渦輪機葉輪的數量。
- Proportion：渦輪機葉輪出現裂縫的比例。

範例實作

STEP **1**　點擊選單 > 開啟 > 學習資料館 > 4. Regression > Turbines，使開啟範例的數據樣本。

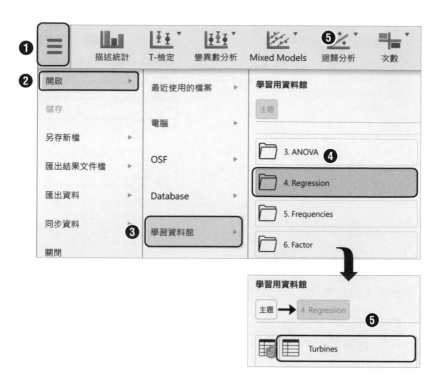

23

STEP **2**　於上方常用分析模組中點擊「迴歸
分析 > 廣義線性模式」按鈕。

STEP **3**　將左側欄位的指定變數移至右側欄位中，如下：

- 依變數：Proportion。
- 共變數：Hours。
- 權重：Turbines。

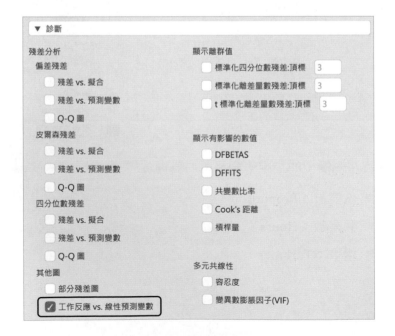

STEP **4**　接續，將家族下拉式選單的值調整為二項式。

STEP **5**　展開「統計數」頁籤，並「勾選」其他圖標籤中的工作反應 VS.線性預測變數選項。

STEP **6**　展開「統計數」頁籤，須「勾選」的項目如下：

- 模型配適度：離差量數配適度考驗、皮爾森配適度考驗。
- 係數：信賴區間，95%。

實作結論

　　於報表視窗中可獲得廣義線性模型的相關結果。從 Model Summary – Proportion 表中可得知，離差量數為正向相關且 p 值小於 0.001，故表示運轉的小時數越多，則葉輪出現裂縫的機率值越大。

廣義線性模式 ▼

Model Summary - Proportion

模型	離差量數	AIC	BIC	自由度	X²	p值
H_0	112.670	150.147	150.545	10		
H_1	10.331	49.808	50.604	9	102.339	< .001

　　在係數表中可得知，每一個小時的估計值為 9.992×10^{-4}，且 p 值小於 0.01，故具有正向顯著性的影響效果。

係數

	估計	標準誤	z	p值	95 % Confidence Interval Lower Bound	Upper Bound
(Intercept)	−3.924	0.378	−10.381	< .001	−4.704	−3.219
Hours	9.992×10^{-4}	1.142×10^{-4}	8.754	< .001	7.834×10^{-4}	0.001

從 Diagnostics 圖可得知，運作的小時數越與葉輪裂縫的數量呈現正相關，也就是說，運作時數越長則出現裂縫的比例越高。

Diagnostics ▼

繪圖：工作回應 vs. 線性預測變數 ▼

繪圖：工作回應 vs. 線性預測變數

24

結構方程模型（SEM）

24.1 介紹

結構方程模型（Structural Equation Model, SEM）是一種統計模型，用於檢測變數之間的因果關係和測量模型。它是一個強大的分析工具，結合了因素分析、迴歸分析和路徑分析等方法，並能同時進行因果關係和測量模型的檢測，使得研究者能夠更全面地理解變數之間的關係。

在結構方程模型中，模型由兩個主要部分組成，為測量模型和結構模型。

1. **測量模型**：用於定義和測量潛在變數。潛在變數是無法直接觀察到的，而是通過觀察變數的表現來進行間接測量。測量模型建立了潛在變數與觀察變數之間的關係，評估潛在變數的測量信度和效度。這一步通常使用因素分析或驗證性因素分析來建構，它們可以幫助研究者了解潛在變數的組成和測量方法是否有效。

2. **結構模型**：用於描述變數之間的因果關係。這是研究者主要感興趣的部分，因為它可以幫助理解變數之間的相互影響和作用機制。結構模型通常使用迴歸分析或路徑分析來建構，它們可以顯示變數之間的直接和間接效應，從而檢驗理論假設和因果關係的合理性。

　　藉此，在 SEM 中的觀察變數和潛在變數可以是連續變數、類別變數或有序變數，這使得 SEM 可以適應不同類型的數據。研究者也可使用路徑圖（Path Diagram）來圖形化表示模型，其中變數用圓圈表示，箭頭表示因果關係，雙向箭頭表示相關性。透過 SEM，研究者可以同時考慮測量模型和結構模型，進行更全面和系統化的模型檢測和分析，從而深入理解變數之間的關係和影響機制。

24.2 檢定步驟

　　結構方程模型用於建立和檢驗複雜的多變量關係模型，可同時探索和評估變數之間的因果關係、潛在變量的測量模型以及觀察變量之間的關聯，故結構方程模型的檢定步驟如下：

1. **確定研究問題和目標**：明確地定義研究問題和研究目標，確定要構建的模型是什麼，以及要檢驗的假設是什麼。

2. **數據收集和準備**：收集相關數據，並進行數據清理和準備工作，以確保數據的完整性和可靠性。這包括處理遺漏值、處理異常值等。

3. **確定變量**：選擇需要納入模型的觀察變量和潛在變量。觀察變量是直接測量的變量，潛在變量是無法直接觀察到的，但可以透過多個觀察變量進行測量的潛在特質或因素。

4. **構建測量模型**：根據理論基礎和研究假設，建立測量模型，描述潛在變量和觀察變量之間的關係，這種關係通常以因素分析或驗證性因素分析來建模。測量模型可以用來評估潛在變量的測量信度和效度。

5. **構建結構模型**：在測量模型的基礎上，建立結構模型，描述潛在變量之間的因果關係和觀察變量之間的直接或間接關係。結構模型可以用來檢測變數之間的因果關係和作用機制。

6. **模型估計**：使用統計方法對結構方程模型進行估計和參數估計，通常使用最大概似估計法。透過模型估計，可以獲得模型的參數估計值和相應的統計檢定結果。

7. **模型評估**：評估建立的模型在數據上的配適度，檢查模型的配適程度和統計顯著性。模型評估的指標包括拟合指標、殘差分析、統計檢定等。

8. **進行修正**：根據模型評估的結果，進行必要的修正和調整，以改進模型的配適度和解釋能力。修正可能涉及到模型參數的刪除、模型結構的重新調整等。

9. **結果解釋**：解釋模型的結果，解釋變量之間的關係和因果效應，回答研究問題和驗證研究假設。

24

24.3 使用時機

列舉結構方程模型中常見的情境及案例：

1. **教育研究**：探討學生的學習動機、學習策略和其在考試中的成績之間的關聯性。

2. **健康研究**：分析個人的自尊、社交支持與其心理健康之間的關係。

3. **社會科學**：探討社會經濟地位、文化因素與公民參與之間的關聯性。

4. **管理學**：分析領導風格、員工滿意度和組織績效之間的關係。

5. **生物醫學研究**：例如，探討基因表達、生化指標與心血管疾病的相關性。

24.4 介面說明

24.4.1 基本介面

A. **模式**：「模式 1」指的是進行單一樣本或單一群體的中介分析，這表示僅有一個資料集或一組資料被用於進行分析。

B. **資料**。

❖ 原始資料：指未經處理的觀測資料，包含了每個變數的個別觀測值。

❖ 變異數-共變數矩陣：使用此選項來表示資料中變數之間的關係，其中包括變數之間的變異數和共變數。

■ 樣本數：指資料集中的樣本數，也就是觀測值的總數。

C. **樣本加權**：某些情況下，可能希望對資料進行樣本加權，以反映不同觀測值的重要性或權重。

❖ no choice：表示不對資料進行加權，即所有的觀測值都具有相同的權重。

24.4.2 報表設定

用於配置和自定義結構方程模型分析結果的呈現方式。這個介面允許使用者選擇哪些結果應該包含在分析報表中。

❖ 其他配適指標：用於評估模型與實際資料的配適程度。

❖ R 平方：表示結構方程模型中的變異解釋程度，即模型所解釋的資料變異量的百分比。R 平方越高，模型的解釋力越強。

❖ 觀察共變數：結構方程模型中，所有變數的共變數矩陣

❖ 模式隱含之共變數：結構方程模型中，未直接觀測到但在模型中被隱含的共變數。

❖ 殘差共變數：結構方程模型中，各變數的殘差（即觀測值與模型預測值之間的差異）之間的共變異。

❖ 標準化殘差：將殘差進行標準化，使其平均值為 0，標準差為 1，有助於比較不同變數之間的殘差大小。

❖ Mardia 係數：用於評估資料的多變量偏態和峰態，高 Mardia 係數可能表示資料存在多變量非常態性。

❖ 標準化估計值：將模型參數進行標準化，使其具有相同的量表，有助於比較不同變數的效應大小。

❖ 路徑圖：結構方程模型的視覺化圖形表示，展示了模型中變數之間的關係和路徑。

■ 顯示參數估計值：在路徑圖上顯示模型中的參數估計值，直覺地看到變數之間的影響程度和方向。

■ 顯示圖例：在路徑圖上添加圖例，解釋不同的箭頭和直線表示的含義。

❖ 修正指標：用於評估結構方程模型的配適程度，提供更準確和更穩健的模型配適評估。

■ 隱藏低修正指標值：允許隱藏低修正指標值，避免過多的訊息干擾。

■ 閾線：用來判斷修正指標值是否足夠好的界限，低於閾線時將考慮隱藏這些指標。

24.4.3 模式設定

提供了一些重要的相關定義，這些定義有助於設定和解釋結構方程模型的分析。

❖ 因素尺規設定：用來設定潛在變數（因素）在模型中的測量方式。在結構方程模型中，潛在變數是無法直接觀察到的，而是透過多個觀察變數（指標）來間接測量的。因素尺規設定允許指定每個觀察變數與相應潛在變數之間的關係強度（因素負荷量）以及潛在變數的變異數。

■ 素負荷量：用來設定每個觀察變數對應的潛在變數（因素）的負
荷量。負荷量表示觀察變數與潛在變數之間的關係強度，可以是
正值或負值。較大的負荷量代表觀察變數與因素之間有較強的關
聯。

■ 因素變異數：用來設定潛在變數（因素）的變異數。變異數代表
因素在模型中的變異程度，較大的變異數表示因素在模型中佔據
更大的變異量。

■ 效果編碼：用來設定在對照組條件下，不同水平的觀察變數對應
的因素負荷量是否相等。

■ 無：表示不對該潛在變數（因素）設定任何尺規，即該潛在變數
不參與模型。

❖ 包含平均數結構：用來表示是否在模型中包含變數的平均數結構。

❖ 將觀察變項截距設為 0：勾選此選項表示將觀察變項的截距
（intercept）設為 0，即假設所有觀察變項的截距為 0。這通常用
於標準化模型，其中觀察變項的數值被標準化為平均值為 0，標準
差為 1，使得模型的解釋更直觀。

❖ 將潛在變項截距設為 0：勾選此選項表示將潛在變項（因素）的截
距設為 0，即假設所有潛在變項的截距為 0。這通常用於標準化模
型，使得潛在變項在模型中的解釋更直觀。

❖ 假設因素間無相關：勾選此選項表示假設所有潛在變項（因素）之
間沒有相關性，即假設它們是相互獨立的。這在某些情況下可能是
合理的假設，例如當研究假設不涉及潛在變項之間的相互關係時。

❖ 固定外衍生共變數：勾選此選項表示將外生衍生變項的共變異數設
定為固定值，而不是透過模型估計得出。這可以在一些特殊情況下
用來固定共變異數的值，而不依賴於模型的估計。

❖ 忽略單一題項測量因素之殘差：勾選此選項表示在模型中忽略單一
題項的測量因素之殘差，這通常用於單一題項的測量模型。

❖ 包含殘差變異數：勾選此選項表示在模型中包含觀察變項的殘差變異數，即將觀察變項的測量誤差納入模型中。這可以提高模型的配適度，考慮觀察變項的測量不確定性。

❖ 設定外衍潛在變項相關：勾選此選項表示設定外生衍生變項和潛在變項之間的相關性。這允許指定外生衍生變項和潛在變項之間的關係，從而更全面地建立模型。

❖ 設定依變項相關：勾選此選項表示設定模型中的依變項之間的相關性。這允許指定依變項之間的關係，以探索變數之間的相互作用。

❖ 加入閾線：勾選此選項表示在模型中加入閾線（threshold），用於處理類別變項的多項次觀察。這在處理具有順序性的類別變項時很有用。

❖ 加入尺規設定參數：勾選此選項表示在模型中加入尺規設定參數，用於指定觀察變項與潛在變項之間的關係。這允許更靈活地定義觀察變項和潛在變項之間的關係。

❖ 限制 EFA 區塊：勾選此選項表示在模型中將某些變項或潛在變項進行限制，通常用於限制因素負荷量或共變異數。這允許進行特定的限制，以測試特定的假設或理論。

24.4.4 估計設定

可選擇使用何種方法來估計模型中的參數，並進行其他相關的設定，以便進行結構方程模型的估計和檢驗。

A. **資訊矩陣**：用於結構方程模型中參數估計的方法之一。

❖ 期望：表示使用期望最大化方法，該方法將使用期望值來作為資訊矩陣中的參數估計值。

❖ 觀察：表示使用樣本資訊矩陣方法，該方法將使用觀察值作為資訊矩陣中的參數估計值。

B. **誤差計算**：用於結構方程模型中參數估計的方法之一。

❖ 標準：用於指定是否使用標準化殘差來進行參數估計。

❖ 穩健：用於指定是否使用穩健標準誤來進行參數估計。穩健標準誤可以減輕異常值的影響，提高估計的穩定性。

❖ 拔靴法：用於評估參數估計的穩定性和信賴區間。（詳細說明請詳閱附錄-2）

■ 拔靴樣本：當選擇拔靴法時，此選項用於指定拔靴時使用的樣本數量。

■ 類型：當選擇拔靴法時，此選項用於指定拔靴法的類型。

□ 誤差修正百分比：是拔靴法中的一個參數，用於控制每次抽取的樣本數量與原始樣本數量的比例。這是調整拔靴法中樣本數量大小的一個重要參數。較大的誤差修正百分比通常意味著每次抽取的樣本數量較少，這可能會減少估計的穩定性，但計算速度會較快。相反，較小的誤差修正百分比會增加每次抽取的樣本數量，提高估計的穩定性，但計算速度可能會較慢。

□ 百分位：用於指定百分位數，用於計算拔靴估計的信賴區間。

□ 常態理論：用於指定常態理論的選項，用於計算拔靴估計的信賴區間。

C. **信賴區間**（confidence interval，CI）：指估計統計數據的範圍，表示結果具有一定信賴水準的可信程度，通常設為 95%。（詳細說明請詳閱附錄-1）

D. **估計前將變項標準化**：用於控制是否在進行結構方程模型的估計之前對變項進行標準化。標準化是一種數據預處理方法，通常將變項轉換為均值為 0、標準差為 1 的形式。標準化變項可以使得不同尺度的變項具有可比性，並且有助於簡化模型的解釋。

E. **估計式**：指在進行結構方程模型時，採用哪種方法來估計模型的參數。

- ❖ 自動：根據數據的特性自動選擇最適合的估計法，以獲得最佳結果。

- ❖ 最大概似法（ML）：用於從結構方程模型的資料中尋找最有可能解釋資料的參數值。ML 假設資料來自於一個特定的機率分佈，然後利用最大化概似函數來估計參數值，使得觀測到的資料在該機率分佈下的機率最大。

- ❖ 廣義最小平方法（GLS）：用於具有特定結構共變數的資料的估計方法。它通常用於處理非獨立和非恆等共變數結構的資料。

- ❖ 加權最小平方法（WLS）：在結構方程模型中經常使用的估計方法，特別是當資料存在非常態分配和非等變異性時。WLS 使用加權來調整每個觀測的重要性，以使得資料更符合模型的假設。

- ❖ 未加權最小平方法（ULS）：它假設觀測變項為連續且具有多變量常態分配。它不考慮觀測之間的共變數結構，因此在資料具有常態性且變異數相等時適用。

- ❖ 對角線加權最小平方法（DWLS）：專門用於處理有遺漏值的情況。它使用對角線加權矩陣來處理遺漏值，使得模型能夠更好地適應觀測中的缺失。

- ❖ 部分最大概似法（PML）：在結構方程模型中常用的估計方法，特別是在資料存在非常態分配和遺漏值時。PML 使用部分最大概似函數來估計參數值，以提供對資料的更好配適。

F. **模式考驗**：用於評估結構方程模型的配適度。

- ❖ 自動：由軟體自動選擇合適的統計檢定方法，通常根據樣本量和資料的性質來選擇適當的檢定方法。

❖ 標準：使用標準模式考驗方法進行配適度檢定。

❖ Satorra-Bentler 卡方：一種校正過後的卡方檢定，適用於非常態資料和小樣本的情況。它校正了卡方檢定的偏誤，使其更適用於不符合常態假設的資料。

❖ Yuan-Bentler 考驗：一種校正過後的比較適合指數（CFI）檢定，用於處理非常態資料的情況。它校正了 CFI 檢定的偏誤，使其在非常態資料下更可靠。

❖ Mean and Variance adjusted 考驗：一種校正過後的均方誤差逼近值（RMSEA）檢定，用於處理非常態資料的情況。它校正了RMSEA 檢定的偏誤，使其在非常態資料下更可靠。

❖ Scaled and shifted 考驗：一種在樣本量較小的情況下應用的模式考驗方法。它通常用於樣本量不足的情況下，以減少對檢定結果的依賴。

❖ Bollen-Stine 拔靴法：一種在樣本量較小的情況下應用的模式考驗方法。它通常用於樣本量不足的情況下，以減少對檢定結果的依賴。

G. **遺漏值資料處理設定**：提供了不同的處理遺漏值的方法，以處理在資料集中可能存在的缺失或遺漏值。

❖ 完全訊息最大概似法（FIML）：它利用樣本中已有的可觀察變數之間的相關資訊，來估計模型參數，並且不對遺漏值進行插補或處理。FIML 能夠有效利用現有資料的訊息，因此通常是一個可靠的選擇。

❖ 完全排除法：在此方法中，包含任何遺漏值的觀察值都會被完全排除，這可能會導致樣本量的減少並可能影響結果的準確性，因此一般不建議使用。

❖ 成對排除法：只有在所有變數都有觀察值的情況下，才會保留該觀察值，其他含有遺漏值的觀察值將被排除。這種方法可能會導致樣本量的減少，並且可能會引入偏誤。

❖ 兩階段：是一種複雜的遺漏值處理方法，它將處理遺漏值的過程分
為兩個階段：第一階段進行初始估計，然後使用估計值來插補遺漏
值，第二階段再次進行模型估計。這種方法可能會較為費時且複
雜，且結果可能會受到插補過程的影響。

❖ 穩健兩階段法：一種較為穩健的遺漏值處理方法，結合了兩階段法
和穩健估計方法。它旨在減少遺漏值插補的影響，提供更穩健的結
果。

❖ 雙重穩健法：一種更為穩健的遺漏值處理方法，它同時採用了兩階
段和穩健估計的特性。這種方法對於處理遺漏值的不確定性和插補
偏誤更加謹慎。

H. 仿照：一個特殊的設定，允許使用者載入其他 SEM 軟體所生成的模型
結構和參數估計結果，以便在 JASP 中進行類似的分析。「仿照」功能
在 SEM 分析中是非常有用的，特別是當使用者想要比較不同 SEM 軟
體之間的結果，或者想要在不同的軟體之間重現先前已經進行的分析
時。使用「仿照」功能，可以將其他 SEM 軟體的模型結構和參數估計
結果載入 JASP，然後在 JASP 中進行進一步的模型評估、後續分析和
報表生成。

❖ Mplus 程式：允許將 Mplus 軟體中的 SEM 模型和估計結果載入
JASP 中。使用者可以在 Mplus 中定義模型、設定估計方法並獲得
結果。

❖ EQS 程式：允許將 EQS 軟體中的 SEM 模型和估計結果載入 JASP
中。它提供了類似 Mplus 的功能，使用者可以進行 SEM 模型的建
立和估計。

24.4.5 多群體 SEM

是結構方程模型中的一種進階分析方法，用於比較不同群體間的模型結構和參數差異性。

A. **分群變項**：用來將資料分為不同的群體或子群體，並對這些群體進行獨立的 SEM 分析。

B. **等同限制**：用於對不同群體間的模型參數進行約束設定。

❖ 因素負荷量：指定某個因素對於多個觀察變項的因素負荷量是否相等。

❖ 截距：指定某個觀察變項在不同群體中的截距是否相等。用於比較不同群體之間的觀察變項的起始水平是否一致。

❖ 殘差：指定某個觀察變項的殘差在不同群體中是否相等。用於比較不同群體之間的觀察變項是否受到相同的誤差影響。

❖ 殘差共變數：指定不同群體中某些觀察變項的殘差之間是否相關。用於比較不同群體之間的觀察變項是否存在相似的共變異。

❖ 平均數：指定潛在變項在不同群體中的平均數是否相等。用於比較不同群體之間的潛在變項的平均水平是否一致。

❖ 閾限：指定潛在變項的閾限在不同群體中是否相等。用於比較不同群體之間的潛在變項是否受到相同的觀察變項影響。

❖ 迴歸分析：指定潛在變項之間的迴歸關係在不同群體中是否相等。用於比較不同群體之間的潛在變項之間是否存在共享的迴歸關係。

❖ 潛在變異數：允許指定不同群體中的某些潛在變項的變異數是否相等。當研究者希望比較不同群體中的潛在變項的變異性時，可以使用這個設定。例如，可以設定潛在變項的變異數在不同群體中相等，來檢驗這個潛在變項是否對於所有群體都具有相同的變異程度。

❖ 潛在共變數：允許指定不同群體中的某些潛在變項之間的共變異是否相等。當研究者希望比較不同群體中的潛在變項之間的相關性時，可以使用這個設定。例如，可以設定兩個潛在變項之間的共變異在不同群體中相等，來檢驗這兩個潛在變項之間的相關性是否在所有群體中都相同。

24.5 統計分析實作

本節範例為筆者所提供。此數據以探討服務業中僕人領導行為是否會影響主動顧客服務績效及組織公民行為為例，探討項目如下：

- H1：僕人領導是否影響組織承諾。
- H2：僕人領導是否影響主動顧客服務績效。
- H3：僕人領導是否影響組織公民行為。
- H4ab：組織承諾會去影響主動顧客服務績效。
- H5ab：組織承諾影響組織公民行為。

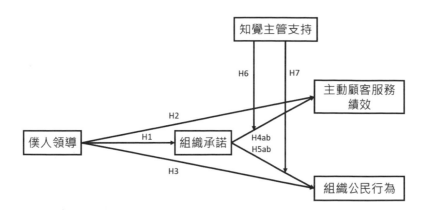

資料來源：李德盛（2018），主動顧客服務績效與組織公民行為前置變數之探討，澎湖科技大學，未出版碩士論文，澎湖。

範例實作

STEP **1**　點擊選單 > 開啟 > 電腦 > 瀏覽本機檔案 > sem.jasp，使開啟範例的數據樣本。

- 檔案來源：ch24 > sem.jasp

STEP**2** 於數據視窗中，點擊僕人 1 旁的圖
示，將次數尺度該為連續尺度，藉
此後續步驟中才可進行計算。

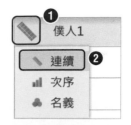

STEP**3** 重複 Step2 步驟，將僕人 2~僕人 6、承諾 1~承諾 11、績效 1~績效
5、行為 1~行為 12 的資料型態轉為「連續尺度」。

STEP**4** 於上方常用分析模組中點擊「結構
方程模型 > 結構方程模型」按鈕。

STEP**5** 從研究流程圖可得知，組織承諾（com）的前置變數為僕人領導
（sur），主動顧客服務績效（per）與組織公民行為（ber）兩者的
前置變數為組織承諾（com）與僕人領導（sur）。因此在 SEM 中
會進行變數定義與迴歸兩種方式。輸入結構方程模型語法，如下：

■ 檔案來源：ch24 > sem 語法.txt

■ # measurement model（衡量模型，定義每個變數的加總，由於
JASP 軟體無法了解中文含意，故統計的變數名稱須為英文）

■ sur =~ 僕人 1 + 僕人 2 + 僕人 3 + 僕人 4 + 僕人 5 + 僕人 6

■ com =~ 承諾 1 + 承諾 2 + 承諾 3 + 承諾 4 + 承諾 5 + 承諾 6 + 承
諾 7+ 承諾 8 + 承諾 9 + 承諾 10 + 承諾 11

■ per =~ 績效 1 + 績效 2 + 績效 3 + 績效 4 + 績效 5

■ ber =~ 行為 1 + 行為 2 +行為 3 + 行為 4 + 行為 5 + 行為 6 + 行
為 7 + 行為 8 + 行為 9 + 行為 10 + 行為 11 + 行為 12

■ # regressions（迴歸）

- com ~ sur

- per ~ com + sur

- ber ~ com +sur

表 24-1　SEM 常用運算式與說明

運算子	運算範例
~	表示同一個層級，因果關係，如：com ~ sur
=~	測量題項與潛在構念之間測量關係，如：per =~ 績效 1 + 績效 2 + 績效 3 + 績效 4+績效 5
~~	同一個層級之間共變（非因果）關係，如：sur ~~com 設定 sur 及 com 之間外生變數，或者 ber~~行為 1 設定兩個內生變數及殘差之間相關
a11	參數標籤，以做後續分析（運算或是設限）之用，如：per ~ a11*com + a12*sur
:=	定義新參數，如：ab:~a*b 設定一個新的參數且其值為 a 及 b 之間相乘積

24

STEP **6**　入完語法後，點擊鍵盤的「 Ctrl + Enter 」使 JASP 軟體進行上述的程式運算。

STEP **7**　展開「報表設定」頁籤，「勾選」其他配適指標、標準化估計值、路徑圖以及顯示參數估計值。

STEP **8**　展開「模式設定」頁籤，「勾選」包含平均數結構。

┌─────────────────┐
│ 實作結論 │
└─────────────────┘

　　於報表視窗中可獲得結構方程模型的相關結果。從迴歸係數表中得知有顯著性效果（< 0.05）共有三個，其五個假說結果整理如下表。

表 24-2　假說驗證結果

編號	假說	是否成立
H1	僕人領導是否影響組織承諾	顯著
H2	僕人領導是否影響主動顧客服務績效	不顯著
H3	僕人領導是否影響組織公民行為	不顯著

編號	假說	是否成立
H4ab	組織承諾會去影響主動顧客服務績效	顯著
H5ab	組織承諾影響組織公民行為	顯著

迴歸係數 ▼

預測變項	結果	估計	標準誤	z 值	p值	95% 信賴區間		標準化		
						Lower	Upper	所有	潛在變數	內生
com	ber	0.475	0.049	9.697	< .001	0.379	0.571	0.696	0.696	0.696
sur	ber	−0.063	0.056	−1.124	0.261	−0.173	0.047	−0.068	−0.068	−0.068
	com	0.892	0.086	10.389	< .001	0.724	1.060	0.657	0.657	0.657
com	per	0.392	0.054	7.213	< .001	0.286	0.499	0.515	0.515	0.515
sur	per	0.052	0.068	0.767	0.443	−0.081	0.185	0.050	0.050	0.050

於路徑圖中可獲得此 SEM 的路徑與係數結果的圖。

路徑圖 ▼

路徑圖 ▼

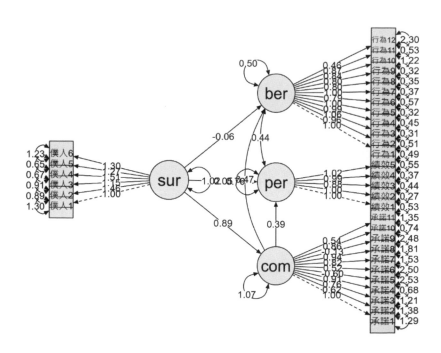

25.1 統計方法簡介

　　在結構方程模型（SEM）中，中介檢定是一種重要的分析方法，用於探討一個變數（中介變數）是否在響應變數和依變數之間傳遞影響。換句話說，中介檢定用於確定中介變數是否在響應變數和依變數之間發揮中介作用。透過中介檢定，研究者可以深入了解響應變數對依變數之間的影響機制。其目的是判斷中介變數是否在模型中扮演著重要的中介角色，即是否存在顯著的中介路徑。這有助於研究者理解響應變數對依變數的影響是直接的還是透過中介變數的間接影響。

　　在進行中介檢定時，通常會考慮三個變數：響應變數、依變數和中介變數。首先，檢測響應變數對依變數的直接影響，這被稱為「總效應」。接著，檢測響應變數對中介變數的影響，這被稱為「路徑 a」。最後，檢測中介變數對依變數的影響，並且在模型中同時考慮了響應變數和中介變數，這被稱為「路徑 b」。如果中介變數在響應變數和依變數之間產生了間接影響，則會觀察到兩個效應：響應變數對依變數的總效應（總路徑 c），以及響應變數通過中介變數對依變數的影響（中介路徑 a*b）。中介效應指的是透過中介變數間接影響響應變數和依變數之間關係的部分。

　　經過中介檢定後，若發現中介路徑 a*b 是顯著的，即中介變數在響應變數和依變數之間扮演了重要的中介角色，則可以確定在這個模型中存在中介效應。

25.2 檢定步驟

　　中介變數在響應變數和依變數之間扮演了重要的中介角色，則可以確定在這個模型中存在中介效應，故中介檢定的基本步驟如下：

1. **建立模型**：建立結構方程模型，包含響應變數、依變數和中介變數之間的關係。這個模型反映了我們研究的變數之間的理論假設。

2. **估計模型參數**：使用統計軟體進行結構方程模型分析，估計模型中的參數，例如路徑係數和截距。這些參數表示變數之間的關係和效應大小。

3. **確定直接效應**：檢驗響應變數對依變數的直接效應。這是指排除中介變數的影響，單獨檢查響應變數是否對依變數產生直接影響。

4. **確定中介效應**：檢驗響應變數對依變數的間接效應，即考慮中介變數的影響，查驗響應變數是否透過中介變數影響依變數。這表示響應變數對依變數的影響是透過中介變數的間接傳遞。

5. **檢定中介效應**：進行中介效應的統計檢定，以確定中介變數是否在響應變數和依變數之間扮演中介作用。這通常涉及計算中介效應的信賴區間，以判斷其統計顯著性。

25.3 使用時機

列舉中介檢定中常見的情境及案例：

1. **教育領域**：研究自主學習對學業成績的影響。

   案例：研究者想要了解學生自主學習對於他們的數學成績是否有中介作用。研究中測量學生的自主學習程度、學業成績以及數學態度。透過結構方程模型中介檢定，可以確定數學態度是否在自主學習和學業成績之間起到中介作用。

2. **健康心理學**：研究心理壓力對身心健康的影響。

   案例：研究者想要探討心理壓力對於憂鬱症狀的影響，並檢驗樂觀情緒是否在心理壓力和憂鬱症狀之間起到中介作用。研究中測量參與者的心理壓力水平、樂觀情緒和憂鬱症狀。透過結構方程模型中介檢定，可以確定樂觀情緒是否在心理壓力和憂鬱症狀之間起到中介作用。

3. **市場行銷**：研究廣告對消費者購買意願的影響。

   案例：研究者希望了解廣告對於消費者購買意願的影響，並檢驗品牌忠誠度是否在廣告和購買意願之間起到中介作用。研究中測量參與者的廣告評價、品牌忠誠度和購買意願。透過結構方程模型中介檢定，可以確定品牌忠誠度是否在廣告和購買意願之間起到中介作用。

4. **經濟學**：研究利率對經濟增長的影響。

   案例：研究者希望探討利率對經濟增長的影響，並檢驗貨幣供應是否在利率和經濟增長之間起到中介作用。研究中測量經濟增長率、利率水平和貨幣供應量。透過結構方程模型中介檢定，可以確定貨幣供應量是否在利率和經濟增長之間起到中介作用。

5. **人力資源管理**：研究領導風格對員工工作滿意度的影響。

   案例：研究者想要探討領導風格對員工工作滿意度的影響，並檢驗工作動機是否在領導風格和工作滿意度之間起到中介作用。研究中測量員工的領導風格評價、工作動機和工作滿意度。透過結構方程模型中

25

介檢定，可以確定工作動機是否在領導風格和工作滿意度之間起到中介作用。

25.4 介面說明

25.4.1 基本介面

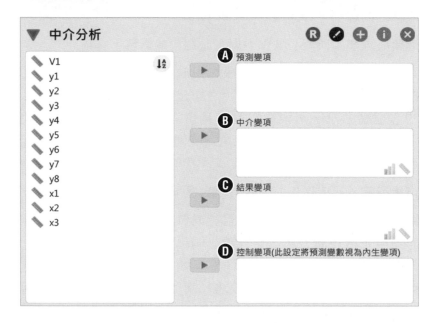

A. **預測變項（Predictor Variable）**：也被稱為「獨立變數」或「響應變數」（Independent Variable）。這是研究中感興趣的解釋變項或影響變項。在中介分析中，預測變項是直接影響中介變項的變項。研究者希望探究這個變項對於中介變項和結果變項的影響。

B. **中介變項（Mediator Variable）**：被稱為「中間變項」或「中介因素」。它是預測變項和結果變項之間的中間步驟或機制。中介變項解釋了預測變項和結果變項之間的關係，幫助研究者理解為什麼這兩個變項之間存在相關。中介變項在統計模型中處於預測變項和結果變項之間。

C. **結果變項（Outcome Variable）**：被稱為「依變項」或「應變數」。這是研究中感興趣的主要研究結果或目標。在中介分析中，研究者希望瞭解預測變項對結果變項的影響，以及中介變項在其中的作用。

D. **控制變項（此設定將預測變數視為內生變項）（Control Variable）**：指那些可能潛在影響預測變項、中介變項和結果變項之間關係的其他變項。控制變項的目的是控制額外的變異性，以確保中介效果是在其他可能的影響下被解釋的。這些變項可以幫助研究者排除其他因素對於預測變項和結果變項之間關係的影響，從而更準確地研究中介變項的影響。

25.4.2 設定

設定相關的路徑和效應，來進行中介檢定的統計分析。

A. **標準化估計值（Standardized Estimates）**：在結構方程模型中，路徑係數、因素負荷量等估計值可能是標準化的或未標準化的。標準化估計值是指將這些係數轉換為標準差單位的估計值，使不同變數之間的效果大小具有可比性。這有助於瞭解各個變數對模型的相對重要性，並可以進行跨變數比較。

B. **Lavaan 語法**：是 R 語言中常用的結構方程模型建模套件。在 JASP 軟體中，使用者可以使用 Lavaan 語法來描述結構方程模型的結構。這使

得使用者可以靈活地定義模型中的路徑和效應，並以較自由的方式進行模型設定。

C. R 平方（R-Squared）：用於衡量模型對資料變異的解釋程度。它類似於傳統迴歸分析中的 R 平方，但在結構方程模型中有不同的計算方式。R 平方越接近 1，表示模型能夠很好地解釋資料的變異，即模型與實際觀測之間的匹配程度越高。

D. 其他參數估計值：用於設定不同效應和路徑的估計方式。

❖ 總效果（Total Effect）：指中介變項對結果變項的總效應，包括直接效應和間接效應。直接效應是中介變項對結果變項的直接影響，間接效應是指中介變項透過預測變項對結果變項產生的間接影響。總效應綜合考慮了這兩種效應的影響。

❖ 殘差共變數（Residual Covariances）：如果有多個觀察變項，這些變項之間可能存在共變異。透過設定殘差共變數，可以考慮這些變項之間的相互影響，以提高模型的配適度和準確性。

❖ 路徑係數（Path Coefficients）：指在結構方程模型中各個路徑上的係數估計值，即指示變項之間直接或間接影響的數值。路徑係數表示了不同變項之間的相對關係，有助於理解模型中變項之間的關聯性。

E. 信賴區間（confidence interval，CI）：指估計統計數據的範圍，表示結果具有一定信賴水準的可信程度，通常設為 95%。（詳細說明請詳閱附錄-1）

F. 方法：可以選擇使用不同的統計方法，以獲得模型參數的估計值。

❖ 標準（Standard）：使用最大概似法（MLE）進行模型估計。它尋找一組參數值，使得觀察資料出現的機率最大化。這是一種常見的估計方法，特別適用於大樣本量的情況，通常效果較好。

❖ 穩健（Robust）：使用穩健估計方法進行模型估計。此方法對參數估計進行校正，對於資料中存在異常值或不符合常態分配的情況，提供了更準確的結果。

❖ 拔靴法（Bootstrapping）：使用拔靴法進行模型估計。此方法是一種非參數統計方法，通過從原始資料中重複抽樣以估計參數的分佈情況。它可以提供估計參數的信賴區間，並用於測試統計假設。

❖ 複製（Replication）：使用重複複製方法進行模型估計。此方法使用多個複製的資料集進行估計，提供了對參數估計的更穩健估計，並考慮了估計的不確定性。

❖ 類型：提供了幾種拔靴法設定，用於估計中介分析中的效應和信賴區間。

■ 誤差修正百分位（Bias-Corrected Percentile）：是改進的拔靴法方法，通常比傳統拔靴法更準確，尤其在樣本量較小的情況下。它對拔靴樣本進行誤差修正，提供了更穩健的效應估計和信賴區間。

■ 百分位（Percentile）：是傳統的拔靴法方法。它直接從拔靴樣本的分佈中提取百分位數，用於估計效應的信賴區間。

■ 常態理論（Normal Theory）：這使用常態分配的近似方法進行拔靴法。它假設拔靴樣本的分佈接近於常態分配，用於估計效應的信賴區間。

25.4.3 圖

　　用於顯示中介模型的路徑圖，以直覺地展示變數之間的關係和中介效應，使能夠幫助使用者更清楚地理解中介模型的結構和假設。

❖ 模式圖：是結構方程模型的視覺化表示，由不同變項之間的箭頭和連線組成，用於反映模型中變項之間的關係。箭頭代表因果關係或直接影響，連線表示共變異或相關關係。模式圖以圖形方式展示，幫助研究者直觀理解模型的結構和變項之間的關係。

■ 參數估計值：模式圖中的箭頭和連線上標註著結構方程模型中各個路徑的係數估計值。這些係數代表變項之間的直接或間接影響強度。參數估計值反映了模型中不同效應的大小和方向，可以用於解釋變項之間的相互關係。

■ 圖例：位於模式圖的一角，提供了模式圖中所使用的符號和線條的解釋說明。這有助於研究者理解圖中的表示方式，確保對箭頭、連線和其他元素的含義有清楚的理解。圖例使得模式圖更易於解讀和溝通。

25.4.4 進階

用於進一步指定和控制中介分析模型的相關進階設定。

A. **遺漏值處理設定**：這用於指定在進行中介分析時如何處理資料中的遺漏值。

❖ 完全訊息最大概似法（Full Information Maximum Likelihood, FIML）：它使用所有可用的資料訊息來估計模型的參數。當資料中存在遺漏值時，FIML 方法使用最大概似法來估計模型參數，同時利用所有可用的資料來提供最佳的參數估計。FIML 能夠處理任意缺失模式，並且在樣本足夠大的情況下，提供一致和有效的估計。

❖ 完全排除法：當資料中有遺漏值時，直接排除含有遺漏值的觀測樣本，只使用完整數據的子樣本進行分析。這可能會導致樣本數的減少，並且可能造成結果的偏差。完全排除法不是一個理想的處理方式，特別是在遺漏值較多的情況下，因為它會忽略有用的資訊。

B. **仿照**：用於指定中介分析的假設。在進行中介分析時，有時候研究者希望將某些模型參數的估計值設定為先前研究或理論所提供的特定值，或者是來自其他統計軟體執行的結構方程模型的結果。

❖ 無：表示不進行任何仿照設定，即所有模型參數都將使用 JASP SEM 中自動估計的結果。

❖ Mplus 程式：是一個廣泛使用的結構方程模型軟體，這個選項允許你將 Mplus 軟體中執行的結構方程模型結果輸入到 JASP 中，並在 JASP 中進行後續的分析和比較。

❖ EQS 程式：是一個常見的結構方程模型軟體，這個選項類似於仿照 Mplus 程式，它允許你將 EQS 軟體中執行的結構方程模型結果輸入到 JASP 中進行後續分析。

C. **估計法**：用於指定 SEM 模型中參數的估計方法的選項。

❖ 自動：會根據數據的特性自動選擇最適合的估計法，以獲得最佳結果。

❖ 最大概似法（ML）：是最常用的 SEM 參數估計方法之一。它假設觀察數據來自一個機率分佈，然後通過最大化似然函數，找到最能解釋觀察數據的模型參數值。

❖ 廣義最小平方法（GLS）：對於特定的數據結構，例如多變量常態數據，可以提供更有效的參數估計。

❖ 加權最小平方法（WLS）：是一種適用於具有異方差性的數據的估計方法。它使用加權的最小平方方法來處理異方差性，提高模型參數估計的準確性。

❖ 未加權最小平方法（ULS）：是一種參數估計方法，它將模型預測值和觀察值之間的誤差平方和最小化，通常用於簡單模型或樣本數較大的情況。

❖ 對角線加權最小平方法（DWLS）：是一種處理不完全數據（帶有遺漏值）的估計方法，它對應用於 SEM 模型的協方差矩陣進行了處理。這是一種特殊的加權最小平方法，適用於含有遺漏值的情況。

25.5 統計分析實作

　　本節範例為筆者所提供。此數據以探討服務業中僕人領導行為是否會影響主動顧客服務績效及組織公民行為為例。此範例以檢測該研究的中介為主，故從研究流程圖可得知，組織承諾為中介、僕人領導為響應變數、主動顧客服務績效與組織公民行為兩者為依變數，探討項目如下：

● H2：僕人領導透過組織承諾對主動顧客服務績效是否產生影響。

● H3：僕人領導透過組織承諾對組織公民行為是否產生影響。

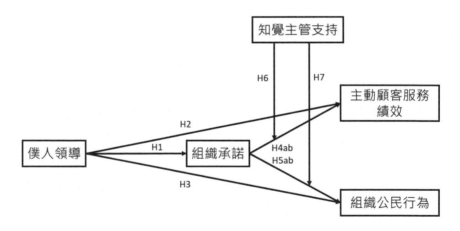

資料來源：李德盛（2018），主動顧客服務績效與組織公民行為前置變數之探討，澎湖科技大學，未出版碩士論文，澎湖。

範例實作

STEP **1** 點擊選單 > 開啟 > 電腦 > 瀏覽本機檔案 > 中介式調節.csv，使開啟
範例的數據樣本。

■ 檔案來源：ch25 > 中介式調節.csv

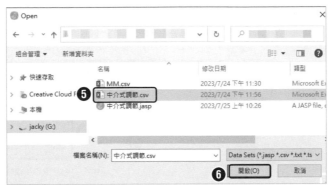

STEP **2** 在數據視窗中，資料後半段部分的僕人、承諾、履行、績效、行為
以及支持等 6 個變數，其值為同一行中相同類別變數值加總平均後
的結果。如：僕人為僕人 1~僕人 6 加總後的平均值。

☰	描述統計	T-檢定	變異數分析	Mixed Models	迴歸分析	次數	因素	信度 → ＋
▼ 寺5	僕人	承諾	履行	績效	行為	支持	Z值 ＋
1	5.833333333	4.272727273	5.833333333	6.6	6.5	6.2	0.836195478
2	5.333333333	5.363636364	6	6.2	6.083333333	5.4	0.466990043
3	5.666666667	5.454545455	6.166666667	6	6	5.6	0.713127000
4	3	4.272727273	3.833333333	3.8	5.083333333	4.2	-1.255968655
5	4.833333333	5.545454545	5.5	6	6	5.2	0.097784607
6	5.5	5.272727273	4.5	6.2	6.583333333	6.6	0.590058521
7	5.5	4.090909091	3.5	6.6	5.25	6	0.590058521
8	6.333333333	5.272727273	6.666666667	6.8	6.25	7	1.205400914
9	5	5.181818182	5	5	5.25	5.8	0.220853086
10	3.666666667	6.090909091	4.333333333	6.4	6.333333333	3.6	-0.763694741
11	3	2.636363636	3	4.8	5	4.2	-1.255968655
12	4	4.181818182	4.166666667	4.4	4.083333333	3.8	-0.517557784
13	2.666666667	2.454545455	2.5	2.6	3.583333333	3.2	-1.502105612
14	5.333333333	5.181818182	4.666666667	6	5.583333333	5.8	0.466990043
15	2.833333333	4.545454545	4	4	4.333333333	3	-1.379037134

STEP **3**　於上方常用分析模組中點擊「結構
方程模型 > 中介分析」按鈕。

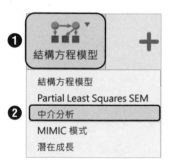

STEP **4**　將左側的僕人、承諾、行為與績效等 4 個變數依照研究架構移至右
側的依變數欄位中。

- 預測變項：僕人。

- 中介變項：承諾。

- 結果變項：行為與績效。

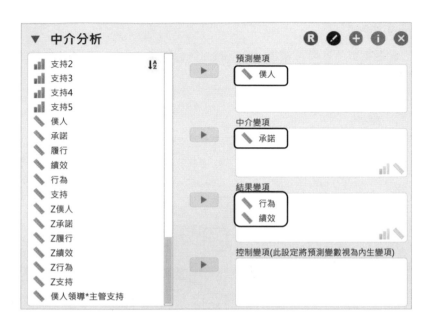

STEP **5** 展開「設定」頁籤，需「勾選」的項目如下：

■ 標準化估計值。

■ Levaan 語法。

■ 方法：拔靴法，以及複製的屬性值設為 500。

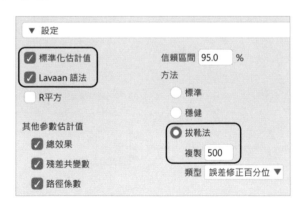

STEP **6** 展開「圖」頁籤，「勾選」模式圖以及
參數估計值。

補充說明

　　勾選參數估計值選項後，路徑圖的係數值會改由數值顯係，如 a11 會改為
0.4。

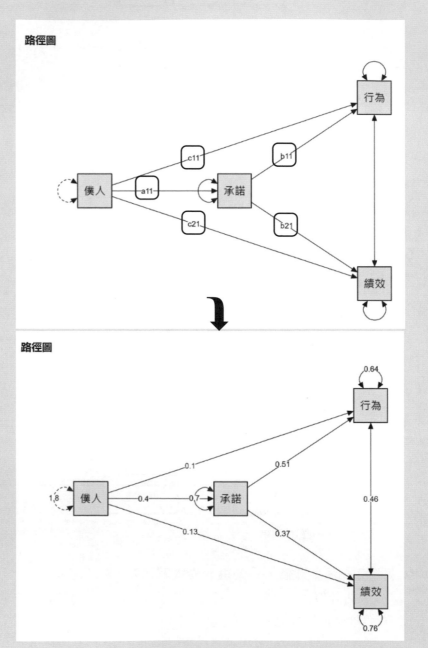

STEP **7** 展開「進階」頁籤,「勾選」估計法項目中的最大概似法(ML)。

實作結論

於報表視窗中可獲得中介分析的相關結果。從直接效果表中得知僕人領導對於主動顧客服務績效與組織公民行為兩者的 p 值均小於 0.05,故有顯著性效果。同時,僕人領導對組織公民行為的係數值為 0.104、僕人領導對主動顧客服務績效的係數值為 0.13。

參數估計值 ▼

直接效果

			估計	標準誤	z 值	p值	95% 信賴區間 Lower	Upper
僕人	→	行為	0.104	0.035	2.966	0.003	0.020	0.177
僕人	→	績效	0.130	0.038	3.402	< .001	0.040	0.224

附註 Delta 法 標準誤, 誤差修正百分位拔靴法 信賴區間, ML 估計法

從間接效果表中得知,僕人領導透過組織承諾對主動顧客服務績效與組織公民行為兩者的 p 值均小於 0.001,故證明中介效果具有顯著性效果,表示組織承諾具有中介影響關係。

間接效果 ▼

| | | | | 估計 | 標準誤 | z 值 | p值 | 95% 信賴區間 | |
								Lower	Upper
僕人	→	承諾	→ 行為	0.207	0.025	8.353	< .001	0.152	0.272
僕人	→	承諾	→ 績效	0.150	0.024	6.327	< .001	0.100	0.214

附註 Delta 法 標準誤, 誤差修正百分位拔靴法 信賴區間, ML 估計法

在總效果表中得知，僕人領導對於主動顧客服務績效與組織公民行為兩者均有顯著性的效果（小於 0.05），同時僕人領導對組織公民行為的係數值為 0.31（0.104（直接效果）＋ 0.207（間接效果））、僕人領導對主動顧客服務績效的係數值為 0.13（0.130（直接效果）＋ 0.150（間接效果））。

Total effects ▼

| | | | 估計 | 標準誤 | z 值 | p值 | 95% 信賴區間 | |
							Lower	Upper
僕人	→	行為	0.310	0.033	9.314	< .001	0.231	0.390
僕人	→	績效	0.280	0.034	8.230	< .001	0.195	0.367

附註 Delta 法 標準誤, 誤差修正百分位拔靴法 信賴區間, ML 估計法

從路徑係數表中得知，所有路徑均具有正向且有顯著性關係（小於 0.05），也就是說此研究的每一條假設均成立。

路徑係數

| | | | 估計 | 標準誤 | z 值 | p值 | 95% 信賴區間 | |
							Lower	Upper
承諾	→	行為	0.515	0.047	10.881	< .001	0.415	0.611
僕人	→	行為	0.104	0.035	2.966	0.003	0.020	0.177
承諾	→	績效	0.374	0.052	7.237	< .001	0.267	0.492
僕人	→	績效	0.130	0.038	3.402	< .001	0.040	0.224
僕人	→	承諾	0.402	0.031	13.033	< .001	0.326	0.469

附註 Delta 法 標準誤, 誤差修正百分位拔靴法 信賴區間, ML 估計法

路徑圖 ▼

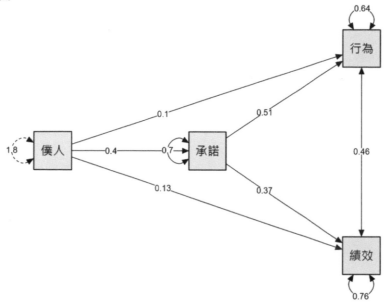

最後，可獲得此研究中介檢定的模型語法。

模型語法 ▼

```
# --------------------------------
# Mediation model generated by JASP
# --------------------------------

# dependent regression
行為 ~ b11*承諾 + c11*僕人
績效 ~ b21*承諾 + c21*僕人

# mediator regression
承諾 ~ a11*僕人

# dependent residual covariance
行為 ~~ 績效

# effect decomposition
# y1 ~ x1
ind_x1_m1_y1 := a11*b11
ind_x1_y1 := ind_x1_m1_y1
tot_x1_y1 := ind_x1_y1 + c11

# y2 ~ x1
ind_x1_m1_y2 := a11*b21
ind_x1_y2 := ind_x1_m1_y2
tot_x1_y2 := ind_x1_y2 + c21
```

25

26.1 統計方法簡介

調節效果（也稱干擾效果，Moderation Effect）是指某個變數對其他兩個變數之間關係的影響。也就是說，其在兩個其他變數之間起著調節作用，改變了它們之間的關係。

調節效果驗證用於研究變數之間的交互作用，即當一個變數的影響取決於另一個變數的水平時，稱這個變數對兩個變數之間的關係產生了調節效果。這意味著在不同的調節變數水平下，兩個變數之間的關係可能是不同的。

透過進行調節效果驗證，研究者可以深入理解變數之間的複雜關係，並更全面地解釋研究結果。這對於確定哪些因素會影響研究結果，以及在什麼條件下這些因素會發揮作用非常重要。例如，調節效果可能顯示在某種條件下，兩個變數之間的關係比在其他條件下更強或更弱。

調節效果驗證的結果可以幫助研究者更好地理解變數之間的交互作用和影響，從而更準確地解釋研究結果並制定相應的政策或措施。這有助於提高研究的解釋力和實用性，並在實際應用中更好地控制或利用變數間的交互作用。

26.2 檢定步驟

調節效果的檢定步驟是將調節變數添加到基本模型中以計算交互項，然後進行統計檢定來確定調節效果是否存在，並最終解釋這個效果的含義，故調節效果的檢定步驟如下：

1. **建立基本模型**：建立包含響應變數和依變數之間關係的基本模型，該模型描述了響應變數對依變數的直接影響。

2. **添加調節變數**：將調節變數添加到模型中，以探討該調節變數是否會影響響應變數和依變數之間的關係。

3. **計算交互項**：計算響應變數和調節變數的交互項，以檢測調節效果。指將兩個變數進行乘積，以代表它們之間的相互影響。交互項反映了在調節變數不同水平下，響應變數對依變數影響是否有所不同。

4. **執行調節效果檢定**：進行調節效果的檢定，當中包括檢測交互項的顯著性，以確定調節變數是否會影響響應變數和依變數之間的關係。如果交互項的 p 值小於預先設定的顯著性水平（通常為 0.05），則表示調節效果是顯著的。

5. **解釋結果**：如果調節效果是顯著的，則需要解釋這個效果的含義。這可以通過繪製交互作用圖形或分析不同調節變數值下的關係來進行解釋。

26.3 使用時機

列舉調節效果中常見的情境及案例：

1. **教育對職業成就的調節效果**：研究者想要瞭解教育程度對於不同職業成就的影響是否受個人的工作經驗程度所調節。

   案例：研究中收集了不同教育程度和工作經驗程度的受測者，並評估了他們的職業成就。透過調節效果分析，可以瞭解教育程度是否在工作經驗程度不同的群體中產生不同的職業成就影響。

2. **社會支持對憂鬱症狀的調節效果**：研究者希望瞭解社會支持程度是否調節了個體憂鬱症狀和心理健康之間的關係。

   案例：收集了不同社會支持程度的受測者，並測量他們的憂鬱症狀和心理健康水平。透過調節效果分析，可以確定社會支持是否在不同心理健康水平的群體中影響憂鬱症狀的程度。

3. **年齡對運動效果的調節效果**：研究者想要瞭解年齡是否會影響運動對心肺功能的效果。

   案例：收集了不同年齡段的受測者，並進行一段時間的運動訓練。透過調節效果分析，可以確定年齡是否在運動對心肺功能的效果上產生調節作用。

4. **性別對工作滿意度的調節效果**：研究者想要瞭解性別是否調節了不同工作條件對工作滿意度的影響。

   案例：收集了不同性別的員工，並評估他們對於不同工作條件的滿意度。透過調節效果分析，可以確定性別是否在工作條件和工作滿意度之間產生調節效果。

5. **產品價格對購買意願的調節效果**：研究者想要瞭解產品價格是否調節了不同顧客對購買意願的影響。

   案例：收集了不同收入水平的顧客，並評估他們對於不同價格的產品的購買意願。透過調節效果分析，可以確定產品價格是否在不同收入水平的顧客中產生調節作用。

26.4 統計分析實作

　　本節範例為筆者所提供。此數據以探討服務業中僕人領導行為是否會影響主動顧客服務績效及組織公民行為為例。此範例以檢測該研究的調節效果驗證為主，故從研究流程圖可得知，知覺主管支持在組織承諾對主動顧客服務績效與組織公民行為中扮演調節的效果，故探討項目如下：

● H6：知覺主管支持會加強組織承諾及主動顧客服務績效之間關係。

● H7：知覺主管支持會去影響組織承諾及組織公民行為之間關係。

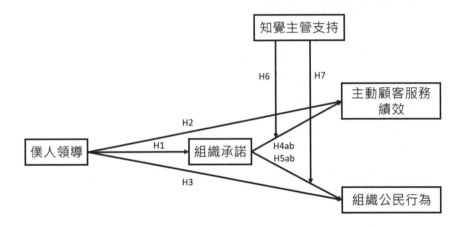

資料來源：李德盛（2018），主動顧客服務績效與組織公民行為前置變數之探討，澎湖科技大學，未出版碩士論文，澎湖。

範例實作

STEP **1**　點擊選單 > 開啟 > 電腦 > 瀏覽本機檔案 > 調節式中介.csv，使開啟範例檔。

　　■ 檔案來源：ch26 > 調節式中介.csv

26

補充說明

在數據視窗中，Z 僕人、Z 承諾、Z 履行、Z 績效、Z 行為以及 Z 支持等 6 個連續變數，為已進行標準化（標準分數，z-score）處理後的數據。

	Z僕人	Z承諾	Z履行	Z績效	Z行為	Z支持	
1	0.8361954787	-0.4694152118	1.001702828	0.9928608883	0.8849786317	0.8922052001	-0.4188146
2	0.4669900433	0.7660489287	1.132163157	0.6164030761	0.398011365	0.3298793017	0.25270368
3	0.7131270003	0.8690042737	1.262623487	0.42817417	0.3006179117	0.4704607763	0.40883242
4	-1.255968655	-0.4694152118	-0.5638211274	-1.642343797	-0.7707100751	-0.5136095457	0.24109613
5	0.0977846079	0.9719596187	0.7407821685	0.42817417	0.3006179117	0.1892978272	0.18398984
6	0.5900585218	0.6630935836	-0.04197980902	0.6164030761	0.982372085	1.173368149	0.77805289
7	0.5900585218	-0.6753259019	-0.8247417865	0.9928608883	-0.5759231684	0.7516237255	-0.5075909
8	1.205400914	0.6630935836	1.654004476	1.181089794	0.5927982717	1.454531098	0.96449023
9	0.2208530864	0.5601382386	0.3494011797	-0.5129703604	-0.5759231684	0.6110422509	0.34226813
10	-0.7636947414	1.589691689	-0.1724401386	0.8046319822	0.690191725	-0.9353539695	-1.4869244
11	-1.255968655	-2.322611422	-1.216122775	-0.7011992665	-0.8681035284	-0.5136095457	1.19291539
12	-0.5175577845	-0.5723705568	-0.3029004682	-1.077657079	-1.939431515	-0.7947724949	0.45490437
13	-1.502105612	-2.528522113	-1.607503764	-2.771717233	-2.523792235	-1.216516919	3.07598992
14	0.4669900433	0.5601382386	0.08848052056	0.42817417	-0.186349355	0.6110422509	0.34226813
15	-1.379037134	-0.1605491767	-0.4333607978	-1.454114891	-1.647251155	-1.357098393	0.21788102

標準化即是將一個變數的值扣掉它的平均數再除以它的標準差，標準化後變數的平均值為 0，標準差為 1。假設有兩個變數，且當單位又不相同時其實很難進行比較。例如小明的身高為 180 公分、體重為 100 公斤，則小明的身高是偏高還是偏矮；體重是偏重還是偏輕呢？

因此，若要知道該數據在整組數據中的相對位置，就須將該數據進行標準化的轉換，轉換後的數據稱為「標準分數」或「Z 分數」。

假設轉換後的結果顯示小明身高在平均數以上 1.1 個標準差、體重在平均數以上 1.6 個標準差，那麼可得知小明的身高與他人相比並無較大的差異，反而體重偏重。

綜合上述，當需分析的數據若是單位不同時，為了方便詮釋就須進行標準化來消除單位的影響。例如：產品品質採用 5 等量表、顧客滿意度採用 7 等量表，此兩種量測的尺度不同，此時就該進行標準化。

補充說明

在 JASP 的數據視窗中，新增標準分數（z-score）的步驟如圖。

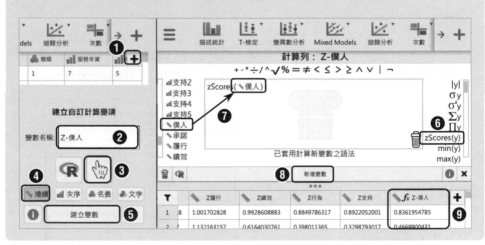

STEP **2**　於數據視窗中，點擊年齡旁的圖示，將名義尺度該為次序尺度，使才能在後續進行分析。

STEP**3**　須將性別、年齡、教育程度以及婚姻等四種資料型態轉為「次序尺度」。

STEP**4**　於上方常用分析模組中點擊「迴歸分析 > 線性迴歸」按鈕。

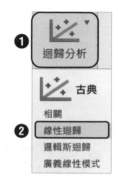

STEP**5**　將左側欄位內的指定變項移至右側的變項中，各欄位須設定的變項如下：

■ 依變數：績效。

■ 共變數：性別、年齡、教育程度、婚姻、僕人、行為、Z 承諾、Z 支持。

STEP **6**　展開「模式」頁籤，按住鍵盤的 Ctrl 鍵不放並點選 Z 承諾與 Z 支持兩變數後，將其移至右側模型項目欄位中，使產生交叉項（調節）的結果，以驗證對於績效（依變數）是否具有正向且顯著性的效果。

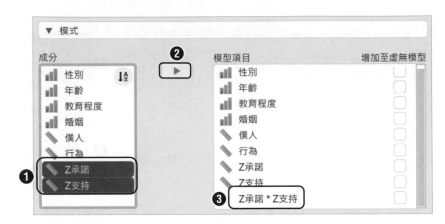

STEP **7**　在右側的模型項目欄位中，「勾選」基本統計資料，為性別、年齡、教育程度、婚姻以及僕人響應變數等項目後，點擊上方的「增加至虛無模型」按鈕，使將其增加到 H0（虛無假設）中。

實作結論

　　於報表視窗中可獲得線性迴歸的相關結果。從 Coefficients（係數）表中得知 Z 承諾*Z 支持對於績效是有顯著性效果（p < 0.05），Standardized（標準化）為 0.088，雖該值偏小但依然具有顯著效果。因此證明知覺主管支持會對組織承諾與主動顧客服務績效兩者具有加強的效果。

Coefficients ▼

模型		Unstandardized	標準誤	Standardized	t	p值
H_0	(Intercept)	3.869	0.434		8.924	< .001
	性別	−0.078	0.105	−0.034	−0.739	0.461
	年齡	0.157	0.061	0.140	2.579	0.010
	教育程度	0.025	0.055	0.022	0.456	0.649
	婚姻	−0.078	0.143	−0.029	−0.547	0.585
	僕人	0.289	0.036	0.368	7.979	< .001
H_1	(Intercept)	0.096	0.439		0.219	0.827
	性別	−0.012	0.074	−0.005	−0.160	0.873
	年齡	−0.028	0.044	−0.025	−0.624	0.533
	教育程度	−0.049	0.039	−0.043	−1.256	0.210
	婚姻	0.007	0.101	0.003	0.071	0.944
	僕人	0.067	0.041	0.085	1.628	0.104
	行為	0.926	0.053	0.745	17.620	< .001
	Z承諾	0.011	0.048	0.010	0.226	0.821
	Z支持	−0.015	0.057	−0.014	−0.264	0.792
	Z承諾 ＊ Z支持	0.077	0.029	0.088	2.658	0.008

27

調節式中介

27.1 統計方法簡介

　　調節式中介（Moderated Mediation）指用於研究在中介變數和依變數之間是否存在一個調節變數，並且這個調節變數同時影響著中介變數和依變數之間的關係。此分析方法結合了中介效應和調節效應，可幫助研究者更全面地了解變數之間的複雜交互作用和影響機制，使對於研究特定現象背後的複雜關係以及指導實際干預策略具有重要意義。

　　在調節式中介分析中所關注三個主要變數：

1. 響應變數（Independent Variable，IV）：影響依變數的變數。
2. 中介變數（Mediator，M）：解釋響應變數和依變數之間關係的過程。
3. 調節變數（Moderator，W）：同時影響中介變數和依變數之間關係的其他變數。

　　調節式中介分析可以幫助研究者回答以下問題：

1. 中介變數是否解釋了響應變數和依變數之間的關係？
2. 調節變數是否會影響中介變數和依變數之間的關係？
3. 調節變數是否同時影響了中介變數的效果大小和中介效應的存在？

27.2 檢定步驟

　　調節式中介效果指在中介效果的基礎上，加入一個調節變數，並檢測這個調節變數是否會影響中介效果，故調節式中介的檢定步驟如下：

1. **建立中介效果模型**：建立中介效果的基本模型，包括響應變數、中介變數和依變數之間的關係。此模型通常是透過回歸分析或結構方程模型來建立。

2. **加入調節變數**：將調節變數添加到中介效果模型中，並建立調節式中介效果模型。此時就可以考慮調節變數對於中介效果的影響。

3. **計算交互項**：在調節式中介效果模型中，計算響應變數和中介變數之間的交互項，即調節變數與中介變數的乘積。是用來評估調節變數是否會影響中介效果的關鍵指標。

4. **進行統計檢定**：使用統計方法（例如 t 檢定、F 檢定等）來檢定交互項是否顯著不為零。如果交互項的 p 值小於預先設定的顯著性水平（通常為 0.05），則表示調節式中介效果是顯著的。

5. **解釋調節式中介效果**：如果交互項是顯著的，則調節變數對於中介效果產生了影響。

27.3 使用時機

　　列舉調節式中介中常見的情境及案例：

1. **性別對於壓力對健康的中介效果**：研究者想瞭解性別是否影響壓力對於健康的影響，並且是否有中介效果存在。

   案例：研究對象包括男性和女性，收集壓力水平、心理健康指標（例如焦慮和抑鬱水平），以及可能的中介因素（例如社會支持水平）。經過統計分析後，發現性別會影響壓力對心理健康的影響，並且社會支持在其中起著中介作用。

2. **教育程度對於工作滿意度對工作績效的中介效果**：研究者想瞭解教育程度是否會影響工作滿意度對工作績效的影響，並且是否有中介效果存在。

   案例：研究對象包括不同教育程度的員工，收集工作滿意度和工作績效的相關資料。同時收集可能的中介變數（例如工作投入程度）。進行統計分析後，發現教育程度會影響工作滿意度對工作績效的影響，並且工作投入在其中起著中介作用。

3. **社會支持對於壓力對焦慮的中介效果**：研究者想瞭解社會支持是否會影響壓力對焦慮的影響，並且是否有中介效果存在。

   案例：研究對象包括受到壓力影響的個體，收集壓力水平和焦慮水平的資料。同時收集可能的中介因素（例如社會支持水平）。經過統計分析後，發現社會支持會影響壓力對焦慮的影響，並且社會支持在其中起著中介作用。

4. **年齡對於培訓效果對員工績效的中介效果**：研究者想瞭解年齡是否會影響培訓效果對員工績效的影響，並且是否有中介效果存在。

   案例：研究對象包括不同年齡層的員工，收集參加培訓後的績效表現和可能的中介因素（例如知識轉移程度）。進行統計分析後，發現年齡會影響培訓效果對員工績效的影響，並且知識轉移在其中起著中介作用。

5. **主管領導風格對於員工工作滿意度對離職意向的中介效果**：研究者想瞭解主管領導風格是否會影響員工工作滿意度對離職意向的影響，並且是否有中介效果存在。

   案例：研究對象包括不同主管領導風格的員工，收集工作滿意度和離職意向的相關資料。同時收集可能的中介變數（例如組織承諾水平）。進行統計分析後，發現主管領導風格會影響員工工作滿意度對離職意向的影響，並且組織承諾在其中起著中介作用。

27.4 統計分析實作

　　本節範例為筆者所提供。此數據以探討服務業中僕人領導行為是否會影響主動顧客服務績效及組織公民行為為例。此範例以檢測該研究的調節式中介效果為主。從研究流程圖可得知，知覺主管支持為組織承諾與組織公民行為的中介關係，知覺主管支持則為調節關係，故探討項目如下：

● 組織承諾與主管支持對於組織公民行為是否有影響效果。

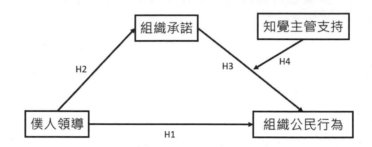

| 範例實作 |

STEP **1**　點擊選單 > 開啟 > 電腦 > 瀏覽本機檔案 > MM.csv，使開啟範例檔。

■ 檔案來源：ch27 > MM.csv

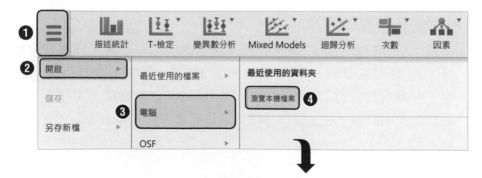

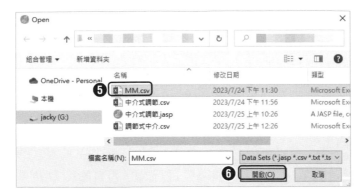

STEP **2**　在數據視窗中點擊右側「➕」按鈕，使開啟建立自訂計算變項視窗。

STEP **3**　在建立自訂計算變項視窗中，於變數名稱欄位中輸入「組織承諾*主管支持」，接續資料類型選為「連續」，最後點擊「建立變數」按鈕。

STEP **4**　在計算列視窗中，依研究目的而須將標準化後的「Z 承諾」與「Z 支持」兩變項進行相乘，以為其新增變數。

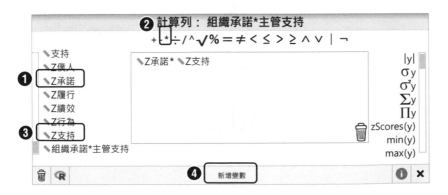

STEP **5**　當新增變數後，可於數據視窗的最後一欄中看見計算過後的結果，確認無誤後即可將新增變數的視窗關閉。

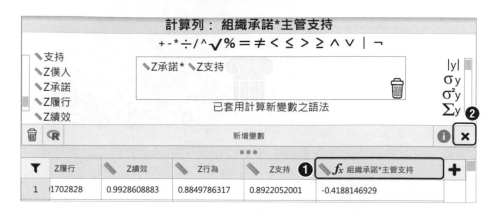

STEP **6**　於上方常用分析模組中點擊「結構方程模型 > 中介分析」按鈕。

STEP **7**　點擊「編輯分析模組標題」按鈕，並將名稱修改為「調節式中介」。

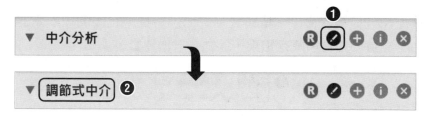

STEP **8**　依據研究目的，將左側欄位內的指定變項移至右側的變項中，各欄位須設定的變項如下：

- 預測變數：Z 僕人、Z 支持、組織承諾*主管支持。

- 中介變數：Z 承諾。

- 結果變項：行為。

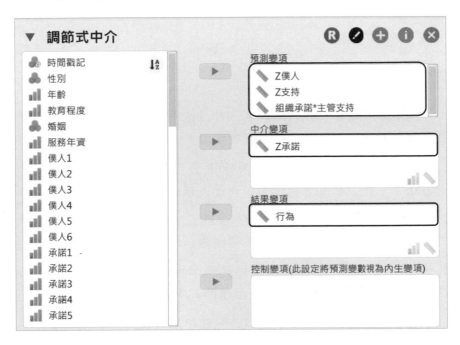

STEP **9**　展開「設定」頁籤後，「勾選」標準化估計值選項。

■ 展開「圖」頁籤，「勾選」模式圖以及參數估計值。

实作结论

於報表視窗中可獲得調節式中介分析的相關結果。在調節式中介下主要查看間接效果的結果，故由該表得知下列結果：

1. 僕人領導透過組織承諾對於組織公民行為的 p 值 < 0.001（小於 0.05），故具有顯著性影響，藉此表示中介成立。

2. 主管支持透過組織承諾對於組織公民行為的 p 值< 0.001（小於 0.05），故具有顯著性影響，藉此表示中介成立。

3. 組織承諾領導*主管支持透過組織承諾對於組織公民行為的 p 值為 0.028，（小於 0.05），故表示調節式中介成立。

知覺主管支持會去調節組織承諾與組織公民行為之間的關係，另從估計值中得知為「-（負）」，故表示組織承諾對主管支持的方向為一致時會具有顯著性影響；如果，組織承諾對主管支持的意見為相反時，即會產生負的組織公民的行為（如離職的行為發生）。

間接效果

| | | | | | 估計 | 標準誤 | z 值 | p值 | 95% 信賴區間 | |
									Lower	Upper
Z僕人	→	Z承諾	→	行為	0.167	0.034	4.879	< .001	0.100	0.234
Z支持	→	Z承諾	→	行為	0.110	0.032	3.428	< .001	0.047	0.173
組織承諾*主管支持	→	Z承諾	→	行為	-0.036	0.016	-2.201	0.028	-0.068	-0.004

附註 Delta 法 標準誤, 常態理論 信賴區間, ML 估計法

中介式調節：可以同時了解中介變數是否在調節因子和結果變數之間起作用，以及調節因子是否影響中介效果。

28.1 統計方法簡介

中介式調節（Mediated Moderation）指用於探討在兩個變數之間是否存在一個中介變數，並且這個中介變數是否受到第三個變數的調節作用。此分析方法結合了中介效應和調節效應，可幫助研究者更全面地了解變數之間的複雜關係和影響機制。

在中介式調節中所關注的主要變數有三個：

1. 響應變數（Independent Variable，IV）：影響依變數的變數。

2. 中介變數（Mediator，M）：解釋響應變數和依變數之間關係的過程。

3. 調節變數（Moderator，W）：影響中介變數和依變數之間關係的其他變數。

中介式調節分析可以幫助研究者回答以下問題：

1. 中介變數是否解釋了響應變數和依變數之間的關係？

2. 調節變數是否會影響中介變數和依變數之間的關係？

3. 調節變數是否會影響中介變數的效果大小？

28.2 檢定步驟

中介式調節分析是一種複雜的統計方法，故中介式調節的檢定步驟如下：

1. **確定模型**：需要確定研究的主要變數，包括響應變數、中介變數和調節變數。建立中介式調節模型，即假設響應變數對依變數的影響可透過中介變數來解釋，同時調節變數對響應變數和中介變數之間的關係起調節作用。

2. **進行回歸分析**：使用迴歸分析來測試響應變數對中介變數的影響（路徑 a）、中介變數對依變數的影響（路徑 b）以及響應變數對依變數的直接影響（路徑 c）。同時，考慮到調節作用，還需測試響應變數和調節變數之間的交互作用（路徑 d）。

3. **進行中介效果檢定**：透過迴歸分析計算中介效果，即是否中介變數在響應變數和依變數之間起部分或完全中介作用。通常使用拔靴法來估計中介效果的信賴區間，確定中介效果是否顯著。

4. **進行調節效果檢定**：測試調節變數是否會影響響應變數和中介變數之間的關係（路徑 e）以及響應變數對依變數的直接效果（路徑 c）。這可以確定調節變數是否對中介模型和直接效果產生影響。

5. **綜合評估**：根據檢定結果，綜合評估響應變數對依變數的直接效果、中介效果和調節效果，進一步理解變數之間的複雜關係。通常，需要考慮所有效果的顯著性和大小，以得出研究中介和調節關係的結論。

28.3 使用時機

　　列舉中介式調節中常見的情境及案例：

1. **教育研究**：研究員想瞭解家庭經濟狀況（響應變數）是否通過學生的學習態度（中介變數）來影響學業成績（依變數），同時想考察性別（調節變數）是否會調節這個中介過程。

　　例如，在一個高中生學業成績研究中，研究員發現家庭經濟狀況對學業成績有顯著影響，但這個影響是通過學生的學習態度進行中介的。此外，性別在這個中介過程中也起著調節作用，家庭經濟狀況對學業成績的影響對男生和女生有所差異。

2. **健康研究**：研究人員探討壓力（響應變數）是否通過憂鬱情緒（中介變數）來影響睡眠品質（依變數），同時想考察社會支持（調節變數）是否會調節這個中介過程。

　　例如，在壓力與睡眠品質的研究中，研究人員發現壓力會對睡眠品質產生影響，而這種影響是通過憂鬱情緒這一中介變數進行的。此外，社會支持在這個中介過程中也具有調節作用，壓力對睡眠品質的影響程度在社會支持水平高的群體和低的群體之間有所差異。

3. **組織行為研究**：研究人員想瞭解領導風格（響應變數）是否通過員工工作滿意度（中介變數）來影響員工績效（依變數），同時想考察工作壓力（調節變數）是否會調節這個中介過程。

　　例如，在一個公司的組織行為研究中，研究人員發現領導風格會通過員工工作滿意度來影響員工績效。同時，工作壓力在這個中介過程中也有調節作用，領導風格對員工績效的影響程度在工作壓力高的情況下和低的情況下有所差異。

4. **社會心理學研究**：研究人員想瞭解情緒表達方式（響應變數）是否通過社交回應（中介變數）來影響人際關係品質（依變數），同時想考察社交焦慮程度（調節變數）是否會調節這個中介過程。

　　例如，在人際關係品質研究中，研究人員發現情緒表達方式會通過社交回應來影響人際關係品質。此外，社交焦慮程度在這個中介過程中

也起著調節作用，情緒表達方式對人際關係品質的影響程度在社交焦慮程度高的人和低的人之間有所差異。

5. **市場行銷研究**：研究人員想瞭解廣告效果（響應變數）是否通過消費者滿意度（中介變數）來影響購買意願（依變數），同時想考察廣告強度（調節變數）是否會調節這個中介過程。

例如，在市場行銷研究中，研究人員發現廣告效果會通過消費者滿意度來影響購買意願。同時，廣告強度在這個中介過程中也具有調節作用，廣告效果對購買意願的影響程度在廣告強度高的情況下和低的情況下有所差異。

28.4 統計分析實作

　　本節範例為筆者所提供。此數據以探討服務業中僕人領導行為是否會影響主動顧客服務績效及組織公民行為為例。此範例以檢測該研究的中介式調節效果為主。從研究流程圖可得知，組織承諾為僕人領導與組織公民行為的中介關係，知覺主管支持則為調節關係，故探討項目如下：

● 僕人領導與知覺主管支持對組織公民行為是否有影響效果。

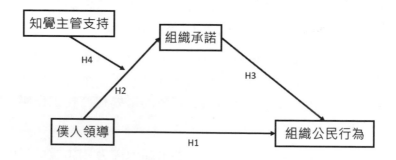

範例實作

STEP **1** 點擊選單 > 開啟 > 電腦 > 瀏覽本機檔案 > MM.csv，使開啟範例檔。

■ 檔案來源：ch28 > MM.csv

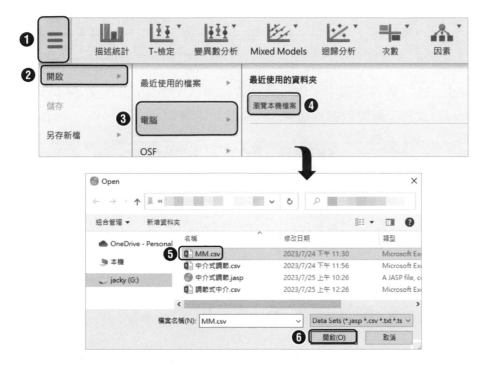

STEP **2** 在數據視窗中點擊右側「 **+** 」按鈕，使開啟建立自訂計算變項視窗。

STEP **3**　在建立自訂計算變項視窗中，於變數名稱欄位中輸入「僕人領導*主管支持」，接續資料類型選為「連續」，最後點擊「建立變數」按鈕。

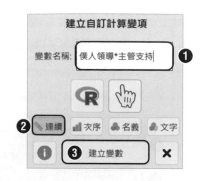

STEP **4**　在計算列視窗中，依研究目的而須將標準化後的「Z 僕人」與「Z 支持」兩變數進行相乘，以為其新增變數。

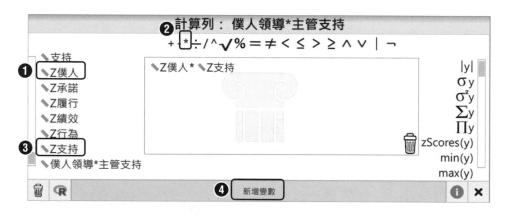

STEP **5**　當新增變數後，可於數據視窗的最後一欄中看見計算過後的結果，確認無誤後即可將新增變數的視窗關閉。

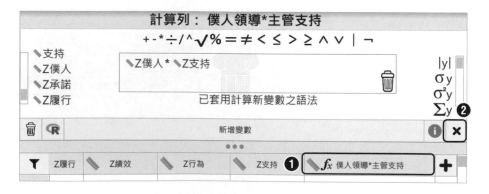

STEP **6**　於上方常用分析模組中點擊「結構
方程模型 > 中介分析」按鈕。

STEP **7**　點擊「編輯分析模組標題」，並將名稱修改為「中介式調節」。

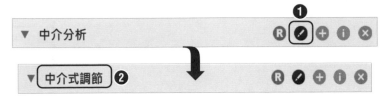

STEP **8**　依據研究目的，將左側欄位內的指定變項移至右側的變項中，各欄
位須設定的變項如下：

■　預測變數：Z 僕人、支持、僕人領導*主管支持。

■　中介變數：Z 承諾。

■　結果變項：績效。

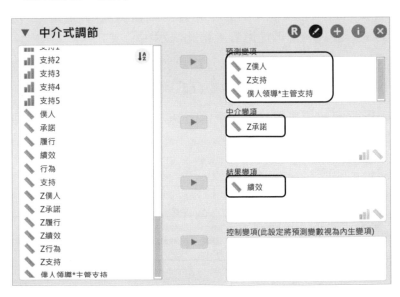

STEP **9**　展開「設定」頁籤後，勾選「標準化估計值」選項。

- 展開「圖」頁籤，「勾選」模式圖以及參數估計值。

實作結論

　　於報表視窗中可獲得調節式中介分析的相關結果。在中介式調節下主要查看間接效果的結果，故由該表得知下列結果：

1. 僕人領導對透過組織承諾對於主動客戶服務績效的 p 值 < 0.001（小於 0.05），故具有顯著性影響，藉此表示中介成立。

2. 主管支持透過組織承諾對於主動客戶服務績效的 p 值 < 0.001（小於 0.05），故具有顯著性影響，藉此表示中介成立。

3. 僕人領導*主管支持透過組織承諾對於主動客戶服務績效，發現 p 值為 0.128，（未小於 0.05），故中介式調節不成立。

　　因此證明知覺主管支持並不會因為知覺主管支持而調節加強或減弱僕人領導與組織承諾之間的關係。

間接效果 ▼

					估計	標準誤	z 值	p值	95% 信賴區間 Lower	Upper
Z僕人	→	Z承諾	→	績效	0.113	0.028	4.069	< .001	0.059	0.168
Z支持	→	Z承諾	→	績效	0.099	0.027	3.622	< .001	0.046	0.153
僕人領導*主管支持	→	Z承諾	→	績效	0.019	0.012	1.521	0.128	−0.005	0.043

附註 Delta 法 標準誤, 常態理論 信賴區間, ML 估計法

附錄

名詞解釋

(1) 信賴區間

信賴區間（confidence interval，CI）是統計學中一個重要的估計量，用於估計母體參數的範圍。在信賴區間內，研究者可以合理地認為該區間內涵蓋了母體參數的真實值，但不能確定真實值落在哪一具體點上。信賴區間通常用於描述樣本統計量的不確定性，並提供了一個估計參數的範圍，使研究者可以對母體參數作出合理的推斷。

例如，以 95% 的信賴區間來說（常見的應用）。當進行統計分析後，可以計算出一個範圍，在此範圍內有 95% 的信心（或機率）認為母體參數的真實值位於這個範圍之內。這並不是說該區間內有 95% 的機率包含了真實值，而是指這個估計方法在不斷重複取樣時，有 95% 的樣本所得到的信賴區間包含了母體參數的真實值。

信賴區間的建立是基於樣本統計量的抽樣變異性，而且可以根據不同的信賴水準（通常是 95% 或 99%）來建構。增加信賴水準會使得信賴區間變寬，因為研究者對估計的不確定性有更高的要求。需要特別注意的是，信賴區間並不是唯一的一個範圍，不同的估計方法或樣本大小可能會得到不同的信賴區間。信賴區間的計算方法通常涉及統計假設和估計技巧，因此在使用時需要適當理解資料和方法的適用性。

總體來說，信賴區間是統計學中用於估計母體參數範圍的一個重要工具，提供了對參數估計的不確定性進行合理估計的方法，有助於進行科學推斷和做出可靠的統計分析。

(2) 拔靴法

拔靴法是一種統計方法，用於估計參數或評估統計模型的不確定性。它是一種投放返式的重複抽樣過程，意味著在每次抽樣時，從母體中隨機抽取樣本，然後這些抽取的樣本會在下次抽樣前被放回母體中，保持母體內樣本內容或數量不變。這樣的過程會重複多次，每次抽取的樣本組成一個子樣本，稱為「拔靴樣本」。

拔靴法的主要目的是通過重複抽樣來模擬可能的樣本變異性，進而對參數估計或模型的結果進行統計推斷。通過建立多個拔靴樣本，可以計算出每個拔靴樣本的參數值，然後根據這些參數值的分佈情況來進行統計分析。例如，可以計算參數的平均值、標準誤差、信賴區間等。

拔靴法特別適用於樣本數較小的情況，因為它可以提供更穩健的統計推斷，並且不需要假設樣本來自特定的分佈。此外，拔靴法也可以應用於各種統計分析，包括回歸分析、相關分析、變異數分析等。

總而言之，拔靴法是一種有效的統計方法，用於通過重複抽樣來估計參數的不確定性，提供更穩健的統計推斷，並且廣泛應用於不同的統計分析。

(3) Vovk-Sellke 最大 p 值比率

用於處理多重量測的一種方法。在多重假設檢驗中，同時進行多個假設檢驗會增加發生型 I 誤差（False Positive）的風險。Vovk-Sellke 最大 p 值比率旨在控制在進行多個檢驗時整體發生類型 I 錯誤的機率。

具體來說，Vovk-Sellke 最大 p 值比率是多重檢驗程序的一個統計量，用於計算觀察到的多個 p 值中的最大值。然後，這個最大 p 值會與單個假設檢驗的顯著性水平進行比較。如果最大 p 值小於或等於單個檢驗的顯著性水平，則拒絕所有假設；反之，則不能拒絕任何假設。

Vovk-Sellke 最大 p 值比率的使用有助於降低進行多重假設檢驗時出現失誤的機率，特別是在樣本量相對較小且假設數量較多的情況下。這種方法是控制整體類型 I 誤差率的一種手段，以確保在統計推斷中取得更可靠的結果。

JASP 統計分析與實作--數據研究必備指引

作　　　者：鍾國章 / 呂國泰
企劃編輯：江佳慧
文字編輯：王雅雯
設計裝幀：張寶莉
發 行 人：廖文良

發 行 所：碁峰資訊股份有限公司
地　　　址：台北市南港區三重路 66 號 7 樓之 6
電　　　話：(02)2788-2408
傳　　　真：(02)8192-4433
網　　　站：www.gotop.com.tw
書　　　號：AEM002800
版　　　次：2024 年 03 月初版
建議售價：NT$580

國家圖書館出版品預行編目資料

JASP 統計分析與實作：數據研究必備指引 / 鍾國章, 呂國泰著.
　-- 初版. -- 臺北市：碁峰資訊, 2024.03
　　面；　公分
　　ISBN 978-626-324-717-8(平裝)
　　1.CST：統計套裝軟體　2.CST：統計分析
512.4　　　　　　　　　　　　　　　112021706